中国农业大学图书馆"图书情报学"研究丛书

全球视角下农业学科发展研究

李晨英 赵 勇 师丽娟 等著

U0259703

·北京·

内 容 简 介

近年来，我国在农业科学领域的研究实力快速提升，特别是在水稻、小麦、玉米等主要粮食作物领域已成为真正的研究大国，并确立了核心学术影响力地位。中国农业大学图书馆一直致力于跟踪我国农业科学研究发展态势，撰写了许多研究报告。本书挑选出一批代表性成果集结出版，旨在表达和呈现我国在一些重点农业研究领域所处的地位和影响力，以及研究发展态势和学科发展规律等，以期为我国农业科研工作者以及政策制定者提供参考。

图书在版编目（CIP）数据

全球视角下农业学科发展研究 / 李晨英等著. —北京：中国农业大学出版社，2019.8
（中国农业大学图书馆"图书情报学"研究丛书）
ISBN 978-7-5655-2257-4

Ⅰ. ①全…　Ⅱ. ①李…　Ⅲ. ①农业科学 – 学科发展 – 研究报告 – 中国

Ⅳ. ①S–12

中国版本图书馆 CIP 数据核字（2019）第 174196 号

书　　名	全球视角下农业学科发展研究			
作　　者	李晨英　赵　勇　师丽娟　等著			
策划编辑	潘晓丽		责任编辑	潘晓丽
封面设计	郑　川			
出版发行	中国农业大学出版社			
社　　址	北京市海淀区学清路甲 38 号		邮政编码	100083
电　　话	发行部 010-62733489, 1190		读者服务部	010-62732336
	编辑部 010-62732617, 2618		出　版　部	010-62733440
网　　址	http://www.caupress.cn		E-mail	cbsszs@cau.edu.cn
经　　销	新华书店			
印　　刷	涿州市星河印刷有限公司			
版　　次	2019 年 9 月第 1 版　　2019 年 9 月第 1 次印刷			
规　　格	787×1 092　　16 开本　　25 印张　　360 千字			
定　　价	88.00 元			

图书如有质量问题本社发行部负责调换

总 序

　　传统意义上的图书馆一直担负着文献收集、保存、传播的功能，图书馆也因此成为人们查找和阅读文献的场所。从最早 2 500 年前美索不达米亚的亚述巴尼拔图书馆到 20 世纪 80 年代的图书馆，图书馆的主要变化表现为文献数量不断增多、文献种类不断丰富、馆舍空间不断扩大、馆员队伍不断壮大。图书介质虽然经历了泥版、羊皮版、竹简版到纸质版的革命，但自东汉蔡伦发明纸后的近 2 000 年中基本上没有变化，即纸质图书一统天下。但随着人类普及使用计算机后，世界的方方面面都在以前所未有的速度发生着日新月异的变化，同样也打破了图书馆千古不变的状态。进入 20 世纪 80 年代后，源自摄影的微缩胶片成为保存和阅读文献的一种新手段，但很快又被电子数字化形式保存和阅读文献的手段所取代。数字化文献资源后来居上，日益挑战纸质文献，大有成为未来图书馆文献主要形式的趋势，世界上已经出现了多家完全是数字化文献资源的无书图书馆，例如美国德雷塞尔大学（Drexel University）的无书图书馆和得克萨斯州贝尔县（Bexar County）的无书公共图书馆。数字化文献资源打破了图书馆原有的文献积累模式，一家藏量丰富的图书馆以往需要数十、数百乃至上千年时间才能积累起丰富的文献，今天可能几天就能买到上百万种的电子文献，甚至包括纸质市场上已经绝卖的文献。20 世纪 90 年代起，互联网和搜索引擎逐渐普及到了世界的各个角落，数字化与互联网的喜结良缘对于包括图书馆在内的各行各业都意味着一场革命，无论是主动参与还是被迫卷入，各行各业都将经历这场科技革命带来的洗礼。图书馆面临着转型发展，不能进入转型发展的图书馆必将逐步沦落，只有实现转型发展的图书馆才能把丰富、高效、温馨的优质服务提供给用户。

目前高校图书馆面临着多方面的发展挑战，首先是以 IT 技术和信息通信技术为标志的第五次科技革命带来了生活和工作的可分散性和多样化，这些变化特征要求图书馆服务突破时间和空间限制，方兴未艾的数字化和网络化技术为此提供了可行性，图书馆开始向数字图书馆和移动图书馆发展，使得图书馆突破了时空限制，时时刻刻在用户身边。这方面的变化发展主要还是技术手段层面的，即由传统技术手段的图书馆向现代化电子技术手段的图书馆发展，由此当然也引发了适应新技术手段的管理模式变化，如操作流程简便化、主动推送服务、借还书提醒服务、手机端文献查询等。我国大多数高校图书馆已经处于这一技术进步及其管理优化的过程中。

其次是以网络搜索引擎为代表的社会公开信息网站对图书馆的挑战，越来越多的读者从谷歌、百度、新浪、雅虎等网站上搜寻和阅读文献，以前人们认为这些网络公开资源主要是非学术性的，学术性的资源还是需要依靠高校图书馆，但随着网络搜索技术的发展和全球信息资源的爆炸式累积，网络搜索引擎日益显示出巨大的优势，原有的认识和局限性正在逐渐被破除。绝大多数高校图书馆资金的有限性和资源种类的狭窄性导致的文献局限问题使得读者越来越多地转向社会网络资源网站，因为高校图书馆永远无法提供广泛多样的信息，而互联网却是一个开放的、包罗万象的无限信息空间。教育部 2012 年高校图书馆经费统计显示，532 家提供统计数据的高校图书馆中，有 207 家的年经费在 200 万元以下，扣除行政管理和硬件维修等非文献资源开支后，又有多少经费可以用于文献资源购置？面对谷歌这样的巨鳄，高校图书馆应当做出怎样的适应性变化来完成自己的使命？资源丰富、实力强大、效率快捷的网络搜索引擎网站对高校图书馆作用的挑战意味着：高校图书馆再也不能局限于简单的文献收藏、保存和传播功能作用，甚至不能局限于文献资源中心这一传统优势的功能作用，必须拓展功能，图书馆转型发展的过程实际上也是一个拓展功能作用的过程。高校图书馆不仅应当保持文献资源中心和学习中心的功能，而且还应当成为高校的学术会议中心，成为文化展览中心，成为师生创意信息交流中心；不仅是一个文化活动中心，而且还应当是一个休闲和人际交往的活动中心，很多高校图书馆附设的咖啡屋已经成为师生最爱去的校园场所之一。这也就是说，传统图书馆一直以安静为基本特征，但现代图书馆不仅是一个仍然能找到安静的个人学习场所，同时还是一个能找到互动活力的学习场所和人际交流场所。近几年我国很多新建的高校图书馆在空间布局上都考虑了这些新的功能需求，尤其是高校图书馆中面对面的温馨人际氛围是社会网站不具备的，这也是图书馆受人喜欢的重要原因之一。高校图书馆应当利用自己的优势拓展教育、咨询、科研等功能，很多高校图书馆提供的科技查新、信息素质教育、学习共享、学科咨询等服务正是这些方面功能拓展的具体体现。有条件的高校图书馆应当进一步发挥自己所具有的图情研究优势，进行学科发展状况分析和科研动向研究，向校院领导和广大师生提供深层次的学科发展和科研动向分析结果，作为他们进行学校管理决策和学术决策的有效参考信息。

第三种发展挑战来自师生对图书馆服务的需求变化。过去高校师生对传统图书馆的要求基本上是能够借到所需要的图书文献就行了，并且高校图书馆几乎是师生基本的文献信息来源。但今天学术信息来源已经大大拓展，甚至很多文献信息首先是通过网络学术搜索或从开放资源网站获取；过去人们称图书馆是知识的宝库，今天更多的知识却是来自互联网。过去高校图书馆是学生除教室以外的主要学习场所，但随着居住条件的改善、住所的分散化趋向以及咖啡馆等阅读环境舒适的社会场所的普及，图书馆作为学习场所的作用明显降低。尽管人们依然普遍把图书馆视作学术宝藏的知识殿堂，但进入图书馆的读者却在不断减少，因为新一代师生的信息利用方式和工作方式已经有别于传统方式。在这些变化中，师生对图书馆简单服务的需求已经大大降低，而对图书馆高层次服务的需求却不断增强，特别是需要图书馆提供经过二次甚至多次加工后的信息和文献服务、提供满足读者个性化需求的信息和文献服务，这就要求图书馆能相应提升服务层次和水平。学术研究型图书馆过去只是少数实力雄厚的高校图书馆的选择，但今天将成为大多数高校图书馆的必然选择，因为简单的书刊文献服务已经轻易可获。应对这种需求挑战已经大大超越了物质层面的技术和手段，而是要求图书馆馆员具有更高的综合素质和业务能力，这意味着高校图书馆馆员要从以往简单型管理服务的馆员转变为研究型学科服务的馆员，知识创造也成了时代赋予图书馆的新功能。

高校图书馆顺应这场革命性的转型发展需要很多的条件，比如观念、制度、资金、技术，等等，但其中图书馆馆员素质是一个极其关键的因素，没有一流的馆员，就难以提供一流的服务。如何提高现有馆员的综合素质和业务能力是很多图书馆在改善服务质量、拓宽服务范围、提升服务水平的过程中所面临的瓶颈之一。中国农业大学图书馆一直把培养和提高馆员综合素质和业务能力作为重点工作之一，采取了多种方式方法来提高馆员的素质和能力，以"请进来"的方式让专家们向馆员展示学术高台或研究前沿；以"走出去"的方式拓宽馆员的业务视野，带着自己的问题向兄弟院校图书馆学习业务长处和先进经验；以设立研究课题的方式鼓励馆员针对自身岗位工作中的问题展开调查研究，以研以致用的态度来帮助自己提高服务质量和帮助图书馆领导班子提高决策水平，同时增强自己的研究能力和提高自己的研究水平。

任何一位伟人都是从无知婴童起步成长的，任何一名科学家都是从莘莘学子开始成长的，从以往简单型管理服务的馆员转变到研究型学科服务的馆员，同样需要一个循序渐进、逐步提高的过程。本丛书中的作者全是中国农业大学图书馆馆员，本丛书中的研究成果都是他们立足自身岗位工作的思考结晶，他们都在各自的基础上迈出了成长的步伐，他们的研究成果不仅对于中国农业大学图书馆提高服务质量和科学管理水平是重要的，而且对于很多遇到同类问题并在思考的图书馆馆员也是有参考价值的。我相信，在学习进

取型的状态中，他们的后续研究会提供更好的研究成果，他们的综合素质和
服务质量也会在潜移默化中得到提升。

何秀荣

中国农业大学图书馆馆长

二〇一七年春节于绿苑

前　言

　　农业是人类的衣食之源、生存之本，是国家经济发展的基础，也是国家自立的基础。随着我国经济实力的增强，政府不断加大在农业领域的科技研发，大幅度提升了高校在农业领域的研究水平，使得农业学科的发展取得了长足进步。

　　中国农业大学是我国现代农业高等教育的起源地，长期以来，学校的建设与发展受到国家的高度重视，已发展成为一所以农学、生命科学、农业工程和食品科学为特色和优势的研究型大学。

　　情报是针对特定对象的需要而提供的，是在科学研究和各种活动中起继承、借鉴或参考作用的有价值的信息或知识。随着科技发展，全球科技文献每天以万篇以上的数量在增加，教师或科研工作者在感受获取信息越来越便利的同时，也遇到筛选有效、有用信息的难度逐渐加大，对信息需求者的信息素养要求越来越高等问题。因此，作为保障教学科研信息需求的图书馆，必须认清环境发展趋势，为用户提供深层次、高水平的情报服务。

　　中国农业大学图书馆于 2010 年底调整组织结构，专门成立了情报研究中心，努力发挥自身拥有"图书情报与档案管理"一级学科硕士学位点的优势，致力于运用情报学、图书馆学、管理学和信息技术等多学科理论与方法，重点解决学科发展与农业高校的知识管理服务和情报分析研究问题，撰写了与农业学科相关的多篇研究报告，发表了与农业学科相关的多篇学术论文。本书挑选集结了以李晨英、赵勇、师丽娟等为核心的本馆馆员的研究报告，主要从以下几方面呈现全球农业学科的发展状态：

（1）农业领域的世界高水平大学的学科结构、科研优势；

（2）农业领域的基础学科——生物学科的基础研究项目发展态势，以及学术研究前沿；

（3）全球高校与科研机构在水稻、小麦和玉米等世界三大粮食作物领域的学术影响力；

（4）从学术论文、专利等角度，考察了园艺、土壤等代表性农业研究领域的国际影响力；

（5）从高等教育发展历程、学术论文产出、研究热点演变等多个维度，全面研究了农业工程学科的发展状态。

"知己知彼，百战不殆"是我国最早的情报思想。通过对比他方与我方过去、现在以及未来的情况，寻找本方的优劣势，形成自己的特色和战略。通过总结和梳理发展历程，厘清发展规律，总结经验教训，探索适合本方的发展路线；通过跟踪国际前沿，监测最新动态，捕获热点领域，识别关键问题，从而认清当前的环境与形势，预见发展过程中蕴含的机会与机遇。本书作者利用情报分析方法和技术，以论文、专利等学术成果政策为基础，以农业领域的主要学科或研究对象为主题，定量分析表达了全球农业学科的研究发展态势和学科发展规律以及我国在一些重点农业研究领域所处的地位和影响力，以期为我国农业教育和科研工作者以及政策制定者提供参考。

本书收集的研究报告产自 2014—2018 的 5 年间，有些报告现在看来存在研究方法、情报分析技术或者是结果的表达方法略显稚嫩等问题，但它是本馆馆员在情报研究和服务方面走过历程的一个缩影，也是我们馆员成长的足迹。

书中不当之处，敬请各位读者批评指正。

作　者

2019 年 3 月

目 录

农业科学领域世界高水平大学学科结构特征比较

赵 勇

（中国农业大学图书馆情报研究中心）

摘要： 以 QS 世界大学排名中农业学科领域前 50 位大学发表的科学论文为分析对象，利用重复二分法聚类、科学交叉图等科学计量学方法，分析比较各个高校的学科结构特征。分析结果表明，世界高水平涉农高校的农业科学学科建设可以划分为五种模式，我国涉农高校的决策部门应学习、借鉴和吸收已有学科结构模式中的积极要素，结合本校学科建设的实际情况，制定长期的学科发展规划，优化学科的结构布局。

关键词： 学科结构；农业科学领域；QS 世界大学排名；科学计量学

1 引言

学科结构布局是一所大学办学理念和风格的体现，它反映了高校院系设置的学科层次，关系到不同学科专业人才的教育培养，同时也影响着高等教育资源的配置效益。从学科结构形成的历史来看，世界一流大学大都经历了单科性到多科性和综合性的发展历程，但是它们并非都是学科门类齐全的大学，各个大学的主体学科和特色学科存在差异，同类学科在不同类型大学的定位不同，它们走向综合性大学的途径和综合化程度也各不相同[1]。20 世纪 90 年代，中国的高等院校开启了管理体制改革和学科结构布局调整，在战略发展规划上，国内高校选择了以主体学科建设为基础，在不同层次和领域办出特色、争创世界一流大学作为学科发展的主路径。21 世纪以来，在这种"重点突破、以点带面"的学科发展思路下，中国高等教育的国际竞争力不断提升，在国际权威排名机构发布的世界大学排名中表现优异，部分学科领域已经进入世界一流大学行列。本文将对 QS（Quacquarelli Symonds）世界大学排名中农业科学领域前 50 位高校的学科结构特征进行比较分析，以科学论文的学科划分反映高校的学科结构体系状况和特征，通过科学计量学方法识别以农业科学为主体学科的高等院校，同时可视化展示农业科学在不同类型高校的定位差异，进而探究其学科建设的主要思路，为高校决策部门制定学科发展规划提供参考。

2　数据来源与分析方法

2.1　数据来源

本研究选择了汤森路透的 Web of Knowledge 数据库，检索 QS 世界大学排名（2014 年）中农业科学领域前 50 位高校发表的科学论文，发表时间设置在 2009—2013 年间，论文收录期刊类型为 SCI 和 SSCI。

2.2　分析方法

科学论文的学科结构在一定程度上反映了科学体系的状况和特征，同时也是表征学科建设与发展的重要指标[2]。在科学论文学科划分上，本研究选择了汤森路透的"期刊引文报告（Journal Citation Reports，JCR）"中的学科分类标准。科学论文的所属学科依从于其被收录期刊的学科分类。为了清晰地展示各个高校的学科布局情况，本研究采用了科学交叉图技术[3]，其主要是利用 WCs 学科分类标准，通过不同学科期刊间的引用关系聚类，参考因子分析结果，绘制成由 19 大学科领域和 225 个学科类别组成的科学图谱（图 1）。

为了消除学科规模对高校学科结构的影响，使得高校学科结构布局具有可比性，本研究选择了相对指标进行学科结构测量，考虑到学校总论文数量和世界在某一学科的论文数量等因素。聚类方法采用重复二分法[4]。

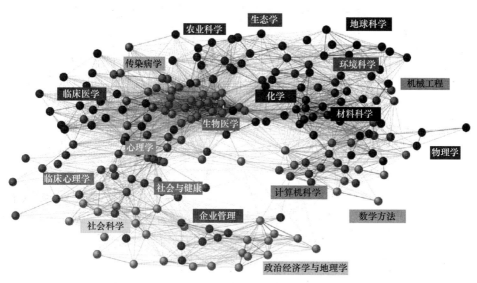

图1 科学交叉图

3 结果分析

3.1 聚类结果描述

依据学科结构相似度的聚类结果，50所高校可以被划分为五种类型，见图2。在图2中，列方向坐标是50所高校名称，行方向坐标是19个学科门类。行与列交叉的格子代表高校在学科上的发文比重，颜色由浅入深，代表高校对学科的侧重程度，颜色越深代表高校越侧重某学科的布局。

表1是高校学科结构相似度聚类结果的特征描述，其中类内平均相似度（Internal Similarities）是指类内高校学科结构间Cosine余弦相似度的平均值；

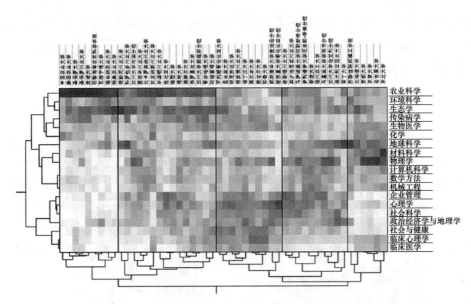

图 2　农业科学领域世界高水平大学的学科结构相似度聚类结果

描述性特征（Descriptive Features）是指该学科可以解释类内高校学科结构相似度的百分比。如第 1 类高校中，"农业科学"学科可以解释第 1 类的 9 所高校之间学科结构平均相似度的 63.4%，结合图 2 可以看出，第 1 类高校在学科结构布局上的共同特征是：极其偏重于"农业科学"学科。区分性特征（Discriminating Features）是指该学科可以解释本类高校与其他类高校之间学科结构相异度的百分比。如第 1 类高校中，"农业科学"学科可以解释第 1 类高校与其他类高校之间学科结构平均相异度的 36.9%，也表明与第 1 类高校相比，其他类高校在学科布局中对"农业科学"学科的倾向度较低。

表 1　学科结构相似度聚类结果的特征

类	高校数量	类内平均相似度	描述性特征	区分性特征
1	9	0.932	农业科学（63.4%）、生态学（16.3%）、传染病学（6.0%）、环境科学（5.1%）、化学（2.4%）	农业科学（36.9%）、心理学（11.0%）、物理学（10.5%）、企业管理（6.9%）、社会科学（6.6%）

续表1

类	高校数量	类内平均相似度	描述性特征	区分性特征
2	15	0.881	农业科学（25.1%）、生态学（20.5%）、传染病学（6.7%）、地球科学（5.8%）、环境科学（4.6%）	生态学（26.3%）、物理学（23.0%）、农业科学（15.5%）、心理学（5.6%）、传染病学（5.3%）
3	10	0.909	心理学（16.2%）、社会与健康（9.9%）、临床心理学（9.5%）、社会科学（9.3%）、政治经济学与地理学（8.4%）	农业科学（29.9%）、心理学（14.0%）、社会与健康（10.7%）、临床心理学（10.3%）、生态学（8.8%）
4	10	0.888	物理学（12.0%）、地球科学（10.8%）、企业管理（10.4%）、心理学（9.5%）、社会科学（8.5%）	农业科学（30.8%）、企业管理（10.7%）、传染病学（8.9%）、社会研究（6.9%）、物理学（6.9%）
5	6	0.887	物理学（21.8%）、地球科学（17.3%）、材料科学（13.2%）、生态学（8.1%）、生物医学（5.8%）	农业科学（16.4%）、物理学（15.7%）、材料科学（13.8%）、企业管理（9.5%）、社会科学（9.1%）

3.2 学科结构特征分析

本研究在聚类分析的基础上，使用类中心向量值来表征本类高校的学科结构特征，并通过雷达图进行结果呈现。同时，在每种类型高校中选取一所代表学校，通过科学交叉图展示其学科结构布局情况（图3），得出学科结构布局上存在的5种主要特征。

（1）农业科学学科优势凸显，相邻学科共同发展，其他学科力量相对较弱

第一种类型大学的学科结构具有鲜明的倾斜式分布特征。本类内高校都是将农业科学作为学校的主体学科进行布局。同时，与农业科学相邻的学科，如生态学、环境科学的科研成果也较为突出。然而，相对于农业科学在

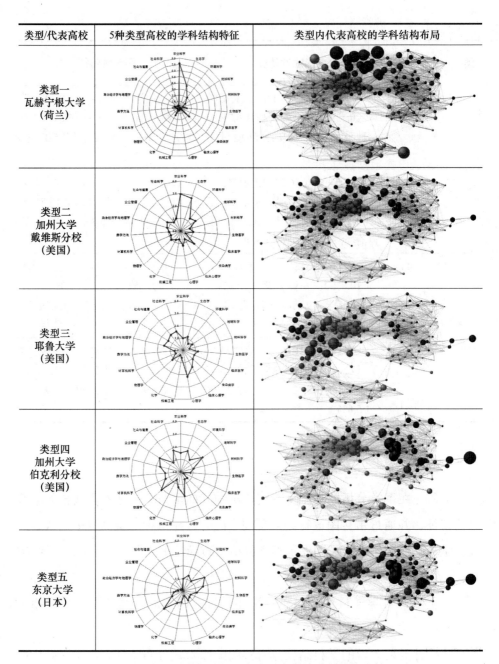

图 3　农业科学领域世界高水平大学的学科结构比较

这类高校中的绝对学科优势地位，其他学科的实力明显不足，尤其是数学、化学、物理学等基础性学科发展比较滞后，人文社会科学学科的力量还比较薄弱。

从 QS 排名情况来看（表 2），除荷兰瓦赫宁根大学，本类内的其他高校的排名都比较靠后，这也说明，强势的农业科学学科虽然促进了相邻学科的发展，但由于基础学科支持的不足，使得这些高校的整体科研实力缺乏了上升的后劲和国际竞争的潜力。从科学的角度来审视，文理等基础性学科是以揭示自然界和人类社会发展的普遍规律为主要目的，是知识的源头，是一切应用性学科发展的基础和后盾，虽然它不能直接转化为现实的生产力，也不能带来直接的经济效益，但却从根本上影响着人才培养的质量和科学研究的水平。没有雄厚的基础学科，学校就很难上水平[5]。

表 2　第一种学科结构类型涉农高校的 QS 世界大学排名（2014 年）情况

学校（国别）	农业科学	综合	排名前 50 的其他学科数量
瓦赫宁根大学（荷兰）	2	151	1
贵湖大学（加拿大）	24	431～440	0
圣保罗大学（巴西）	27	132	6
巴黎高等农艺科学学院（法国）	30	N/A	0
维也纳农业大学（奥地利）	33	N/A	0
瑞典农业大学（瑞典）	41	N/A	0
中国农业大学（中国）	43	N/A	0
泰国农业大学（泰国）	48	651～700	0
圣保罗州立大学（巴西）	50	421～430	0

注：N/A 表示没有本年度的 QS 大学综合排名。

（2）文理基础学科根基坚实，农业科学学科特色发展，其他学科布局相对均衡

第二种类型大学的学科呈现出结构布局较为均衡，农业科学及相邻学科

局部突出的特点。与第一种类型大学相似的是，本类内的很多高校也是从农业科学学科起家，如美国加州大学的戴维斯分校的前身是加州大学的农业学院，康奈尔大学创建初期也被定位为农工学院。但与第一种类型大学不同的是，在学科发展的过程中，本类内的高校对基础学科给予了足够的重视，逐步形成了"基础学科为根基，应用学科为主干"的学科结构模式。基础学科的知识源源不断地向应用学科输出和供养。随着基础科学对农业科学的知识渗透日趋明显，农业科学与其他学科间的交叉融合不断增多，农业科学的研究领域也在不断创新和拓展。

同样从 QS 排名情况来看（表 3），本类内的多数高校排名较为靠前，尤其是美国排名较高的涉农高校大多被聚合在这种学科结构类型的大学之中，这也说明了，在特色学科不断发展壮大的同时，涉农高校的办学者应适时考虑根据社会发展的需要，结合高校学科的实际情况，优化学科的结构布局，主动构建基础学科与应用学科相互支持、相辅相成的学科体系，不断夯实农业科学学科的知识根基。只有这样，高校的学科发展才能获得后续动力，高校在国际科研的竞争中才能不断积蓄潜力。

表 3　第二种学科结构类型涉农高校的 QS 世界大学排名（2014 年）情况

学校（国别）	农业科学	综合	排名前 50 的其他学科数量
加州大学戴维斯分校（美国）	1	95	3
康奈尔大学（美国）	3	19	24
爱荷华州立大学（美国）	5	348	0
俄勒冈州立大学（美国）	7	451~460	0
北卡罗来纳州立大学（美国）	14	388	0
梅西大学（新西兰）	19	346	0
坎皮纳斯州立大学（巴西）	22	206	2
佛罗里达大学（美国）	23	192	1
科罗拉多州立大学（美国）	26	441~450	0
阿德雷得大学（澳大利亚）	29	100	2

续表3

学校（国别）	农业科学	综合	排名前 50 的其他学科数量
哥本哈根大学（丹麦）	31	45	3
根特大学（比利时）	44	129	1
华盛顿州立大学（美国）	45	379	0
加州大学河滨分校（美国）	47	261	0
佐治亚大学（美国）	49	431～440	1

（3）人文社会科学强势，自然科学结合发展，为农业科学研究注入活力

第三种类型的大学在学科结构上偏向于人文社会科学，农业科学不是主体学科，在布局中处于非凸出位置。本类内大学的共同特征是人文社会科学学科优势明显，而相对其他类组内的高校，它们对农业科学学科的倾向度较低（表4）。如美国威斯康星大学麦迪逊分校的传媒学（QS 排名 1）、耶鲁大学的法学（QS 排名 4）、政治学（QS 排名 5），以及墨尔本大学的教育学（QS 排名 2）等，它们在人文社会科学领域的学科排名要高于其在农业科学领域的排名。虽然这些高校的农业科学并非传统的主体学科，但也产生了一定的影响力，在农业科学学科的国际排名中仍能占据一席之地。这也表明了，这些高水平大学在发展自身优势的人文社会科学学科的同时，还关注了自然科学学科的建设。发展新的学科并没有弱化其在人文社会科学上的传统优势，它们的成功在于将人文社会科学和自然科学有机融合，促进了科学研究在现实应用领域的创新和突破。

从科学发展的维度分析，现在的科学已经进入"大科学"时代，单学科孤立发展已经很难应对日趋复杂的现实问题。尤其是农业领域的问题，更加依赖于人文社会科学和自然科学的多学科知识来有效解决。人文社会科学的知识渗透可以为农业科学研究注入新的活力，也可以提高自然科学科研人员的想象力和创造力。在学科建设中，以农业科学为主体学

科的高校也应围绕"农"来提升人文社会科学的发展水平和知识创造能力，促进科学技术与社会的互动，从而支撑农业科学学科的持续发展和不断壮大。

表 4　第三种学科结构类型涉农高校的 QS 世界大学排名（2014 年）情况

学校（国别）	农业科学	综合	排名前 50 的其他学科数量
威斯康星大学麦迪逊分校（美国）	4	41	12
俄亥俄州立大学（美国）	10	109	6
明尼苏达大学（美国）	17	119	4
昆士兰大学（澳大利亚）	18	43	18
麦吉尔大学（加拿大）	32	21	12
诺丁汉大学（英国）	34	77	7
耶鲁大学（美国）	35	10	21
墨尔本大学（澳大利亚）	36	33	26
不列颠哥伦比亚大学（加拿大）	37	43	21
密苏里大学哥伦比亚分校（美国）	38	451～460	1

（4）理工学科基础雄厚，数理方法和工程技术为支撑，驱动农业科学学科发展

第四种类型的大学在学科结构上偏向于理学和工学学科，农业科学作为其相邻学科也处于凸显位置。本类内的多数大学在农业科学领域的排名要明显高于第一类和第三类高校，也说明了理学和工学学科对于农业科学发展的重要性，尤其是生物科学、地球科学、环境科学、机械工程等学科不仅为农业科学的研究提供了数理方法和工程技术支撑，也催生了农业科学的很多分支学科的出现，如农业分子生物学、农业生物物理学、农业生态学、农业工程学等（表 5）。

表5　第四种学科结构类型涉农高校的QS世界大学排名（2014年）情况

学校（国别）	农业科学	综合	排名前50的其他学科数量
加州大学伯克利分校（美国）	6	27	27
普渡大学西拉法叶分校（美国）	8	102	7
德州农工大学（美国）	9	165	2
雷丁大学（英国）	11	202	0
马萨诸塞大学阿默斯特分校（美国）	11	282	1
宾夕法尼亚州立大学（美国）	15	112	7
澳大利亚国立大学（澳大利亚）	20	25	19
密歇根州立大学（美国）	21	195	2
伊利诺伊大学厄本那 - 香槟分校（美国）	28	63	14
马里兰大学学院市分校（美国）	40	122	3

　　从科学技术史的视角来看，19世纪中叶以后，生物学、化学、生理学、遗传学、土壤学和气象学等学科的研究成果及其实验方法逐渐被应用于农业，促进了农业研究从经验水平向现代农业科学的转变。1840年，李比希的经典著作《有机化学在农业和生理学上的应用》的发表，被认为是现代农业科学发展开始的标志。20世纪初，动力机械特别是内燃机拖拉机和其他机动农具逐步推广，以畜力为农业动力的局面发生变化，加速了农业机械化的进程。由此而形成的农业机械科学，为不断提高农业生产率提供了理论基础。21世纪以来，理学和工学学科的发展加速驱动了农业科学的创新，农业科学与这些学科间的交叉融合也在不断深化。因此，涉农高校应加强与其优势学科密切联系的理工类基础学科建设，逐步建立主干学科与支撑学科相得益彰、互相支持、协调发展的学科体系。

　　（5）基础科学强力支持，相邻学科优势明显，农业科学学科协同发展

　　第五种类型的大学在学科结构上偏重于物理学，同时地球科学学科优势凸显，而农业科学学科则处于协同发展的位置。本类内的6所大学在学科结构上与第四种类型高校存在一定的相似之处，即都是以理工类基础性学科来

带动农业科学学科的发展，而它们被单独聚合成一类的主要原因是：其在学科结构布局中特别重视物理学。在物理学排名上，东京大学（QS 排名 9）、苏黎世联邦理工学院（QS 排名 11）、京都大学（QS 排名 21）、东北大学（QS 排名 31）的排名都高于其在农业科学的排名（表 6）。其中，苏黎世联邦理工学院更是以培养出爱因斯坦这样伟大的物理学家而举世瞩目，享有欧洲大陆第一理工大学的美誉。

表 6　第五种学科结构类型涉农高校的 QS 世界大学排名（2014 年）情况

学校（国别）	农业科学	综合	排名前 50 的其他学科数量
东京大学（日本）	13	31	26
苏黎世联邦理工学院（瑞士）	15	12	16
京都大学（日本）	25	36	17
北海道大学（日本）	39	135	0
名古屋大学（日本）	41	103	2
东北大学（日本）	46	71	6

此外，在地球科学领域，本类内的高校也表现出较强的优势。地球科学是以地球系统的过程与变化及其相互作用为研究对象的基础学科，主要包括地理学、地质学、地球物理学、地球化学、大气科学、海洋科学和空间物理学等分支学科。这些学科与农业科学存在知识交叉，相邻学科的优势也带动了农业科学学科的发展。可以看出，涉农高校应衔接好农业学科与相邻学科的关系，加强相邻学科内容的横向联系，利用相邻学科的知识、方法和观点来丰富、深化和发展农业科学学科。

4　结语

本研究利用科学计量学方法对 QS 世界大学排名中农业科学领域前 50

位高校的学科结构特征进行了比较分析。结果表明，世界高水平涉农高校对于农业科学学科的建设思路总体上可以概括为：①以农业科学为主体，倾斜式的学科发展；②以农业科学为特色，均衡式的学科发展；③以人文社会科学为基础，互动式的学科发展；④以理工学科为根基，驱动式的学科发展；⑤以相邻学科为优势，协同式的学科发展。以上 5 种模式在涉农高校的学科建设实践中都取得了成效，但现有模式中存在的一些问题也值得我们关注，尤其是采取倾斜式学科发展模式的涉农高校，由于基础学科支持的不足，限制了其学科发展的后续动力和科研竞争的潜力。同时，人文社会科学环境的缺失，也影响了其学科科研人员的想象力和创造力。因此，我国涉农高校的决策部门应学习、借鉴和吸收已有学科结构模式中的积极要素，结合本校学科建设的实际情况，制定长期的学科发展规划，优化学科的结构布局。

参考文献

[1] 庞青山，薛天翔. 世界一流大学学科结构特征及其启示 [J]. 学位与研究生教育，2004(12): 11-15.

[2] 岳洪江. 中国学科结构动态绩效的国际比较及预测 [J]. 科学学研究，2008(3): 530-537.

[3] Loet Leydesdorff, Stephen Carley, Ismael Rafols. Global maps of science based on the new Web-of-Science categories [J]. Scientometrics, 2013, 94(2): 589-593.

[4] Ted Pedersen, Amruta Purandare, Anagha Kulkarni. Name Discrimination by Clustering Similar Contexts [A]. In: CICLing 2005 [C]. Mexico City, Mexico: February 13-19, 2005: 226-237.

[5] 罗云，孙东平. 世界一流大学学科建设的基本经验及其启示 [J]. 高等理科教育，2006(3): 64-69.

世界高水平涉农大学农业科学学科的科研优势分析

赵 勇 李 冬

（中国农业大学图书馆情报研究中心）

摘要： 知识经济时代，高等教育机构的人才培养和科学研究水平成为国家竞争力的重要表现形式。近年来，许多国家都把确保本国顶尖大学位于世界前列作为优先考虑的要务，越来越多的大学也纷纷争创世界一流，但如何设计世界一流大学的建设路径也成为现实中亟须解决的问题。本文以农业科学为例，利用文献计量学方法深入剖析了荷兰瓦赫宁根大学、美国加州大学戴维斯分校、美国康奈尔大学和中国农业大学四所世界高水平涉农高校的科研优势。研究结果发现：①4 所学校均形成了一定规模的高水平科研创新团队，汇集了一定数量的学科领军人物。②4 所学校总体上的科研合作团队规模在逐年扩大，尤其是学科排名前三的高校主导或参与了一些大规模的科学联合攻关研究。③4 所学校都将国际合作作为促进本校科研发展的重要举措。④4 所学校都获得了不同渠道的基金项目资助，其中政府资助成为主体，同时科研项目资助也呈现出社会化和多元化的趋势。

关键词： 科研优势；农业科学；世界一流大学；一流学科；Web of Science；文献计量

1 引言

21 世纪以来，随着经济全球化进程的加快和知识经济的深入发展，国家间的竞争越来越表现在知识增量和科技创新上。20世纪90年代末，世界银行在《世界发展报告：知识与发展》中曾提出"适当的政治经济体制、丰富的人力资源基础、先进的信息基础设施和高效的国家创新体系"是世界各国发展知识型经济的重要战略要素[1]。而高等教育机构因其在培养经济社会发展所需的人力资源、创造支撑国家创新体系的新知识方面发挥着至关重要的作用而成为世界各国竞争的战略重点[2]。

近年来，不论是发达国家还是发展中国家都把确保本国顶尖大学在人才培养和科学研究上位于世界前列作为优先考虑的要务，越来越多的大学也纷纷争创世界一流。2015年，我国政府发布了《统筹推进世界一流大学和一流学科建设总体方案》，提出"到本世纪中叶，一流大学和一流学科的数量和实力进入世界前列，基本建成高等教育强国"的战略决策。在此背景下，国内很多名牌高校确立了创建世界一流大学的发展目标，制定了实现世界一流大学目标的时间表。然而，面对建设世界一流大学的时间表，如何在世界大学的版图中找准坐标位置、树立学术标杆、发挥学科优势，最终实现学校整体实力的超越仍是我国高等院校在现实中亟须解决的命题。

以 Web of Science 为代表的国际大型综合性期刊引文索引数据库收录了世界范围内最有影响力的、经过同行专家评审的高质量期刊，同时也为比较各国高校之间的科研成果和学术表现提供了一个数据平台。U.S. News 世界大学排名、TIMES 世界大学排名、QS 世界大学排名、上海交通大学世界大学排名等大学排行榜的指标体系中均有来自这些国际大型数据库提供的数据。基于学术论文发表及其引用情况的诸多文献计量学指标也被广泛地应用于科研绩效评价和大学学术排名的研究中[3-7]，其中部分学者[8-9]特别关注了对高校科研优势（Research Strengths）的文献计量分析。

然而，目前已有的文献计量学研究多是量化比较了不同高校的优势学科类别和研究主题领域，鲜见针对高校重点学科内在科研优势的细化分析，使得现实中这些学术研究成果难以转化为高校科研管理者的决策依据。因此，本文以 U.S. News 世界大学排名中农业科学领域前四位高校发表的学术论文为分析对象，从文献计量学视角来深入剖析和比较四所学校在农业科学这一重点学科领域的科研优势，主要包括重点学科内的高被引论文作者情况、合作团队规模、国际合作状况和科研项目支持四个方面，旨在为我国高校科研管理部门的重点学科的发展决策提供情报线索，对其创建世界一流大学和一流学科的路径规划提供参考。

2 数据来源与方法

本文以汤森路透的 Web of Science 数据库核心集合为数据源，以 U.S. News 世界大学排名中农业科学领域排名前四位的高校，即荷兰瓦赫宁根大学、美国加州大学戴维斯分校、美国康奈尔大学和中国农业大学为检索对象，查询四所高校在 2005—2014 年 10 年间被收录的学术期刊论文（文献类型选取 Article、Review、Letter 和 Proceedings Paper），分别得到瓦赫宁根大学 19 816 条记录、加州大学戴维斯分校 49 278 条记录、康奈尔大学 53 050 条记录、中国农业大学 13 238 条记录（检索日期为 2015.6.16）。

根据汤森路透基本科学指标（ESI）提供的学科分类标准，按照学科分类与期刊名称的映射关系 ①，对四所高校在"农业科学（Agricultural Science）"类目下发表的学术论文进行了抽取，分别得到瓦赫宁根大学 3 606 条记录、加州大学戴维斯分校 2 675 条记录、康奈尔大学 2 178 条记录、中国农业大学 2 749 条记录，经数据合并和去重后，累计 11 028 条记录作为本研究分析的论文元数据集合。

为了保证文献计量分析结果的准确性，本研究对论文元数据集合中的关键字段进行了规范化处理。其中，采用规则和统计相结合的方法，通过对

---

① http://ipscience-help.thomsonreuters.com/incitesLiveESI/ESIGroup/overviewESI/esiJournalsList.html.

Web of Science 文献记录的地址字段分割、机构名称提取、名称相似度判别等流程对作者所属的机构名称进行消歧和一致化处理。对作者名称和项目资助机构名称的相似度判别利用了"编辑距离"（Levenshtein Distance）算法[10]，同时在计算机自动判别结果的基础上，再进行人工核验和反复筛选。

本文采用的研究方法主要包括文献计量分析、社会网络分析和一般统计学分析，使用的软件为中国农业大学图书馆开发的学术论文元数据分析工具Bibstats[11]、开源社会网络分析工具 Gephi[12] 和社会科学统计软件包 SPSS。

3　结果分析

3.1　总体概况

为了在统一标准下客观对比 4 所涉农高校发表论文的学术质量，本文选择以汤森路透公布的 ESI 基准线数据（2015 年 5—6 月）为标尺，按照论文被引频次所在的 1%、10%、20% 和 50% 4 个百分位区间对论文进行学术质量分类，被引频次进入前 50% 的论文为高水平论文。如图 1 所示，瓦赫宁根大学发表高水平论文的比例较高，占本机构总发文量的 73.5%；加州大学戴维斯分校和康奈尔大学近 70% 的学术论文进入了高水平论文行列，但两所高校发表 ESI 前 1% 论文的比例都超过了农业科学领域世界排名第一的瓦赫宁根大学；相比之下，中国农业大学跨越 ESI 基准线的论文比例相对较低，尤其是在 ESI 前 1%、前 10% 和前 20% 3 个区间内的论文比例明显低于其他 3 所高校。

学界通常将被引频次处于 ESI 前 1% 的论文作为本领域的高被引论文，而进入 ESI 前 0.01% 和前 0.1% 的论文更是代表了科学研究领域的顶尖水平。如表 1 所示，加州大学戴维斯分校和康奈尔大学在农业科学领域各有一篇学术论文进入了 ESI 前 0.01%，瓦赫宁根大学有 22 篇学术论文进入了 ESI 前

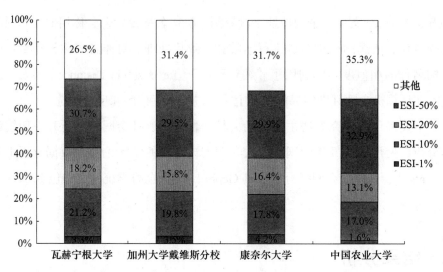

图 1 ESI 基准线下 4 所涉农高校农业科学领域的发文量情况

0.1%。中国农业大学在国际顶尖论文发表上也展现了一定的科研实力，有 4 篇学术论文进入了 ESI 前 0.1%，说明其农业科学学科已经达到了世界一流学科的水平，同时也具备冲击国际顶尖位置的科研潜力，未来应在顶尖论文的发表上缩小与 3 所国际一流涉农高校的数量差距。

表 1 4 所涉农高校农业科学领域高被引论文的发表情况

学　校	ESI 前 0.01%/篇	ESI 前 0.1%/篇	ESI 前 1%/篇	ESI 前 1%（占比）
瓦赫宁根大学	0	22	118	3.27%
加州大学戴维斯分校	1	9	93	3.48%
康奈尔大学	1	17	92	4.22%
中国农业大学	0	4	45	1.64%

3.2 高被引论文作者情况

原清华校长梅贻琦曾有过"大学者，非大楼也，乃大师也"的著名论断。高水平的教师队伍是建设世界一流大学的核心，也是知识传播与创造的根基。

为了识别 4 所涉农高校在农业科学领域的领军人物和创新团队，本文对 ESI 前 1% 论文的作者情况进行了分析。如表 2 所示，瓦赫宁根大学发表 5 篇以上高被引论文的学者数量较多，并且涉及的研究领域较为广泛。加州大学戴维斯分校多产高被引论文学者的研究领域较为集中，主要涉及农艺学和土壤学两个领域。康奈尔大学多产高被引论文学者在食品科学和技术、营养与营养学、土壤学方面表现尤为突出，同时在农艺学领域也有 2 位领军人物出现。中国农业大学的张福锁教授则在土壤学领域发表了较多的高被引论文。

表 2　4 所涉农高校农业科学领域的多产高被引水平论文的学者情况（发文量≥5 篇）

高校	高被引学者	研究领域①	高被引论文数量
瓦赫宁根大学	Giller, Ken E.	农艺学、土壤学、农业跨学科	9
	Tittonell, Pablo	农艺学、农业跨学科	7
	Hollman, Peter C. H.	营养与营养学	6
	van Ittersum, Martin K.	农艺学、农业跨学科	5
	van Valenberg, H. J. F.	食品科学和技术	5
加州大学戴维斯分校	Six, Johan	土壤学、农艺学	7
	Hsiao, Theodore C.	农艺学	6
康奈尔大学	Liu, Rui Hai	食品科学和技术、营养与营养学	15
	Lehmann, Johannes	土壤学	10
	Sorrells, Mark E.	农艺学	8
	Jannink, Jean-Luc	农艺学	6
中国农业大学	Zhang, Fusuo	土壤学	5

①本文中的"研究领域"依据汤森路透的 JCR 期刊分类标准。

此外，本文利用文献计量学中的作者共现分析方法（Co-author analysis）对 4 所高校在农业科学领域的高被引论文作者合著情况进行了研究。如图 2 所示，瓦赫宁根大学在高被引论文作者合著网络中形成了 4 个团组，最大的团组主要是由植物生产系统系的学者们所构成，包括了 Giller Ken E., Tittonell Pablo 和 Van Ittersum Martin K. 3 位发表高水平论文数量较多的学者，他们重

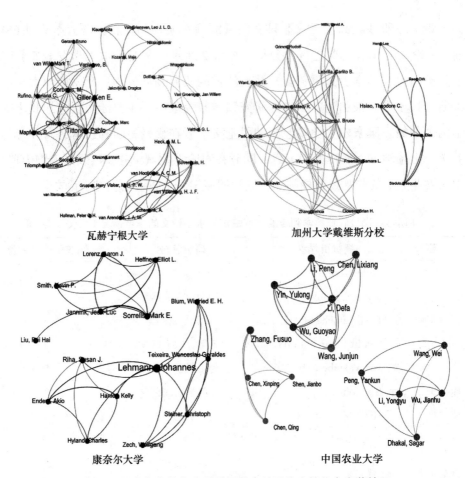

瓦赫宁根大学　　　　　加州大学戴维斯分校

康奈尔大学　　　　　中国农业大学

图2　4所涉农高校农业科学领域高被引论文的作者合著情况

网络设置参数及算法：作者高被引论文发文量≥2，节点大小代表网络中心度值，节点间的连线颜色深浅代表合著频次的大小（阈值选择为2），网络图谱利用Fruchterman Reingold算法进行布置。

点关注了保护性农业方面的相关问题，其核心学术成果于2009—2013年集中发表在FIELD CROPS RESEARCH期刊上。第二个较为明显的团组主要来自乳品科学与技术系，van Valenberg H. J. F.和Heck J. M. L.两位多产高水平论文学者成为主要的领军人物，其主要研究了乳品质量方面的相关问题。另外，在土壤生物学和食品化学方面，瓦赫宁根大学也形成了两个创新团队，但这两个团组内的合著链接关系相对较弱。

加州大学戴维斯分校在食品化学领域形成了一个规模较大的团组，主要学者包括食品科学与技术学院的 German J. Bruce 和化学与生物化学学院的 Lebrilla Carlito B.，他们重点研究了母乳低聚糖领域的问题，并发表了高水平的研究成果。另一个较为明显的团组则以土地、空气和水资源学院的 Hsiao Theodore C. 为代表学者，该团队重点研究了农业水资源的有效利用。

康奈尔大学的高被引论文一部分来自食品科学与技术领域，代表学者是食品科学学院的 Liu Rui Hai，其重点关注了抗氧化活性方面的问题。另一部分来自土壤生物学领域，代表学者为作物和土壤科学学院的 Lehmann Johannes，其高被引论文主要是关注了生物炭对土壤生物的影响。

中国农业大学在土壤学、动物营养和食品工程 3 个领域形成了团组，代表学者分别是资源与环境学院的张福锁教授、动物营养国家重点实验室李德发院士和工学院的彭彦昆教授。但是，相对其他 3 所国际一流涉农高校，中国农业大学发表高被引学术论文的核心学者规模较小。因此，未来在创建世界一流大学的进程中应强化高层次人才对学校的支撑引领作用，培养或引进更多活跃在国际学术前沿的一流科学家、学科领军人物和创新团队。

3.3 合作团队规模

在文献计量学研究中，论文署名人数可以反映一项学术成果的科研合作团队规模。陈晓玲和孙雍君（2010）曾对 1962—2006 年物理学家丁肇中发表的 SCI 论文的署名人数进行了分析，发现丁肇中合作团队的规模呈不断增大的趋势，到科研生涯后期进入相对稳定状态[13]。Huang（2015）对 1960—2010 年数学、化学和物理三大基础学科期刊论文的分析结果显示，3 个学科的合著作者数量呈明显的递增趋势，尤其是 1990 年以后物理学高能试验领域的合著作者数量呈急剧增长趋势[14]。本文对 4 所涉农高校在农业科学领域论文合著人数进行了分析，利用多项式对合作团队规模变化趋势进行曲线拟合。如图 3 所示，5 人以上合著发表的论文比例呈明显增长趋势，而单独作者的论文比例处于低位，并呈现逐年减少的趋势。

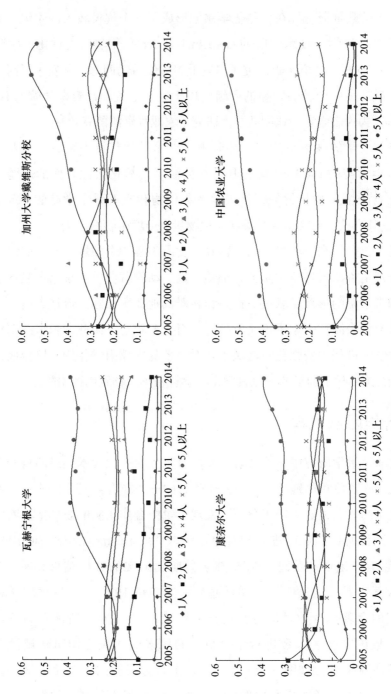

图 3 4 所涉农高校农业科学领域论文不同合著人数发文量的占比情况

此外，为了比较 4 所高校在重点优势学科上合作团队规模的差异，本文利用了统计学方法分别计算 4 所学校在农业科学领域发表论文的署名人数均值 $\bar{X}$ 和标准差 ΔX，在统计学中表示为 $\bar{X} \pm \Delta X$。公式中，N 代表一所高校发表的论文中不同合著作者人数的数量，X 代表具体的合著作者人数。

$$\bar{X} = \frac{1}{N}\sum_{i=1}^{N} X_i \qquad \Delta X = \sqrt{\frac{1}{N}\sum_{i=1}^{N}(X_i - \bar{X})^2}$$

研究结果发现，瓦赫宁根大学（5.26±6.848）的标准差大于均值，表明其论文的合著人数波动较大。相对而言，加州大学戴维斯分校（4.69±3.499）、康奈尔大学（4.62±3.284）和中国农业大学（5.68±2.059）的数值波动较小。瓦赫宁根大学论文合著人数偏态分布主要集中在营养与营养学、食品科学和技术两个领域。其中，营养与营养学有 14 篇、食品科学和技术有 11 篇的合著人数超过 20 人。合著人数最多的一篇论文来自营养基因组学领域，由 21 个国家的 87 名学者共同完成。加州大学戴维斯分校和康奈尔大学的论文合著人数相对稳定，但数据也存在一定程度的偏态分布，间接地说明了两所高校参与了一些国际性大规模的科学联合攻关研究。相比之下，中国农业大学论文合著人数的离散程度较低，表明其在国际性或区域性重大科学计划和科学工程中的参与度仍有待提升。

3.4 科研国际合作

国际合作（International Collaboration）是科研合作的主要模式之一[15]。Adams 等（2007）在提交英国科学创新国家办公室（UK Office of Science and Innovation）的报告中指出，国际合作研究成果的平均影响力明显高于所有成果的平均影响力[16]。王文平等（2015）的研究表明国际合作促进了跨学科研究，尤其是在新兴的、应用性较强的研究领域国际合作推动跨学科研究的程度较高[17]。"以全球视野推进国家创新能力建设，充分利用全球科技资源，努力扩大国家科技对外影响"也是我国科技发展的重要战略性思路。"十二五"期间，国家特别编制了专项发展规划推进我国的国际科技合作与交流。

　　图 4 显示,瓦赫宁根大学的国际合作论文比例很高,为 56.8%,也说明了国际合作研究对其科研发展具有重要的作用。加州大学戴维斯分校的国际合作论文比例也达到 44.0%,康奈尔大学的比例略低,为 38.4%。相对其他 3 所国际知名涉农高校,中国农业大学在农业科学领域的国际合作论文比例明显处于低位。

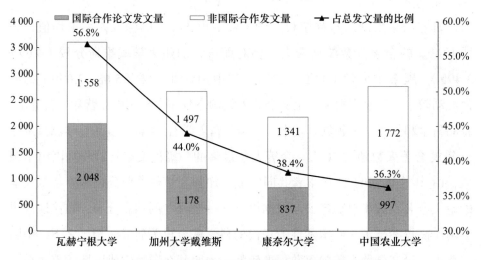

图 4　4 所涉农高校农业科学领域年度国际合作论文情况

　　从 4 所涉农高校国际合作的主要机构分布来看,如表 3 所示(国际合作论文数量利用整数计数方法统计),瓦赫宁根大学在欧盟区域的科研合作较多,其与法国农业科学研究院和比利时根特大学联合发表的论文比例较高,论文的影响力较大。另外,中国农业大学和加州大学戴维斯分校也是瓦赫宁根大学重点的科研合作伙伴,尤其是加州大学戴维斯分校与瓦赫宁根大学的科研合作产出了极高水平的学术成果。康奈尔大学的主要国际合作机构呈现出明显的区域性合作特征,加拿大奎尔夫大学和加拿大农业及农业食品部是其主要的科研合作伙伴。另外,瓦赫宁根大学、加州大学戴维斯分校和康奈尔大学都与除中国以外的部分发展中国家的涉农高校存在科研合作关系,虽然研究成果的影响力相对较低,但从多样化的合作对象角度来看，也体现了 3 所国际一流涉农高校在农业科学领域的国际学术主导力。

表 3　4 所涉农高校农业科学领域国际合作发表论文情况（排名前 5 位的国际机构）

高校 （国际合作论文总量；均被引频次）	国际合作机构	国际合作论文的数量	占国际合作论文总数比例	国际合作论文的篇均被引频次
瓦赫宁根大学 （2 048；13.48）	法国农业科学研究院	89	4.3%	16.39
	比利时根特大学	73	3.6%	15.11
	中国农业大学	51	2.5%	15.65
	美国加州大学戴维斯分校	50	2.4%	23.74
	贝宁阿波美—卡拉维大学	46	2.2%	4.85
加州大学戴维斯分校 （1 178；13.97）	荷兰瓦赫宁根大学	50	4.2%	23.74
	泰国农业大学	30	2.5%	4.63
	加拿大奎尔夫大学	28	2.4%	11.82
	新西兰梅西大学	26	2.2%	17.85
	韩国建国大学	18	1.5%	9.56
康奈尔大学 （837；15.71）	加拿大奎尔夫大学	20	2.4%	13.75
	加拿大农业及农业食品部	14	1.7%	11.29
	巴西圣保罗大学	14	1.7%	42.07
	韩国庆熙大学	13	1.6%	29.69
	中国科学院	13	1.6%	10.69
中国农业大学 （997；12.28）	荷兰瓦赫宁根大学	51	5.1%	15.65
	德国霍恩海姆大学	49	4.9%	14.69
	美国农业部农业研究局	47	4.7%	12.38
	美国爱荷华州立大学	44	4.4%	9.66
	日本国际农业科学研究中心	41	4.1%	9.49

从整体上来看，中国农业大学与发达国家涉农科研机构的国际合作较多，其中瓦赫宁根大学和霍恩海姆大学是其在农业科学领域的主要科研合作伙伴，合作成果具有一定的影响力。这也说明，目前中国农业大学仍处于利用国际科技资源来提高本校实力的科研蓄力阶段，但在加强与世界一流大学和学术机构实质性合作的同时，也应不断扩大本校科研影响力的辐射范围，积极主动地牵头组织更多的国际和区域性重大科学计划和科学工程。

3.5 科研项目支持

基金项目资助在科学研究活动中发挥着导向性的作用，因而成为政府部门部署国家主体科技计划、引导科研力量集中于优先发展领域的重要科研管理举措。在基金项目资助论文的比例上，中国农业大学（67.7%）明显高于瓦赫宁根大学（47.5%）、加州大学戴维斯分校（46.2%）和康奈尔大学（43.9%）这3所国际一流涉农高校，表明了中国农业大学发表的学术成果获得了更多的基金项目资助。从4所涉农高校获得的主要基金资助来源机构分布来看，如表4所示，政府组织是高校科研项目资助的主体，尤其是中央或地方政府设立的专项科研基金项目对4所高校的科研发展起到了重要的支持作用。需要注意的是，瓦赫宁根大学、加州大学戴维斯分校和康奈尔大学3所高校自己的基金资助体系对科研发展也发挥了巨大的作用。相对政府资助，校级资助以学校自身的学科定位为导向，给予科学研究更大的自由度，更加有利于高校的特色发展。另外，加州大学戴维斯分校和康奈尔大学也获得了一定比例的基金会（如比尔和梅琳达·盖茨基金会）和企业（如辉瑞公司）的科研资助。相对而言，中国农业大学在重点学科领域的科研筹资渠道单一化，未来应加大考虑如何积极吸引社会捐赠，扩大社会合作，健全社会支持长效机制，多渠道汇聚资源，增强自我发展能力。

表4　4所涉农高校农业科学领域受资助论文情况（排名前5位的资助项目）

高校 （受资助论文总量；均被引频次）	基金资助机构	受资助论文的数量①	占受资助论文总数比例	受资助论文的篇均被引频次
瓦赫宁根大学 （1 712；8.67）	欧盟委员会	395	23.1%	10.84
	瓦赫宁根大学	200	11.7%	9.04
	荷兰农业、自然和食品质量部	138	8.1%	12.40
	荷兰经济事务、农业和创新部	91	5.3%	5.93
	荷兰科学研究院	58	3.4%	10.53
加州大学戴维斯分校 （1 237；8.08）	美国农业部	237	19.2%	9.99
	加州大学	115	9.3%	9.25
	美国国家科学基金会	95	7.7%	12.97
	美国国立卫生研究院	70	5.7%	14.8
	加州食品与农业部	43	3.5%	6.68
康奈尔大学 （957；9.13）	美国农业部	311	32.5%	10.09
	康奈尔大学	124	13.0%	6.64
	美国国立卫生研究院	77	8.0%	10.10
	美国国家科学基金会	62	6.5%	18.82
	纽约州农业部	53	6.2%	14.96
中国农业大学 （1 862；6.26）	中国国家自然科学基金	852	45.8%	6.08
	国家重点基础研究发展规划项目（973）	248	13.3%	7.11
中国农业大学 （1 862；6.26）	国家高技术研究发展计划（863）	218	11.7%	8.10
	科学技术部②	128	6.9%	8.26
	"十二五"国家科技支撑计划	95	5.1%	3.92

　　① 利用整数计数方法统计。对于相同基金资助机构若干项目资助的同一篇论文，仅计数为1次；对于不同基金资助机构资助的同一篇论文，将分别计数为1次。

　　② "科学技术部"为论文中标注了受科学技术部资助，但没有标明具体资助项目类型。

4 结论

本文对 4 所世界高水平涉农大学在农业科学领域学术论文进行了文献计量分析，剖析和比较了 4 所学校在农业科学这一重点学科领域的科研优势。研究结果发现：

（1）4 所学校均形成了一定规模的高水平科研创新团队，汇集了一定数量的学科领军人物。从高被引论文作者的角度来看，瓦赫宁根大学拥有较多的重要学者，其高水平学术成果集中在农艺学的保护性农业领域、食品科学的乳品质量领域，此外在土壤生物学和食品化学方面也形成了自身的研究优势。加州大学戴维斯分校在食品化学领域科研优势明显，来自食品科学与技术学院和化学与生物化学学院的学者合作研究，使基础科学与应用科学相结合，共同攻关科研难题。另外，该校在农业水资源的有效利用方面也产出了国际顶尖的学术成果。康奈尔大学在食品科学与技术和土壤生物学领域具有明显的科研优势，该校在食品抗氧化活性、生物炭对土壤的影响方面发表了高水平的学术论文。中国农业大学在土壤学、动物营养和食品工程形成了明显的科研优势，但在核心学者数量和创新团队规模上仍存在不足。在创建世界一流大学的进程中，如何以"大师"为杠杆，撬动学校整体实力的跃升，形成孕育大师和英才的土壤，进而形成良性循环，是学校未来发展的关键挑战。

（2）4 所学校总体上科研合作的团队规模在逐年扩大，单独发表论文的学者比例在逐年下降。从论文署名人数维度来分析，瓦赫宁根大学在营养与营养学、食品科学和技术领域形成了跨国性的庞大合作研究团队。加州大学戴维斯分校和康奈尔大学也参与了一些国际性大规模的科学联合攻关研究。相比之下，中国农业大学在国际性或区域性重大科学计划和科学工程中的参与度仍有待提升。

（3）4 所学校都将国际合作作为促进本校科研发展的重要举措。从国际合作的机构分布情况来观察，瓦赫宁根大学与加州大学戴维斯分校和中国农业大学分别建立起较强的科研合作关系。区域性合作是 4 所高校国际合作中的一个重要特征，如瓦赫宁根大学更多地与欧洲的法国和比利时科研机构合作，加州大学戴维斯分校和康奈尔大学与加拿大科研机构合作发文的比例较高，中国农业大学与日本涉农科研机构也有一定规模的合作。另外，农业科学领域国际排名前3位的高校还与发展中国家的涉农机构建立了合作关系，以此拓展国际影响力和提升学术话语的主导权。相比之下，中国农业大学仍处于利用国际科技资源来提高本校实力的科研蓄力阶段，在科研合作空间和学术话语权上仍有待进一步提升。

（4）4所学校都获得了不同渠道的基金项目资助，其中政府资助成为主体，同时科研项目资助也呈现出社会化和多元化的趋势。从受资助论文发表的情况来看，瓦赫宁根大学、加州大学戴维斯分校和康奈尔大学在有效利用政府资助基金的同时，也特别注重本校科研经费资助对学校特色发展的引导作用，学校资助论文的比例甚至超过了地方政府资助论文。此外，以基金会和企业为主的社会性资助也是这3所高校的重要科研经费来源。相比而言，中国农业大学在重点学科领域的科研筹资渠道单一化。显然，建设世界一流大学和一流学科不仅需要国家投入，同样也需要社会动员，通过政府、社会、学校相结合的共建机制，扩大社会合作，多渠道汇聚资源，增强高校特色发展能力是我国高等教育机构未来的改革重点。

参考文献

[1] World Bank. World Development Report 1998/1999: Knowledge for Development [R]. Washington, DC: World Bank. http://www.worldbank.org/wdr/wdr98/contents.htm.

[2] World Bank. World Development Report 1999/2000: Entering the 21st Century [R]. Washington, DC: World Bank. http://www.worldbank.org/wdr/2000/fullreport.html.

[3] Moed H.F., Burger W.J., and Raan A.F.J. Van. The Use of Bibliometric Data for the Measurement of University Research Performance [J]. Research Policy, 1985, 14(3): 131-149.

[4] Good A.H. Highly Cited Leaders and the Performance of Research University [J]. Research Policy, 2009, 38(7): 1079-1092.

[5] Agasisti T., Catalano G., Landoni P., et al. Evaluating the Performance of Academic Department: Analysis of Research-Related Output Efficiency [J]. Research Evaluation, 2012, 21(1): 2-14.

[6] Aksnes D.W., Schneider J.W. and Gunnarsson M. Ranking National Research System by Citation Indicators: A Comparative Analysis Using Whole and Fractionalised Counting Methods [J]. Journal of Informetrics, 2012, 6(1): 36-43.

[7] Lin C.S., Huang M.H. and Chen D.Z. The Influences of Counting Methods on University Rankings Based on Paper Count and Citation Count [J]. Journal of Informetrics, 2013, 7(3): 611-621.

[8] Naparat S., and Kumiko M. Assessment of Research Strengths Using Co-Citation Analysis: The Case of Thailand National Research Universities [J]. Research Evaluation, 2015, 24(8): 420-439.

[9] Giovanni A., Ciriaco A.D., and Flavia D.C. A New Approach to Measure the Scientific Strengths of Territories [J]. Journal of the Association for Information Science and Technology, 2015, 66(6): 1167-1177.

[10] Navarro, Gonzalo. A guided tour to approximate string matching[J]. ACM Computing Surveys, 2001, 33 (1): 31-88.

[11] 韩明杰, 李晨英. 学术论文元数据分析工具 [CP].http://www.lib.cau.edu.cn/BibStats/.

[12] Bastian M., Heymann S. and Jacomy M. Gephi: an open source software for exploring and manipulating networks [CP]. https://gephi.org/.

[13] 陈晓玲, 孙雍君. 合作规模与丁肇中科研成果影响力——基于 SCI 论文署名人数与论文被引用量关系的分析 [J]. 自然辩证法通讯, 2010(4): 56-63.

[14] Huang D. Temporal evolution of multi-author papers in basic sciences from 1960 to 2010 [J]. Scientometrics, 2015,105: 2137-2147.

[15] CWTS. Annual Research Report 2007 [EB/OL]. [2015-10-8]. http://www.cwts.nl/pdf/annual_research_Report_2007.pdf.

[16] Adams J., Gurney K. and Marshall S. Patterns of international collaboration for the UK and leading partners [R].Leeds: Evidence. Ltd, 2007.

[17] 王文平, 刘云, 何颖, 等. 国际科技合作对跨学科研究影响的评价研究——基于文献计量学分析的视角 [J]. 科研管理, 2015, 36(3): 127-137.

国内外 6 所著名涉农高校的科研绩效研究

——基于 WOS 论文视角的比较

孙会军[1]　周　群[1]　陈仕吉[1]　巢国正[1]　熊春文[2]　左文革[1]

（1 中国农业大学图书馆；2 中国农业大学科学技术发展研究院）

摘要： 为客观评价涉农高校科研现状、水平和绩效，基于 WOS 论文视角，运用文献计量学方法，从论文数量、论文增长情况、篇均被引频次、百分位数、高产出作者、高水平论文及学科等方面对中国农业大学、浙江大学、德州农工大学、爱荷华州立大学、瓦赫宁根大学、霍恩海姆大学 6 所国内外著名涉农高校的科研绩效进行比较分析。结果显示，从 6 所高校论文的起始年代来看，国外高校发表 SCI 或 SSCI 论文起步较早，且稳步增长，国内 2 所高校虽起步较晚但增长速度快，中国农业大学的论文数量增长最快；从论文的影响力来看，国内的 2 所高校均低于国外 4 所高校，且低于 6 所高校的平均水平；从高产出作者的数量和比例来看，浙江大学均位居第一；从发表在 Science、Nature 和 Cell 期刊上的高水平论文数量来看，德州农工大学位居第一，且其进入 ESI Top 1% 和 ESI Top 1‰ 的学科数量也最多，分别为 20 个和 9 个。基于以上研究结果，建议我国高校在注重论文数量增长的同时，需要进一步提升论文的质量。

关键词： SCI/SSCI；论文；文献计量；科研绩效；国际比较

科学、合理的科研绩效评估对于促进有限科技资源的合理分配与流向、保证国家决策系统的先进性具有重要意义。高校作为国家科学研究的重要基地，加强科研管理，实时进行绩效评估，对于提高高校自身的科技水平意义重大[1]。

高校科研水平和影响力，主要体现在发表论文的质量及其数量上[2]。科技论文作为科技产出的主要成果之一，已经成为科技评价与测度的重要指标之一[3]。评价和分析科研产出及影响已成为国内外进行科学研究评价的通行做法[4]。文献计量评价作为目前国内外重要的科研评价方法，源于20世纪中叶兴起的科学计量学和科学引文分析。对科学论著进行引证分析，始于1961年美国情报科学研究所加菲尔德主持编制的《科学引文索引》，后来形成了完整的引证检索系统。其评价方法主要是根据在核心期刊上发表论文的数量和期刊的等级，计量评价某个国家或地区、研究机构、科学家的科研绩效[5]。目前，科研绩效评估问题正受到整个科技界的广泛关注。2013年，Cabezas-Clavijo等[6]以一所西班牙高校（University of Murcia）为例，考察了研究团队的规模与论文的产出力和影响力的关系；2010年，Auranen等[7]比较了8个国家高校科研经费投入与论文产出等的关系；2007年，刘勇敏[8]采用文献计量学方法，利用引文数据库对河南科技大学的科研绩效进行了评价。

本研究基于Web of Science（WOS）论文视角，从科研论文的数量、篇均被引频次、百分位数（Percentile Rank Scores，PRS）等文献计量指标以及高产出作者、高水平论文和学科方面对中国农业大学、浙江大学、德州农工大学、爱荷华州立大学、瓦赫宁根大学和霍恩海姆大学6所国内外著名涉农高校进行比较分析，旨在客观评价这些高校科研现状、水平和绩效，为科研管理及学科建设提供借鉴。

1　数据来源

数据来源于WOS中的科学引文索引（Science Citation Index，SCI）和社会科学引文索引（Social Sciences Citation Index，SSCI）数据库。WOS中的SCI和SSCI数据库是由美国科学情报研究所（Institute for Scientific

Information，ISI）创立，经过 50 多年的发展，已经成为当代世界最为重要的大型数据库，SCI 和 SSCI 数据库不仅是重要的检索工具，而且也是科学研究成果评价的重要依据，全球很多国家都将其作为官方或非官方的评价工具[9]。

2 研究工具与内容

研究工具为 Thomson Data Analyzer（TDA）软件和 Excell 软件。研究内容包括中国农业大学等 6 所国内外著名涉农高校学术论文的数量、增长情况和影响力的比较；高产出作者和发表在 Science、Nature 和 Cell 上的高水平论文进行统计和比较；通过 ESI 和 InCites 2 个分析型数据库中的统计数据对 6 所高校的学科实力进行了比较。

3 研究结果与分析

3.1 学术论文数量

SCI 和 SSCI 数据库中的文献类型有学术论文（Article）、会议摘要（Meeting Abstract）、综述（Review）、会议论文（Proceedings Paper）、编辑材料（Editorial Material）、研究快报（Letter）和新闻报道（News Item）等。由于不同机构科研论文的类型会有所不同，为了避免文献类型对评价结果带来的影响，本研究只选取学术论文（Article）作为研究对象。6 所高校 SCI 和 SSCI 收录的学术论文（Article）的数量为：德州农工大学 77 886 篇，爱荷华州立大学 50 315 篇，浙江大学 39 623 篇，瓦赫宁根大学 27 949 篇，中国农业大学 10 206 篇，霍恩海姆大学 8 822 篇（数据采集时间为 2013-05-20，数据库时间限制选择"所有年份")。

从学术论文的数量上来看,中国农业大学除了略高于霍恩海姆大学之外,与其他4所高校有较大的差距。德州农工大学的论文数量最多,远高于其他5所高校。从论文发表的起始时间来看,爱荷华州立大学的论文发表时间最早,早在1918年就有1篇论文被SCI收录,但在随后的57年内发展并不迅速,直到1965年,才开始有了明显增长,到1973年则有了飞跃式增长,从1972年的196篇增长至1973年的888篇,随后进入稳步增长期。1965年以后6所高校学术论文数量的年度变化,如图1所示。

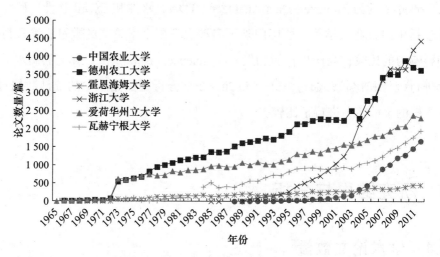

图1　6所高校学术论文数量年度变化

除爱荷华州立大学之外,其他3所国外高校论文发表的起始年代也较早,大体起步于1966—1968年间,相对于这4所高校,我国2所高校发表SCI或SSCI论文起步较晚,浙江大学的论文最早于1985年被SCI收录,中国农业大学于1988年才开始有论文被SCI收录。

从论文数量的增长情况来看,各高校均呈增长趋势,中国农业大学和浙江大学论文数量增长趋势尤为突出。浙江大学2008、2009、2011和2012年的论文数量已超过德州农工大学。

3.2　学术论文的增长

为排除学校规模、科研人员数量等因素对论文增长情况的影响，以各高校每年发表论文数量占该校论文总数的百分数作为指标进行比较（图 2）。

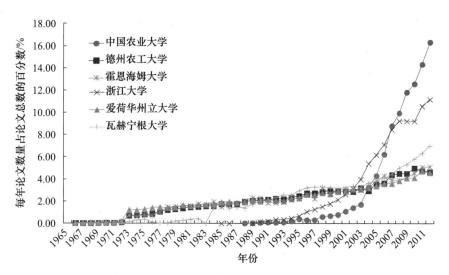

图 2　6 所高校学术论文增长趋势

由图 2 可见，中国农业大学和浙江大学论文增长最快，中国农业大学从 1989 年的论文数量占本校论文总数的 0.03%，增至 2012 年的 16.35%，增长幅度为 16.32%。2003 年是中国农业大学论文增长的转折点，2003 年之前增长趋势相对较缓，2003 年之后急剧上升。浙大从 1989 年的 0.02%，增至 2012 年的 11.2%，增长了 11%。而国外的 4 所高校从 1985 年开始即进入稳步增长时期，增长最快的瓦赫宁根大学也只是从 1985 年的 1.72%，增至 2012 年的 7.01%，增幅为 5.29%。这种情况说明，我国的浙江大学和中国农业大学发表 SCI 或 SSCI 论文起步晚，目前处于快速发展时期；而发达国家的 4 所高校发表论文起步较早，现阶段已进入稳步增长阶段。

根据学术论文的数量及增长情况可将各高校学术论文的发展划分为起步

期、高速发展期和平缓期。起步期的特点是论文数量少（少于 100 篇）、增长慢。德州农工大学起步期为 1966—1972 年；爱荷华州立大学为 1918—1972 年；霍恩海姆大学为 1968—1972 年；瓦赫宁根大学为 1967—1981 年；浙江大学为 1985—1991 年；中国农业大学为 1988—1997 年。德州农工大学、爱荷华州立大学和霍恩海姆大学在起步期过后，即进入稳步增长期，没有明显的高速发展期。瓦赫宁根大学经过 1984—2006 年的稳步增长，2007 年的增长趋势超过国外其他 3 所高校。浙江大学和中国农业大学的学术论文的发展阶段性较为明显，浙江大学 1992—2003 年、中国农业大学 1998—2003 年论文的增长较为平缓，2003 年以后进入高速发展期。

3.3 学术论文影响力

评价论文影响力的指标较多，如发文期刊的影响因子、特征因子、H 指数和被引频次以及目前热点研究的综合影响指标[10]（即 I3 指数）以及百分位数（Percentile Rank Scores，PRS）等指标[10-12]。被引频次是引文分析中用于绩效评价最具代表性的指标，通常被看作学术影响力的重要标志[13]。篇均被引频次即平均每篇论文的被引频次，是评价各机构研究绩效的主要指标。百分位数可以不用考虑被引频次的分布情况[12,14]，Bornmann[12] 将被引频次分为 6 个级别，根据各科研机构论文在各百分位区间的分布情况，可以判断该机构的研究绩效和实力。为了通过一个单一指标值来衡量研究实体的绩效情况，Bornmann 等[12] 进一步提出对研究实体在各个百分位分布概率进行加权平均，其计算公式如下：

$$PRS_i = \sum_i x_i \cdot p(x_i) \tag{1}$$

其中，x 表示被引频次的百分位分区，本研究中的百分位各区段的 x 变量为 1～6，如果论文被引频次处于 Top 1%，那么 x 就为 6，论文被引频次处于 Top 5%、Top 10%、Top 20%、Top 50% 和 Bottom 50%，那么 x 就依次为 5、4、3、2、1，$p(x_i)$ 为 x 出现的比例。每个研究机构的百分位数（PRS 值）可以和期望 PRS（即随机分布时的 PRS 值）相比较来判断其研究绩效，期望 PRS 即各区段的百分位离散随机变量加权平均值[13]。如本研究划分的 6 个百分位区段的期望 PRS 为：$6 \times 0.01 + 5 \times 0.04 + 4 \times 0.05 + 3 \times 0.1 + 2 \times 0.3 + 1 \times 0.5 = 1.86$。如果某高校的 PRS 大于 1.86，则表明该高校的绩效高于平均水平。采用篇均被引频次和百分位数 2 个指标比较研究 6 所高校的论文影响力。

为消除出版时间造成的被引频次的差异，选择 6 所高校同一时间段的论文进行比较分析，1989—2012 年各高校的论文数据较全，选择此时间段的数据进行分析。

3.3.1　篇均被引频次

6 所高校论文篇均被引频次，见图 3。

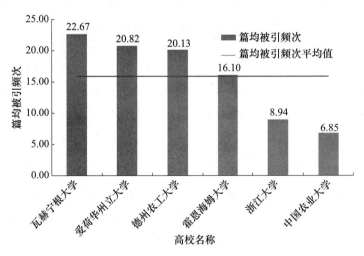

图 3　6 所高校论文篇均被引频次

由图 3 可以看出，国外 4 所高校论文的篇均被引频次均高于我国的 2 所高校。6 所高校论文的篇均被引频次平均值为 15.92，国外 4 所高校论文的篇均被引频次均高于平均值，国内 2 所高校论文的篇均被引频次远低于平均值。瓦赫宁根大学的论文篇均被引频次最高，为 22.67，中国农业大学则最低，仅为 6.85。

3.3.2 百分位数

在篇均被引频次的基础上，再利用百分位数（PRS 值）进行各高校论文影响力的比较。根据 6 所高校论文的总体被引情况将被引频次分为 6 个级别，Top 1%、Top 5%、Top 10%、Top 20%、Top 50% 和 Bottom 50%，并将论文进入各百分位区段的最低阈值依次设置为：144、63、40、23、6、<6。6 所高校 1989—2012 年各百分位区段论文的数量及比例（表 1）。

表 1　1989—2012 年 6 所高校各百分位区段的论文数量及比例

百分位区段	中国农业大学		浙江大学		德州农工大学		爱荷华州立大学		瓦赫宁根大学		霍恩海姆大学	
	数量/篇	比例/%	数量/篇	比例/%	数量/篇	比例/%	数量/篇	比例/%	数量/篇	比例/%	数量/篇	比例/%
Top 1%	14	0.14	88	0.23	814	1.36	525	1.44	373	1.52	43	0.64
Top 5%	71	0.73	457	1.20	2 994	5.00	1 846	5.05	1 428	5.81	228	3.41
Top 10%	130	1.33	822	2.15	3 575	5.97	2 264	6.19	1 722	7.01	332	4.97
Top 20%	384	3.93	2 148	5.62	6 718	11.22	4 198	11.48	3 321	13.52	688	10.30
Top 50%	2 222	22.74	10 307	26.98	19 635	32.79	12 548	34.31	8 842	35.99	2 204	32.98
Bottom 50%	6 952	71.13	24 387	63.83	26 144	43.66	15 192	41.54	8 880	36.15	3 187	47.70
合计	9 773	100	38 209	100	59 880	100	36 573	100	24 566	100	6 682	100

由表 1 可以看出，瓦赫宁根大学被引频次为 Top 1% 论文的比例最高，占该校论文数的 1.52%，说明瓦赫宁根大学的论文影响力较高。德州农工大学的 Top 1% 的论文数最多，为 814 篇，占该校的 1.36%。中国农业大学被引频次为 Top 1% 的论文数及所占比例均为最低，只有 14 篇，占该校论文总数的 0.1%。浙江大学的 Top 1% 论文的比例为 0.23%，仅高于中国农业大学。

根据表 1 的数据利用公式（1）计算各高校的百分位数（PRS 值），x 值为 1~6，p 值为各百分位区段论文数占该校论文的比例，6 所高校的期望 PRS 为 1.86。如果 6 所高校中某高校的 PRS 超过 1.86，则表明该校的论文影响力超过此 6 所高校的平均水平（图 4）。

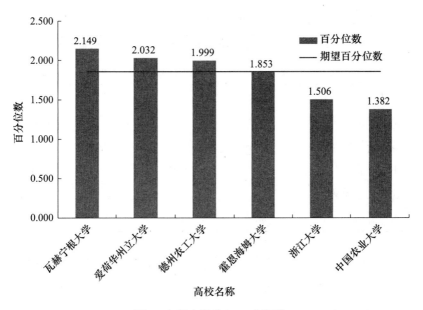

图 4 6 所高校的 PRS 指标值

由图 4 可以看出，国外 4 所高校的 PRS 均高于我国的 2 所高校，瓦赫宁根大学论文的 PRS 最高，中国农业大学论文的 PRS 最低。瓦赫宁根大学、爱荷华州立大学和德州农工大学的 PRS 均超过期望 PRS（1.86），说明这 3 所高校的科研论文影响力高于 6 所高校的平均水平。

根据 PRS 评价的 6 所高校的论文影响力与根据篇均被引频次评价的结果基本一致。

3.4 高产出作者

本研究将 1989—2012 年间以通讯作者或第一作者发表学术论文（Article）数量高于 50 篇的视为高产出作者并进行统计。将各高校的论文导入 TDA 软件，按照通讯作者和第一作者进行一维分析，并通过软件的数据清洗功能合并相同作者以及去掉不同作者，得到各高校的高产出通讯作者和高产出第一作者及占本校教师的比例（表 2）。

表 2 1989—2012 年 6 所高校高产出通讯作者和第一作者人数及占本校教师的比例

高校名称	高产出通讯作者		高产出第一作者	
	人数	比例 /%	人数	比例 /%
浙江大学	112	3.45	37	1.14
德州农工大学	59	0.21	18	0.06
爱荷华州立大学	34	0.54	11	0.17
中国农业大学	10	0.63	2	0.13
瓦赫宁根大学	6	0.09	0	0.00
霍恩海姆大学	6	0.29	0	0.00

由表 2 可见，1989—2012 年间，浙江大学高产出通讯作者和高产出第一作者均为最多，分别为 112 人和 37 人，占该校教师人数的比例也均为最高，分别 3.45% 和 1.14%。德州农工大学和爱荷华州立大学高产出通讯作者数和第一作者数分列第二和第三。霍恩海姆大学和瓦赫宁根大学的高产出通讯作者数均为 6 名。中国农业大学有 10 名高产出通讯作者，占该校教师人数的 0.63%，所占比例仅低于浙江大学位居第二；高产出第一作者数为 2 名，所占比例为 0.13%，位于第三。

3.5 高水平论文

将发表在 Science、Nature 和 Cell 上的学术论文（Article）视为高水平论文，各高校 1989—2012 年发表的高水平论文（表 3）。

由表 3 可以看出，德州农工大学在 3 种期刊上发表的论文数量均最多，Science 上共发表 143 篇，其中第一或通讯作者 48 篇；Nature 上发表 69 篇，其中第一或通讯作者的论文为 29 篇；Cell 上发表 25 篇，第一或通讯作者的有 18 篇。爱荷华州立大学发表在 Science 和 Nature 上的论文总数均为 57 篇，位居第二，Science 中为第一或通讯作者的论文为 14 篇，与瓦赫宁根大学以第一或通讯作者发表在 Science 上的论文数量相同，Nature

上第一或通讯作者的论文有 12 篇，Cell 上第一作者或通讯作者的论文有 1 篇。

表 3　1989—2012 年 6 所高校发表的高水平论文数量

高校名称	Science		Nature		Cell	
	论文总数 / 篇	第一或通讯作者论文数 / 篇	论文总数 / 篇	第一或通讯作者论文数 / 篇	论文总数 / 篇	第一或通讯作者论文数 / 篇
德州农工大学	143	48	69	29	25	18
爱荷华州立大学	57	14	57	12	1	1
瓦赫宁根大学	33	14	46	6	4	0
中国农业大学	12	4	9	4	2	1
浙江大学	11	3	11	1	6	2
霍恩海姆大学	7	0	4	0	0	0

中国农业大学发表在 Science 和 Nature 上的高水平论文分别为 12 篇和 9 篇，其中第一或通讯作者的论文均为 4 篇，高于浙江大学和霍恩海姆大学；但中国农业大学在 Cell 上发表的论文数量低于浙江大学。霍恩海姆大学没有以第一或通讯作者在 Science、Nature 或 Cell 期刊上发表的论文。

3.6　学科比较

3.6.1　进入 ESI Top 1%、ESI Top 1‰ 的学科

ESI 是基于 SCI 和 SSCI 最近 11 年的论文及其引文数据进行统计，是现今较权威的科学计量和评价工具，已被广泛用于不同层面科学实体的基础研究产出分析[15]。ESI 根据近 11 年的各学科论文的总被引次数选择机构进入 Top 1% 的学科，德州农工大学、爱荷华州立大学、霍恩海姆大学、瓦赫宁根大学、浙江大学和中国农业大学 6 所高校进入 ESI Top 1% 的学科（表 4）。

表4　6所高校进入 ESI Top 1%、ESI Top 1‰的学科及其排名

学科	德州农工大学	爱荷华州立大学	浙江大学	瓦赫宁根大学	中国农业大学	霍恩海姆大学	进入前1%的机构数
农业科学	√（16）	√（17）	√（36）	√（4）	√（24）	√（33）	566
生物学与生物化学	√	√	√	√	√		
化学	√（48）	√（96）	√（36）	√	√		1 068
临床医学	√（340）	√	√	√		√	3 734
计算机科学	√	√	√				
经济学与商学	√	√		√			
工程学	√（18）	√	√（42）	√	√		1 249
环境与生态学	√（65）	√	√	√（7）	√	√	685
免疫学	√						
材料科学	√	√	√（26）				705
地球科学	√	√		√		√	
数学	√（15）	√	√				227
微生物学	√	√	√	√	√		
分子生物学与遗传学	√	√	√				
神经科学与行为学	√						
药理与毒理学	√		√	√			
物理学	√（67）	√（47）	√				758
植物与动物科学	√（24）	√（28）	√（97）	√（9）	√（85）	√	1 032
精神病学与心理学	√	√					
社会科学与综合交叉学科	√（56）	√	√	√			923

续表4

学科	德州农工大学	爱荷华州立大学	浙江大学	瓦赫宁根大学	中国农业大学	霍恩海姆大学	进入前1%的机构数
合计 （Top 1‰/ Top 1%）	9/20	4/17	5/15	3/13	2/7	1/5	

注：表中数据为2013年5月ESI更新数据；√表示该机构进入ESI Top1%的学科，其后的数字为学科排名并表示该学科进入ESI Top 1‰。

由表4可以看出，德州农工大学进入ESI Top 1%的学科最多，为20个；霍恩海姆大学进入ESI Top 1%的学科最少，为5个；中国农业大学进入ESI Top 1%的学科数仅高于霍恩海姆大学，为7个。进入ESI Top 1‰的学科数也是德州农工大学最多，为9个；浙江大学有5个，位居第二；中国农业大学有2个学科进入ESI Top 1‰。所有高校的农业科学均进入了ESI的Top 1‰，植物与动物科学除了霍恩海姆大学未进入Top 1‰外，其他高校也均进入。

中国农业大学进入ESI Top 1%的7个学科中，除了霍恩海姆大学，只有3个进入ESI Top 1%外，其他高校均全部进入ESI Top 1%。6所高校这7个学科在全球的排名情况见表5。

表5 6所高校的7个学科在全球的排名情况

高校名称	农业科学	生物学与生物化学	化学	工程学	环境与生态学	微生物学	植物与动物科学
瓦赫宁根大学	4	196	333	687	7	48	9
德州农工大学	16	91	48	18	65	81	24
爱荷华州立大学	17	238	96	171	115	175	28
中国农业大学	24	568	815	1 090	321	306	85
霍恩海姆大学	33				336		163
浙江大学	36	260	32	42	126	201	97

由表 5 可以看出，中国农业大学的农业科学和植物与动物科学在全球范围内排名分别为第 24 名和第 85 名，在 6 所高校中名列第 4 位；环境与生态学的全球排名为 321 位，略高于霍恩海姆大学的 336 位；其他 4 个学科的全球排名情况在 6 所高校中均为最后。

瓦赫宁根大学的农业科学、环境与生态学和植物与动物科学实力均较强，在全球的排名分别为第 4 位、第 7 位和第 9 位，微生物学排名第 48 位，这 4 个学科在 6 所高校中的排名均为第一位。德州农工大学的生物学与生物化学和工程学的全球排名分别为第 91 位和 18 位，在 6 所高校中排名第一。浙江大学的化学在全球排名 32 位，在 6 所高校中排名第一。

3.6.2 学科论文的影响力

通过论文的篇均被引频次考察学科论文的影响力。将中国农业大学进入 ESI Top1% 的 7 个学科 1989—2012 年的论文篇均被引频次与其他 5 所高校进行比较（表 6）。

表 6 1989—2012 年 6 所高校的 7 个学科的论文篇均被引频次的比较

高校名称	农业科学	生物学与生物化学	化学	工程学	环境与生态学	微生物学	植物与动物科学
爱荷华州立大学	16.09	23.69	27.37	10.19	20.94	25.31	17.18
瓦赫宁根大学	16.08	27.38	24.19	11.82	23.71	28.48	19.86
霍恩海姆大学	15.21	22.17	13.21	6.04	14.04	19.64	13.93
德州农工大学	13.68	31.23	24.75	11.09	17.18	28.59	13.92
浙江大学	9.24	8.8	8.62	5.96	10.03	9.8	8.11
中国农业大学	7.11	9.58	4.16	3.69	8.95	8.37	6.27
平均值	12.90	20.48	17.05	8.13	15.81	20.03	13.21

由表 6 可以看出，中国农业大学除了生物学与生物化学的论文篇均被引频次略高于浙江大学外，其他学科的篇均被引频次均为最低。浙江大学除了

生物学与生物化学的论文篇均被引频次低于中国农业大学之外，其他学科均位于第 5 位，仅高于中国农业大学。

与 6 所高校各学科论文的篇均被引频次的平均值比较，爱荷华州立大学、瓦赫宁根大学和德州农工大学的各学科的论文篇均被引频次均高于相应学科的篇均被引频次的平均值；霍恩海姆大学的农业科学、生物学与生物化学和植物与动物科学 3 个学科的篇均被引频次高于相应学科篇均被引频次的平均值，其他 4 个学科低于平均值；浙江大学和中国农业大学的各学科论文的篇均被引频次均低于相应学科篇均被引频次的平均值。

4 结论

本研究以 SCI 和 SSCI 数据库为数据源，运用文献计量学方法，以中国农业大学等 6 所国内外著名涉农高校为研究对象，从论文数量、论文增长情况、论文的被引频次、百分位数、高产出作者、高水平论文及学科等方面进行了全面客观的比较研究，通过分析总结，可以得出以下结论：①德州农工大学的学术论文数量最多，远远高于其他高校，中国农业大学仅高于霍恩海姆大学；②国外高校发表 SCI 或 SSCI 论文起步较早，我国的 2 所高校发表 SCI 或 SSCI 论文起步较晚；③中国农业大学的论文增速最快，浙江大学的论文增长也很突出，国外 4 所高校均为稳步增长状态，说明我国的科研论文产出目前处于快速发展时期，而发达国家现阶段已进入稳步增长阶段；④以篇均被引频次和百分位数两个指标对 6 所高校科研论文评价的结果基本一致，均为瓦赫宁根大学论文影响力最高，中国农业大学最低。中国农业大学 Top 1% 的论文只有 14 篇，占该校 1989—2012 年间论文总数的 0.1%；⑤浙江大学的高产出通讯作者和高产出第一作者的数量和比例均排名第一，中国农业大学有 10 名高产出通讯作者，占教师人数的比例为 0.63%，在

6 所高校中位居第二位；⑥从发表在 Science、Nature 和 Cell 期刊上的高水平学术论文数量来看，德州农工大学的论文总数及以第一或通讯作者发表的论文数量均位居第一；中国农业大学发表在 Science 和 Nature 上的高水平论文总数分别为 12 篇和 9 篇，第一或通讯作者的论文均为 4 篇，高于浙江大学和霍恩海姆大学，Cell 上发表的论文数量低于浙江大学；霍恩海姆大学没有以第一或通讯作者在 Science、Nature 或 Cell 期刊上发表的论文；⑦德州农工大学进入 ESI Top 1% 和 ESI Top 1‰ 的学科数量均最多，分别为 20 个和 9 个；中国农业大学进入 ESI Top 1% 和 ESI Top 1‰ 的学科数量分别为 7 个和 2 个，仅高于霍恩海姆大学；中国农业大学除了生物学与生物化学的论文篇均被引频次略高于浙江大学外，其他学科的篇均被引频次均为最低；国内 2 所高校各学科论文的篇均被引频次均低于相应学科篇均被引频次的平均水平。

5　讨论

本研究的局限性在于：①由于存在作者单位著录不规范、同名作者、作者缩写不规范以及数据著录不规范等情况，采集的数据样本可能存在一定的误差；②学术论文（Article）只是科学研究成果的表现形式之一，专利、会议论文、科技报告等其他文献类型也是科学研究成果的重要表现形式，且 SCI 和 SSCI 数据库中收录的论文只是一部分科研成果，因此本研究只能部分反映此 6 所高校论文视角的科学研究绩效，其他文献类型及重要数据库收录的论文有待进一步研究。

致谢：本文在部分观点形成和论文修改中得到了李召虎教授和何秀荣教授的帮助，特致谢忱！

参考文献

[1] 杨桂涛. 科技论文计量分析与军医大学科研绩效评估 [D]. 西安：第四军医大学，2003.

[2] 徐云清，甘朝鹏，姚玮华，等. 河南省高校 CSSCI 论文的产出与学术影响力的比较研究 [J]. 河南工业大学学报：社会科学版，2009(04): 72-75.

[3] 赵勇，李晨英. 从高水平国际论文看我国前沿科技的自主创新能力 [J]. 中国科技论坛，2013(2): 15-21.

[4] 李远明. 基于 web of science 的学科发展与研究绩效分析：以湖北民族学院为例 [J]. 现代情报，2012(09): 97-101.

[5] 彭家常. 科学学及其三种学术期刊的文献计量学研究 [D]. 天津：天津大学，2006.

[6] Cabezas-Clavijo A, Jimenez-Contreras E, Lopez-Cozar E D. Is there a relation between size and scientific performance of research groups? A spanish university as a case study [J]. Revista Espanola De Documentacion Cientifica, 2013, 36(2) http://redc.revistas.csic.es/index.php/redc/article/viewArticle/788/919,2013-6-2.

[7] Auranen O, Nieminen M. University research funding and publication performance-an international comparison [J]. Research Policy, 2010, 39(6): 822-834.

[8] 刘勇敏. 利用引文数据库进行科研绩效评价：河南科技大学科技论文的文献计量学研究 [J]. 现代情报，2007(06): 138-141.

[9] 张明伟，张素娟，曲章义. 哈尔滨医科大学学术论文产出力与影响力研究 [J]. 情报科学，2003(08): 827-834.

[10] Leydesdorff L, Bornmann L. Integrated impact indicators compared with impact factors: An alternative research design with policy implications [J]. Journal of the American Society for Information Science and Technology, 2011, 62(11): 2133-2146.

[11] Leydesdorff L, Bornmann L. Percentile ranks and the integrated impact indicator (I3) [J]. Journal of the American Society for Information Science and Technology, 2012, 63(9): 1901-1902.

[12] Bornmann L, Mutz R. Further steps towards an ideal method of measuring citation performance: The avoidance of citation (ratio) averages in field-normalization [J]. Journal of Informetrics, 2011, 5(1): 228-230.

[13] 陈仕吉，史丽文，李冬梅，等. 论文被引频次标准化方法述评 [J]. 现代图书情报技术，2012(04): 54-60.

[14] Bornmann L. Towards an ideal method of measuring research performance: some

comments to the opthof and leydesdorff (2010) paper[J]. Journal of Informetrics, 2010, 4(3): 441-443.

［15］ 高小强，何培，赵星. 基于 ESI 的"金砖四国"基础研究产出规模和影响力研究 [J]. 中国科技论坛，2010(01): 152-156.

基于学科前沿性视角的科研机构评测研究与实证

周　群[1,2]　韩　涛[2]　左文革[1]　陈仕吉[1]

（1 中国农业大学图书馆；2 中国科学院文献情报中心）

摘要： 机构学科前沿性评测能够为科技管理部门明确学科发展重点，制定学科发展规划和科技发展政策提供借鉴和参考。基于 ESI Research Fronts 中学科研究前沿的共被引关系，构建研究前沿的共被引矩阵，利用 VOSviewer 生成学科研究前沿的全局知识图谱，分别计算并可视化机构在各前沿领域中的前沿表现度和前沿关注度。最后，以中国农业大学为例进行实证分析。揭示了机构学科研究前沿的知识结构和研究布局，从研究领域的层次上更为精细地评测机构的学术影响力，为机构的学科发展规划和科技政策提供更有效的支持。

关键词： 学科前沿性；ESI；机构评测；表现度；关注度

1 引言

建设世界一流大学和一流学科，是党中央、国务院在新的历史时期为提升我国教育发展水平、增强国家核心竞争力、奠定长远发展基础做出的重大战略决策[1]。对大学而言，国家以绩效为导向支持"双一流"建设的方针政策，高校如何精心做好院系布局、优化学科结构、提高科研质量、增强学术实力成为科研管理者、政策制定者和研究人员共同关注的问题。建设世界一流大学的基础和关键是建设世界一流学科，科学文献是评价学科建设发展情况的有效数据来源，通过分析科学文献的重要特征，为学科的发展建设和学科结构的规划提供有效参考。

在科学计量学或信息计量学领域，机构评测或机构科研绩效评价一般都是在机构科研产出的基础上计算相关的文献计量指标来进行，常见的指标包括论文数、被引频次、H 指数等。一直以来，作为科研机构评价的重要方法，基于科学文献及其被引用情况来评价科研机构的影响力在实际应用中获得广泛的认可。Klavan[2] 指出目前的科学计量学或信息计量学研究主要集中在评价计量学方面（如影响因子、H 指数、大学排名等），而对于研究规划方面的讨论却相当匮乏。研究规划的研究与计量评价研究思路截然不同，其主要是以论文聚类分析（如共引分析或共词分析）和知识图谱为基础，洞悉机构所属学科的知识结构及发展动态，识别具有发展前景的研究主题。因此，研究规划是科学研究的资助机构、管理机构和研究人员所关注的问题。资助机构根据机构的知识结构去识别有创新和有前景的研究建议和研究人员；管理者则需要了解目前的研究领域布局去决定经费的分配；研究人员则通过了解研究现状从而制定自己的研究方向。为了制定客观可靠的研究规划，我们需要更微观的研究领域分布模型及相应研究方法，从而能够更准确地把握当前科学研究的现状，并进一步为促进科研机构学科结构优化提供针对性的建议，以供决策部门学习、借鉴和吸收这些学科结构模式中的积极要素，结合本校学科建设的实际情况，制定长期的学科发展规划，优化学科的结构布局。

研究前沿（Research Front）是研究规划研究中的核心问题，在学科发展和知识创新中发挥引领作用。识别、监测科学研究前沿的分布和结构图谱，对科技管理部门明确发展重点、制定科技发展政策具有重要意义。本文通过科研机构在研究前沿的参与和引用情况揭示机构在该研究前沿中的贡献与定位，提出一种基于学科前沿性的科研机构评测方法，并通过知识图谱对其内容特征进行深入挖掘，在更细粒度的研究主题层面对机构进行 SWOT 分析，最后以中国农业大学为例进行实证研究，验证该方法的有效性。

2 相关研究

研究前沿的概念由 Price[3] 于 1965 年提出，他将近期发表且被频繁引用的文献集合（即高被引论文）视为研究前沿。在 Price 的研究前沿定义的基础上，学者们提出了多种探测研究前沿的方法，其中引文分析（共被引分析、文献耦合分析、直接引文分析）是常见的研究前沿探测方法。Small[4, 5] 提出利用共被引现象分析高被引论文及其引文网络，并识别和预测该领域的活跃研究主题或趋势，展现研究领域结构等。他将研究前沿表述为共被引文献簇，并以此建立了 ESI（Essential Science Indicators）数据库中的 Research Fronts，即在近 5 年的高被引论文基础上基于文献共被引聚类形成的一系列关于不同研究主题的核心论文分组，用以描述相应学科（专业）领域的学术研究前沿或学术发展趋势，其中，高被引论文（Most Cited Papers）定义为过去十年被引用次数排在各学科前 1% 的论文。高被引论文在一定程度上代表了学科的研究进展，能够较为客观地反映研究实体（国家、机构或个人）的学术水平和学术影响力。2007 年，邱均平基于 ESI 高被引论文数的指标体系衡量高校的科研影响力和竞争力[6]，随后，许多学者利用引文分析工具对高被引论文进行统计分析，并以此对国家[7]、机构[8] 和学科[9] 的学术影响力或发展态势进行计量分析。近几年来，中国科学院基于 ESI 数据库 Research Fronts 连续推出《研究前沿》系列报告，每年遴选自然科学和社会科学 10 个大学科领域排名最前的 100 个热点前沿和若干个新兴前沿，并在国家层面上比较分析研究前沿的分布情况，进而判断国家在不同强度层次上的基础贡献实力和潜在发展水平。

除了上述传统计量方法，研究前沿的可视化方法也是情报工作人员关注的重要方向，以科学知识图谱的形式更直观清晰地揭示学科结构和态势，使得所需要揭露的信息更容易被理解，所需要展示的知识结构表达更加清晰，逐渐成为知识管理和文献计量学的重要研究工具，在学科分析评估和研究前沿分析中得到越来越多的应用[10]。Garfiled[11] 开发的 HistCite 可以提供某一

特定研究领域论文发展演化的缩略图，还可以识别相关论文。Small[12] 使用同被引聚类的方式来展示研究前沿的动态演化。他认为高被引论文具有特殊的象征意义，并且关注高被引论文之间的强共现关系，其目标是在一幅地图上应用同被引方法揭示所有学科领域的完整结构。美国德雷塞尔大学陈超美博士开发的 CiteSpace 是一款极具代表性的知识图谱可视化分析工具[13]，能够展示一个学科或知识领域在一定时期发展的趋势与动态，形成若干研究前沿领域的演进历程，2010 年，荷兰莱顿大学 van Eck 等学者在多维尺度分析的基础上提出一种新的文献计量地图方法 VOS（Visualization of Similarity），并开发了以绘制各个领域科学知识图谱的文献计量分析软件 VOSviewer[14]。这些基于可视化技术的知识图谱由于其形象、直观的研究结果呈现方式而在研究前沿和学科结构研究中得到广泛应用。

　　基于 ESI 高被引论文的计量分析大多是从期刊、机构、作者等文献的外部特征入手，较少深入到文献的内容层面，也忽略了施引文献，无法更深层次挖掘不同学科的前沿结构特征及其发展的推动力。研究前沿的表征应该同时包含两个组成部分，一部分是通过共被引找到的核心论文，这些论文代表了该领域的奠基工作，另外一部分就是对这些核心论文进行引用的施引论文，它们中最新发表的论文反映了该领域的新进展。正是这些施引论文通过共被引才决定了核心论文的对应关系，并赋予其研究前沿以意义[15]。

3　研究思路

　　机构学科前沿性评价实质上是尝试从一个新的角度来评价机构的研究绩效，摸清研究机构的世界定位，用国际化的视角来观察科研机构发展状况，促进科研机构的国际化，从而为科研机构的学科发展和科研规划提供建议，对促进我国科研机构的健康、快速发展具有重要的意义和现实作用。由于 ESI 数据库在 Web of Science 数据的基础上提供 22 个学科的研究前沿数据，因此，利用该数据库可以分析科研机构所从事的研究在全球科学研究中是否处于前沿领域（热点领域）以及机构在这些领域的研究地位如何，同时揭示机构的研究是否存在相关的空白领域。本文以 ESI Research Fronts 为基础构建学科研究前沿的同被引关系矩阵，利用 VOSviewer 软件及内置的 BGLL 算法生成学科全局知识图谱，进而分别生成机构学科前沿表现度和关注度的 Overlay 图谱，并分析该机构在 ESI 中的学科前沿性，为机构的学科前沿性评测提供借鉴和参考。本文的研究框架如图 1 所示。

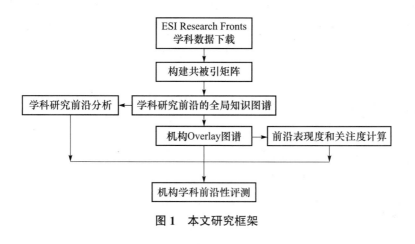

图 1　本文研究框架

3.1　学科前沿性

如前文所述，机构学科前沿性指科研机构在某个 ESI 学科所从事的研究在全球科学研究中是否处于前沿领域（或热点领域）以及机构在这些领域的研究地位如何，同时揭示机构在该学科的研究是否存在相关的空白领域。机构学科前沿性可以从机构的前沿表现度和前沿关注度两个方面来分析。前沿表现度指机构在某个学科的 ESI 前沿领域的论文分布情况，具体可以通过 ESI 研究前沿中机构所发表的论文数量来表示。机构在某些研究前沿有论文存在则表明该机构在这些前沿领域占有一席之地，也说明该机构在这些前沿领域具有一定的影响力。由于 ESI 研究前沿是由近 5 年的高被引论文形成的，各机构所占有的论文数量一般不会太多，仅靠前沿表现度来分析机构的学科前沿性可能涉及的研究前沿相对比较少。因此，更多时候我们可能还需根据前沿关注度来分析机构的学科前沿性。前沿关注度指机构对学科中前沿领域的关注程度，它不仅反映了研究人员对国际研究热点和前沿的追踪能力和关注程度，更体现了机构的研究前沿的发展潜力和布局。前沿关注度可以通过机构发表论文对前沿领域高被引论文的引用次数来测量。

高被引论文表征了研究前沿，而对这些高被引论文的引用就说明机构的研究紧跟当前研究的步伐，如果对某个前沿领域引用次数高，则表明机构关注该前沿领域，如果引用很少甚至没有引用，则表明机构并不关心这些研究领域，或者说在这个研究领域是空白。

3.2 机构学科前沿性评测

ESI Research Fronts 的学科前沿数据用 VOSviewer 软件可视化展现共被引聚类关系及距离的远近，形成 ESI 学科高被引论文的知识图谱。VOSviewer 可根据输入的网络进行社团结构探测，以不同的颜色标识不同的社团。由于社团间重叠关系相对稀疏，不利于知识图谱构建和表现，利用社团间的共被引关系构建知识图谱。为了直观地反映机构研究在 ESI 各研究前沿的分布及表现，在共被引知识图谱的基础上通过 Overlay[16] 图谱的形式可视化表现社团间的重叠关系。本研究采用 Overlay 图谱来可视化表现机构的前沿表现度和前沿关注度，它是建立在全局知识图谱基础上绘制研究领域的局部知识图谱的一种知识图谱技术，利用 Overlay 图谱既可以充分展示局部知识结构，又能够揭示局部知识结构在全局知识图谱中的位置和关系。当然，这里全局知识图谱实际是 ESI 学科的研究前沿图谱。机构的前沿表现度和前沿关注度的 Overlay 图谱生成步骤如下：①把学科每个研究前沿当成一个超级文献，在此基础上计算各研究前沿的共被引关系，构建研究前沿的共被引矩阵，利用 VOSviewer 生成学科研究前沿的全局知识图谱。②分别计算机构在各前沿领域的前沿表现度和前沿关注度，以学科研究前沿知识图谱作为底图，根据机构的前沿表现度和关注度的计算结果重点突出展示相应的研究前沿。

VOSviewer 软件内置 BGLL 聚类算法，该算法是 3 种优秀的社团结构探测算法之一，具有运算速度快和可处理大规模数据网络的特性，同时还具有很好的聚类效果。可根据研究前沿共被引关系对研究前沿进行聚类，从而支持把学科的研究前沿划分成更细粒度的不同研究前沿领域，借助专家判读对其命名，并以不同的颜色来表示。VOSviewer 的这项功能有利于机构学科前沿性的评测分析。对机构学科前沿性的 SWOT 分析如图 2 所示。

第一象限：优势领域，即同时具有前沿表现度和关注度，机构在该前沿领域中即具有一定的高被引论文，又对该前沿保持关注和跟踪，表明机构的影响力和可持续性，具有明显优势；

第二象限：机会领域，即没有表现度，具有关注度，表明该机构虽然还没有形成一定的影响力，但具有该领域的研究基础与关注度，有潜力成为机构优势领域；

第三象限：劣势领域，即同时没有表现度和关注度，表明机构在这些领域的研究仍属于空白，是提升机构在学科领域影响力中的短板；

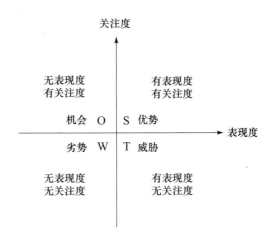

图 2　基于学科前沿性视角的科研机构 SWOT 分析

第四象限：威胁领域，即有表现度，无关注度，表明该机构虽然具有一定的学术影响力，但后续研究缺乏持续性和关注度，可能进入第三象限，成为机构的劣势领域。

4 实证研究

4.1 ESI 学科领域选择与可视化分析

本文选择 ESI 农业科学学科的 Research Fronts 数据为基础来分析该研究前沿的研究布局及影响力，通过对学科的研究前沿布局分析进而对机构学科前沿性测评。研究数据采集 ESI 农业科学 2009 年 3 月至 2014 年 9 月共 5 年 6 个月的高被引论文数据，共 1 474 篇。

ESI 农业科学共包括 392 个的研究前沿，高被引论文 2 206 篇，每个前沿的论文数量最少为 2，最多为 50。需要注意的是，农业科学的研究前沿中的论文并不一定都属于农业科学，在 ESI 数据库只要包括 1 篇农业科学论文的研究前沿都属于农业科学的研究前沿。当然，对单个研究前沿来说，农业科学学科的论文数量比例越高，该研究前沿的内容与农业科学的研究内容就越相关。总体上看，农业科学的 392 个研究前沿中全部为农业科学文章的有 143 个，占全部研究前沿数的 36.5%，农业科学论文比例为 30% 的研究前沿有 156 个，占全部研究前沿数的 39.8%，低于 30% 的研究前沿 93 个，占全部研究前沿数的 23.7%。本研究将农业科学论文比例在 30% 以上共 299 个研究前沿作为农业科学的研究前沿，其占全部研究前沿数比例为 76.3%，含高被引论文 1 170 篇。

图 3 为 VOSviewer 生成的 299 个研究前沿的知识结构图谱，聚类后形成 14 个类团，其中节点代表研究前沿，节点越大，高被引论文数越多，同类团中节点距离为文献簇的相关程度，不同颜色代表不同的聚类区域。采用

人工判读的方法对论文内容分析，将 14 个类团划分为（Ⅰ）人类健康与饮食：包括慢性病与健康、饮食与健康、抗氧化剂、临床营养学；（Ⅱ）食品工业与安全：包括动物营养与食品工业、食品工程、食品化学、食品与饲料安全；（Ⅲ）生态环境领域：包括气候与环境、土壤微生物与生态系统、生物炭（Ⅳ）交叉学科领域：包括农药残留与毒素检测、基因组学、乳牛及畜产品 3 个主题大类，具体分类及其研究内容如表 1 所示。

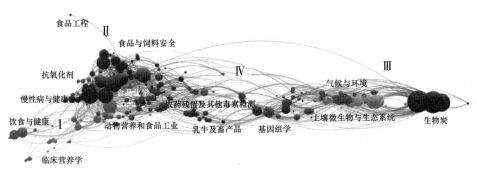

图 3　农业科学 299 个研究前沿聚类分布图

表 1　ESI 农业科学学科前沿分布的领域划分及其研究内容

领域划分	类团	主要研究内容	研究前沿数（论文数）
（Ⅰ）人类健康与饮食	慢性病与健康 饮食与健康 抗氧化剂 临床营养学	主要是指高血压、肥胖、糖尿病、心血管、关节炎和各种肿瘤等健康问题、抗氧化剂相关研究以及针对不同年龄段的临床营养学研究等	101（376）
（Ⅱ）食品工业与安全	动物营养与食品工业 食品工程 食品化学 食品与饲料安全	主要涉及动物氨基酸营养生化与健康研究、食品的工业化生产和技术应用、食品与饲料的安全性检测、奶牛及其相关畜产品和食品化学研究等	88（335）
（Ⅲ）生态环境	气候与环境 土壤微生物与生态系统 生物炭	主要涉及气候和环境对耕地的影响、土壤微生物和生物炭与气候生态的关系研究	74（254）

续表 1

领域划分	类团	主要研究内容	研究前沿数（论文数）
（Ⅳ）交叉学科领域	农药残留与毒素检测 基因组学 乳牛及畜产品	该区域为跨学科研究领域，包含的三个类团相对独立，多属于与化学、环境科学、植物与动物学等学科交叉研究	36 （205）

在农业科学研究前沿中，健康、食品与环境是全球高度关注的三大问题，尤其是人类健康和食品安全研究占据了重要的地位。持续威胁人类健康的常见疾病（如肿瘤、高血压、糖尿病等）和健康饮食相关研究受到长期关注，其研究前沿相对密集，高被引论文数量占有较大的比重，凸显了农业科学的研究焦点和热点；其次，食品工业安全也是受到广泛关注的全球公共卫生问题，其研究内容覆盖了畜产品生产链的全部环节，包括动物营养、食品化学、食品与饲料的安全性检测等。再次，人口的迅猛增长和科学技术的飞速发展，对人类赖以生存的生态环境造成巨大的破坏，环境和生态问题已成为举世关注的热点。最后，交叉学科领域中，农业科学学科的高被引论文比例不高，研究前沿分布相对松散，多属于跨学科研究领域。

4.2 机构学科前沿性评测——以中国农业大学为例

4.2.1 前沿表现度

中国农业大学农业科学在上述 299 个研究前沿中有高被引论文 18 篇，分属于 11 个研究前沿。图 4 为中国农业大学农业科学的前沿表现度 Overlay 图谱，图中节点的大小表示中国农业大学的高被引论文数量，节点越大，高被引论文数越多。如图所示，中国农业大学农业科学的高被引论文中分布在Ⅱ、Ⅲ、Ⅳ区域，其中Ⅱ区有 3 个研究前沿，Ⅲ区有 4 研究前沿，Ⅳ区 2 个研究前沿。从总体上看，中国农业大学农业科学在动物营养、食品科学、气候与环境、基因组学和生物炭方面占据一定的优势。

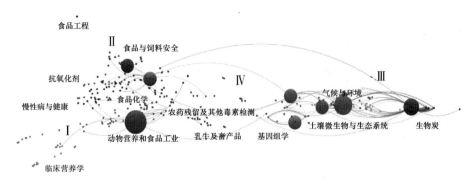

图4 中国农业大学农业科学前沿表现度

从研究前沿的角度来看，Ⅱ区的3个研究前沿分属于食品与饲料安全、动物营养和食品工业以及食品化学3个类团，这3个研究前沿主要涉及烹饪对彩色辣椒抗氧化性能的影响、结合山梨酸钾或壳聚糖的甘薯淀粉膜的物理性质和抗菌性、动物氨基酸营养生化与健康研究等研究内容；Ⅲ区有3个研究前沿属于气候与环境，主要内容涉及中国耕地和农业系统的环境和土地酸化问题、未来全球农业的重要问题、用于生物燃料的甜高粱品种相关研究等；另有1个研究前沿属于生物炭，涉及生物炭促使微生物生物量的增长、不同pH的土壤结合生物炭后引起土壤的短期激发效应和生物炭矿化等研究内容；Ⅳ区的研究前沿属于基因组学领域，涉及玉米的高通量SNP分型。

4.2.2 前沿关注度

研究前沿的施引论文在一定程度上提示了机构在未来研究前沿的潜在影响力。图5中国农业大学农业科学关注度Overlay图谱，图中节点的大小表示该研究前沿被中国农业大学引用的次数，节点越大，说明该研究被中国农业大学的论文引用得越多，也即受到中国农业大学研究人员的关注度越高。从图中可以看出，中国农业大学研究人员对农业科学研究前沿的引用同样集中Ⅱ区、Ⅲ区和Ⅳ区，体现了研究人员研究兴趣的持续性和稳定性，但是对Ⅰ区的研究前沿出现部分引用。

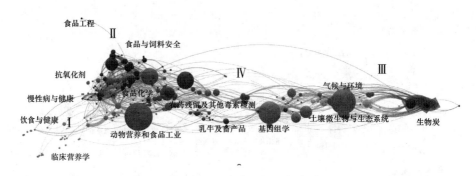

图 5 中国农业大学农业科学前沿关注度

Ⅰ区有 27 个前沿被中国农业大学的研究人员引用，其中抗氧化剂研究前沿中的超声辅助技术相关应用研究被引用了 46 次；Ⅱ区 41 个前沿被引用，其中动物营养与食品工业研究前沿中的动物氨基酸营养生化与健康研究被引用了 164 次，食品与饲料安全研究前沿中的三聚氰胺检测相关和不同蛋白质的抗氧化剂特性分别被引用 48 次和 24 次，食品化学研究前沿中电解水在食品服务和工业领域的应用被引用 29 次；Ⅲ区有 35 个前沿被引用，其中气候与环境研究前沿中中国耕地的生态环境和土地酸化相关研究被引用 123 次，生物炭研究前沿中的土壤中生物炭效应被引用 13 次；Ⅳ区有 16 个前沿被引用，引用多集中在基因组学，其中基因组预测和基因组选择相关研究被引 95 次，水稻与小麦等作物抗病相关研究被引用 22 次，基于快速样品前处理技术的农药残留检测和大豆、玉米和小麦基因分型相关研究分别被引用 15 和 12 次；此外，关注度较高的还有分散液液微萃取相关研究、超富集植物和生物强化、质谱分析法、植物激素独脚金内酯和褪黑激素等研究前沿，但由于其农业科学学科的论文比例不到 10%，属于跨学科研究前沿，因此没有在图 3 中显示。

该机构所关注的研究前沿范围更广，涉及动物营养学、土壤生态与环境、食品加工、植物保护、基因组学和化学方法技术的应用等领域。其中一部分研究前沿与表现度一致，如前沿表现度表现良好的研究前沿（如动物氨基酸营养生化与健康研究、中国耕地的生态环境和土地酸化问题、生物炭等）的关注度也同样表现明显。

4.2.3 学科前沿性分析

从学科的表现度和关注度评测中国农业大学农业科学的学科前沿性，显示其前沿领域分布在Ⅱ、Ⅲ、Ⅳ区域，研究内容集中分布在动物营养、食品科学与生态环境三大研究领域，同时，生物炭和基因组学也具有一定的影响力。学科前沿的关注度的分布仍以Ⅱ、Ⅲ、Ⅳ区域为主，但其研究前沿数量显著增加，内容上与表现度中的优势领域具有密切联系，主要是在原有研究基础上的深入和对跨学科技术方法的借鉴与应用，但仍有部分研究前沿如土壤微生物与生态系统、农药残留检测和畜产品等相关研究的关注度较低。此外，研究人员对Ⅰ区域也有一定程度的关注，该区域多为人类健康、饮食与临床医学相关，其中只有Ⅰ区中临床医学领域的临床营养学属于空白领域，仍未受到研究人员的关注。对该机构上述14个主题类团的SWOT分析如图6所示。

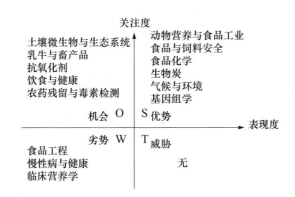

图6 中国农业大学农业科学学科的前沿领域SWOT分析

图6不仅揭示了中国农业大学该学科在全球科学研究中处于研究前沿的优势领域，同时指出其机会领域、空白领域以及未来可能的研究前沿布局。可以看出，作为中国农业大学的传统优势学科，农业科学优势研究领域突出，涉及研究前沿范围较广，对研究前沿的四个区域均有引用，在动物营养、食

品科学与生态环境等领域具有显著的国际学术影响力，但同时也存在研究方向相对集中和研究领域之间差距较大等问题，更多研究领域缺乏国际影响力。在人类健康领域研究涉猎得较少，该区域为农业科学与医学交叉领域，在 ESI 农业科学中占据重要的地位，研究前沿相对密集，有待进一步分析。同时，作为该机构的科研配置优势专业，食品工程、农药残留与毒素检测、畜产品加工和畜牧学研究缺乏应有的表现度。此外前沿关注度显示中国农业大学的研究人员已经关注到更多的研究前沿，关注主题在已有研究基础上更加广泛，具有较好的国际视野，可以作为未来学科发展的支撑点和契机。

5 讨论

高校"双一流"建设是继"211""985"工程后的又一重大顶层设计，是推动我国高等教育发展的一项新的战略举措。许多高校不断提出结合自身特色的内涵式发展规划和改革路线，而研究规划研究和科研机构评价工作对于促进学术发展、制定科技政策以及合理分配各类学术资源等，发挥着不可或缺的重要作用。本文以 ESI Research Fronts 中的数据为基础，提出了基于学科前沿性的科研机构评测方法，对于机构合理配置研究力量、针对性地引进相关领域学术人才，保持并扩大优势领域等政策措施具有重要的参考作用。

基于 ESI Research Fronts 评测机构学科前沿性，实质上是在机构层面上对高被引论文及其施引论文进行分析，进而评测机构在该学科研究前沿的活跃程度，揭示其前沿学术影响力和潜在学术影响力。在实际工作中，该方法从较为宏观层面上反映机构的研究布局和学术影响力，更适用于对优势机构的优势学科评测与分析。对于一般机构而言，由于高被引论文阈值的设定，使得一般机构在学科研究前沿方面缺乏表现和影响力，但前沿关注度仍可以为学科规划提供数据支持和建议。因此，机构学科前沿性评测从一个新的角度呈现机构的知识结构和研究布局，弥补了基于文献计量的机构评价方法的不

足，从而可以从研究领域的层次上更为精细地评测机构的学术影响力，为机构的学科发展规划和科技政策提供更有效的支持。

参考文献

[1] 加快建成一批世界一流大学和一流学科 [EB/OL]. (2015-11-05) [2017-11-8] http://www. moe.edu.cn/jyb_xwfb/s271/201511/t20151104_217639.html.

[2] Klavans R, Boyack K W. Toward an objective, reliable and accurate method for measuring research leadership[J]. Scientometrics, 2010,82(3):539-553.

[3] Price D. Networks of scientific papers[J]. Science, 1965, 149(3683): 510.

[4] Small H. Cocitation in scientific literature-new measure of relationship between 2 documents[J]. Journal of the American Society for Information Science, 1973,24(4):265-269.

[5] Small H, Griffith B C. Structure of scientific literatures .1. identifying and graphing specialties[J]. Science studies, 1974,4(1):17-40.

[6] 邱均平，孙凯 . 基于 ESI 数据库的中国高校科研竞争力的计量分析 [J]. 图书情报工作，2007,51(5):45-48.

[7] 高小强，何培，赵星 . 基于 ESI 的"金砖四国"基础研究产出规模和影响力研究 [J]. 中国科技论坛，2010(01):152-156.

[8] 陈淑云，杜慰纯，秦小燕 . 工信部直属高校与清华北大论文对比计量分析——基于 ESI 数据库 [J]. 北京航空航天大学学报 (社会科学版), 2011(01):107-111.

[9] 何培，郑忠，何德忠，等 . C9 高校与世界一流大学群体学科发展比较——基于 ESI 数据库的计量分析 [J]. 学位与研究生教育，2012(12):64-69.

[10] 汪雪锋，陈云，黄颖，等 . 基于 ESI 学科覆盖图的中国高被引论文分析 [J]. 情报杂志，2016,35(10):106-113.

[11] 李运景，侯汉清，裴新涌 . 引文编年可视化软件 HistCite 介绍与评价 [J]. 图书情报工作，2006(12):135-138.

[12] Small H. Paradigms, citations, and maps of science: A personal history[J]. Journal of the Association for Information Science and Technology, 2003,54(5):394-399.

[13] Chen C M. CiteSpace II: Detecting and visualizing emerging trends and transient patterns in scientific literature[J]. Journal of the American Society for Information Science and

Technology, 2006,57(3):359-377.

[14] VOSviewer - Visualizing scientific landscapes[EB/OL]. [2017-11-8] http://www.
vosviewer.com/.

[15] 中国科学院科技战略咨询研究院战略情报研究所与 Clarivate Analytics 联合分布
《2017 研究前沿》报告 [EB/OL]. [2017-11-8]. http://clarivate.com.cn/research_fronts_
2017/2017_research_front.pdf.

[16] Rafols I, Porter A L, Leydesdorff L. Science overlay maps: A new tool for research policy
and library management[J]. Journal of the American Society for Information Science and
Technology, 2010,61(9):1871-1887.

近20年我国农业高校专利产出特征分析

樊夏红[1]　潘　薇[2]　李晨英[2]

（1 中国农业大学图书馆硕士研究生；2 中国农业大学图书馆）

摘要： 本研究以1992—2011年的20年间我国农业高校申请的11 889件专利为对象，从专利数量、类型、维持时间、技术转化等方面进行了统计分析。结果表明，农业高校申请专利的授权比例显著高于全国高校的平均水平，农业高校的授权专利增长速度远低于国内平均水平，农业高校申请专利中发明专利占比显著高于全国高校的平均水平，农业高校失效专利的平均维持时间低于国内平均水平，农业高校的专利转化能力较弱。

关键词： 专利；农业高校；授权专利，发明专利；失效专利；专利转化

专利是反映机构、国家核心技术竞争力的重要指标之一，是最能直接转化为生产力、促进技术进步的一种科研产出形式。国家知识产权局统计数据表明，2012年我国已经超越美国，成为世界第一专利申请大国。2012年，我国国内职务申请发明专利42.8万件，其中高校申请发明专利约7.6万件，比2011年增加了1.3万件，占当年发明专利总量的17.8%，比科研单位的2.9万件、占比6.8%高出11个百分点[1]，是专利发明中除企业之外的重要机构。

在高校申请专利数量高速增长的态势下，有许多学者和管理人员开始关注高校申请专利的影响因素和技术转化等问题，其中有学者尖锐地指出高校存在大量的泡沫专利[2]，在高校专利申请量表面繁荣之下隐藏着专利技术转移率低、有效专利维持年限较短等值得高校科研管理者思考和重视的问题。农业类高校的专利申请和维持以及转化情况如何，在本研究实施之前仅有南

京农业大学的彭爱东等对我国 6 所主要农业院校的专利数据进行了专利数量、国际专利分类和主题分布等较为详细的专利主题分析[3]，尚未见到比较全面的关于农业高校专利申请、授权以及维持状况的研究报道。

本研究通过中国知识产权网获取了 1992—2011 年之间、专利申请人为"农业大学或农林科技大学或农林大学或农学院或农垦大学或农业职业技术学院"的 30 所农业类高校①申请的 11 889 件专利数据②，进行了专利数量、专利类型、专利维持时间、专利技术转化等状况的统计分析，得到以下农业高校的专利发展状况特征。

1 农业高校申请专利的授权比例显著高于全国高校平均水平

20 年间农业高校申请的 11 889 件专利中有 7 459 件专利被授权，授权专利占到申请专利总量的 62.74%。据国家知识产权局 2011 年度专利统计年报[4] 的数据显示，1985—2011 年间，知识产权局累计受理国内专利申请 7 500 037 件，授权专利 4 268 333 件，授权占比 56.91%。其中，高校累计申请专利 427 810 件，获得授权 206 513 件，授权占比 48.27%，可见农业高校的专利授权占比显著高于全国高校平均水平近 14.5 个百分点，也高于全国专利的平均授权比例 5.83 个百分点。

表 1 是 20 年间 30 所农业高校申请及授权专利的数量。其中，中国农业大学位居首位，共申请专利 2 249 件，获得授权 1 476 件，授权比例达到 65.63%；其次是西北农林科技大学，申请专利 1 184 件，有 61.23% 的申请获得了授权。申请专利数量较少的高校，其授权占比都比较高。

---

① 由于农业高校选取存在一定的局限性，无法涵盖在农业领域拥有较高知识产权创造指数的非农业高校，例如，浙江大学、江南大学等，因此本研究数据不能代表农业领域的专利发展状况。

② 本研究所有涉及农业高校专利数据的统计时间均为 2012 年 12 月 6 日。

表 1 1992—2011 年间农业高校专利申请及授权分布（按授权专利比重倒排序）

学校名称	申请专利		授权专利		授权占比
	件数	占总量比重	件数	占总量比重	
中国农业大学	2 249	18.9%	1 476	19.8%	65.6%
西北农林科技大学	1 184	10.0%	725	9.7%	61.2%
南京农业大学	966	8.1%	581	7.8%	60.1%
华中农业大学	776	6.5%	570	7.6%	73.5%
华南农业大学	1 010	8.5%	563	7.5%	55.7%
东北农业大学	808	6.8%	533	7.1%	66.0%
福建农林大学	586	4.9%	347	4.7%	59.2%
河南农业大学	536	4.5%	341	4.6%	63.6%
河北农业大学	388	3.3%	282	3.8%	72.7%
黑龙江八一农垦大学	269	2.3%	245	3.3%	91.1%
湖南农业大学	364	3.1%	238	3.2%	65.4%
山东农业大学	404	3.4%	215	2.9%	53.2%
浙江农林大学	280	2.4%	206	2.8%	73.6%
四川农业大学	296	2.5%	165	2.2%	55.7%
安徽农业大学	278	2.3%	154	2.1%	55.4%
沈阳农业大学	221	1.9%	128	1.7%	57.9%
吉林农业大学	233	2.0%	119	1.6%	51.1%
云南农业大学	178	1.5%	104	1.4%	58.4%
新疆农业大学	140	1.2%	83	1.1%	59.3%
青岛农业大学	123	1.0%	72	1.0%	58.5%
北京农学院	162	1.4%	68	0.9%	42.0%
甘肃农业大学	119	1.0%	66	0.9%	55.5%
天津农学院	110	0.9%	54	0.7%	49.1%
江西农业大学	70	0.6%	42	0.6%	60.0%
内蒙古农业大学	71	0.6%	40	0.5%	56.3%
山西农业大学	54	0.5%	34	0.5%	63.0%
苏州农业职业技术学院	6	0.1%	5	0.1%	83.3%
辽宁农业职业技术学院	2	0.0%	2	0.0%	100.0%

续表 1

学校名称	申请专利		授权专利		授权占比
	件数	占总量比重	件数	占总量比重	
塔里木农垦大学	3	0.0%	1	0.0%	33.3%
福建农业职业技术学院	3	0.0%	0	0.0%	0.0%
合计	11 889	100.0%	7 459	100.0%	62.7%

为了比较各高校对农业类高校申请专利和授权专利的贡献度,本研究进一步计算了每个高校的申请专利数、授权专利占总量的比重。专利申请数和授权数的贡献度都在 5% 以上的机构有中国农业大学、西北农林科技大学、南京农业大学、华中农业大学、华南农业大学以及东北农业大学等 6 家高校。这 6 家高校申请专利数合计占农业高校申请总量的 58.8%、授权专利数占总量的 59.6%(图 1)。

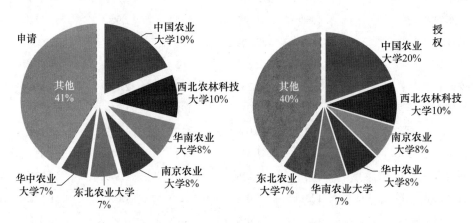

图 1　1992—2011 年间 6 所主要农业高校的专利申请及授权占比分布

2　农业高校的授权专利增长速度远低于国内平均水平

农业高校专利申请及授权的年度分布趋势如图 2 所示。无论申请专利数量还是授权专利数量都以指数趋势快速增长。排除 2010 年及 2011 年的申请及授权数据不完的因素，整体来看，农业高校的专利授权占比基本稳定在 70%～80% 之间。

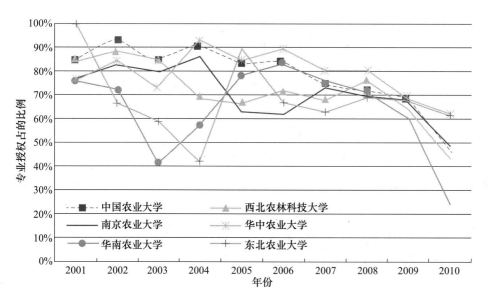

图 2　2001—2010 年间农业高校专利申请及授权年度分布

根据国家知识产权局 2011 年专利年报数据，2007—2011 年间国内专利申请量平均每年增长 26.67%，授权量平均增长 31.54%，而农业高校在该阶段的专利申请和授权增速则分别为 28.14% 和 16.23%，专利申请的发展速度与国内专利发展趋势一致，而授权专利的增长速度则远低于国内平均水平。

再看六所主要农业高校在 2001—2010 年间申请专利获得授权的情况（图 3），明显呈现了下降趋势。华中农业大学申请专利的授权比例最高，10 年平均值为 79.40%；其次为中国农业大学 78.74%；西北农林科技大学和南京农业大学都在 71% 的水平；华南农业大学和东北农业大学平均授权比例都不足 70%，特别是华南农业大学仅为 63.88%。授权专利增长速度显著低于申请专利的增长速度，表现出农业高校申请专利的质量有待提高，其中主要影响因素值得进一步深入探讨。

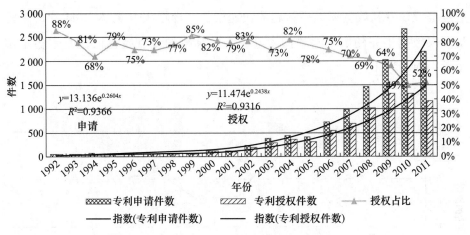

图3　1992—2011年间6所主要农业高校申请专利的授权情况

3　农业高校申请专利中发明专利占比 72%，显著高于全国高校的平均水平

专利的类型分为发明专利、实用新型专利和外观设计专利。据国家知识产权局专利统计年报显示，截至 2011 年末我国专利类型分布为发明 24.59%，实用新型 39.68%，外观设计 35.73%，发明专利占比最低。但是全国高校的累计专利产出中，发明占比 63.38%、实用新型 25.43%、外观设计 11.19%，发明专利占绝对主体地位。1992—2011 年的 20 年间，农业高校申请的专利中，8 569 件发明专利占比高达 72%，实用新型达 25%，外观设计仅占 3%（图 4左），发明专利占比显著高于全国平均水平 24.59%，甚至高出全国高校的整体水平 63.38% 近 9 个百分点，足见农业高校的专利产出中包含着较多的科技含量，农业高校的成果产出更加讲求技术创新和发展。

授权专利中有 4 146 件发明专利、比重从 72% 降低至 56%（图 4 右），其主要原因是 11 889 件专利中，处于实审状态的高达 2 765 件，全部为发明专利。发明专利的审批程序较实用新型及外观设计要复杂得多，标准更为严格，

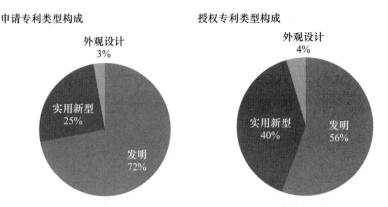

图 4 1992—2011 年间农业高校申请以及授权专利的类型分布

审查周期也更长。发明专利授权的难度也从另一个角度说明了发明专利的创新技术含量及其创造性。

6 所主要农业高校的专利申请类型分布如图 5 所示,除东北农业大学外,其余 5 所高校的发明专利占比均在 80% 左右;其中以南京农业大学为最高,接近 85%;东北农业大学的发明专利仅占 58%,实用新型专利数量较多,达336 件;中国农业大学的发明专利占比为 79%。

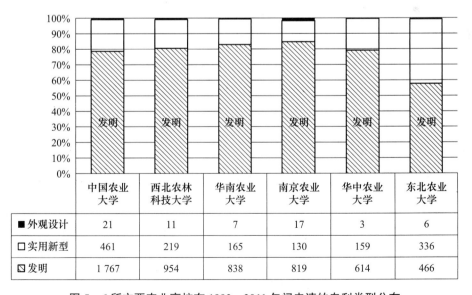

	中国农业大学	西北农林科技大学	华南农业大学	南京农业大学	华中农业大学	东北农业大学
■外观设计	21	11	7	17	3	6
□实用新型	461	219	165	130	159	336
▨发明	1 767	954	838	819	614	466

图 5 6 所主要农业高校在 1992—2011 年间申请的专利类型分布

6 所主要农业高校的授权专利类型分布中，除东北农业大学外的 5 所学校发明专利占比维持在 65%～75% 之间，东北农业大学获得授权的发明专利仅 191 件、占其全部授权专利的 36%；南京农业大学的授权发明占比最高达 75%，中国农业大学的授权发明占比为 67%，具体分布情况如图 6 所示。

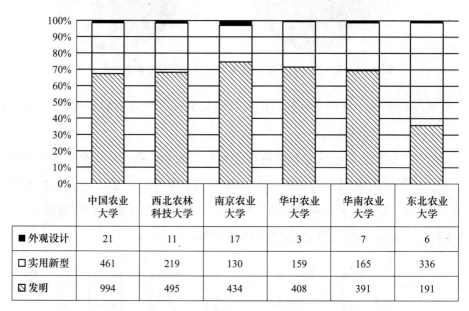

	中国农业大学	西北农林科技大学	南京农业大学	华中农业大学	华南农业大学	东北农业大学
■ 外观设计	21	11	17	3	7	6
□ 实用新型	461	219	130	159	165	336
▨ 发明	994	495	434	408	391	191

图 6　6 所主要农业高校在 1992—2011 年间获得授权专利的类型分布

4　农业高校失效专利占 29%，4 年的平均维持时间低于国内平均水平 5.7 年

农业高校申请的 11 889 件专利中，处于授权阶段的专利有 5 510 件，占申请专利总量的 46.35%；有 2 765 件申请专利还处于实审状态、占 23.26%；还有 186 件（占 1.56%）处于公开阶段，尚未进入实际审查；其余 29%、3 428

件申请专利已失效，其中 1 950 件专利权终止、1 093 件视撤①，分别占总体的
16.40% 和 9.19%，占失效专利的 56.88% 和 31.88%（图 7）。

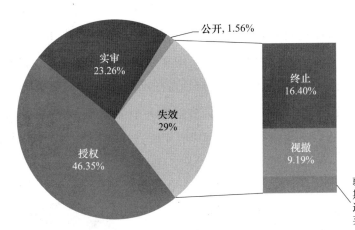

图 7　1992—2011 年间农业高校申请专利的法律状态分布

农业高校已失效的 3 428 件专利中，存活时间在 3 年以下的专利有 976 件，占比 28%（图 8），而其中 580 件专利失效的原因均为视撤，其原因多数由于申请人未缴纳申请费用、或未按时答复实质审查阶段提出问题等，致使申请专利被视为撤回。存活期限在 3～5 年的专利数量最多，占比 44%，这部分专利是在得到专利授权 1～3 年内失效的，失效的主要原因则是由于没有缴纳年费或专利权人主动放弃了专利权，使专利权终止。

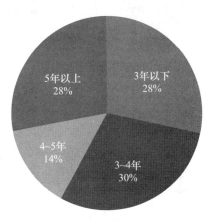

图 8　农业高校失效专利的
维持时间分布

————————

　　①　专利视撤指提交专利申请后，在专利初审或实质审查阶段，未按时缴纳专利申请、维持等相关费用、或未按其提交实质审查请求书并缴纳实质审查费、或未按时答复审查意见通知书等行为，被视为撤回专利申请。

农业高校失效专利的平均存活期限为 4.04 年，而国家知识产权局在 2012 年发布的 2011 年中国有效专利年度报告中指出，2011 年国内专利平均维持年限为 5.7 年，可见农业高校申请的专利更加"短命"。

6 所主要农业高校失效专利的平均存活时间为 4.18 年，略高于农业高校整体水平。中国农业大学失效专利的平均存活时间最长达 4.7 年，其次为南京农业大学和华中农业大学的 4.3 年，东北农业大学失效专利的维持时间最短，仅有 3.5 年。中国农业大学的失效专利中维持时间在 5 年以上的占比接近一半，除东北农业大学之外的其他 4 所高校都在 30%～32% 之间（图 9）。

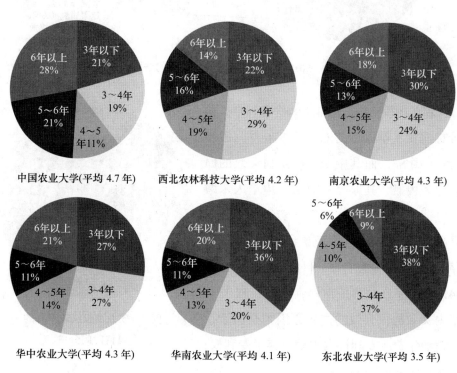

图 9 6 所主要农业高校的失效专利存活时间分布

农业高校已授权的 7 459 件专利中，处于授权状态的有 5 510 件（占 73.87%），有 1 940 件已被终止、占授权专利总量的 26.01%（图 10）。这些被终止授权专利的平均维持时间为 4.7 年，仍然低于我国专利的平均维持时间 5.7 年（数据来源于国家知识产权局发布的 2011 年专利统计年报）。

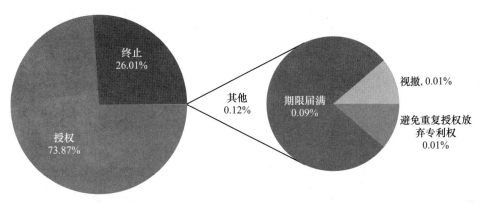

图 10　1992—2011 年间农业高校授权专利的法律状态分布

6 所主要农业高校专利的法律状态分布如图 11 所示，中国农业大学、华南农业大学及华中农业大学的申请专利中处于公开、实审和授权等有效法律状态的专利都超过了 70%，其他 3 所学校虽然专利总量较大，但目前处于有效法律状态的专利数量都未达到 70%，尤其是西北农林科技大学仅占 62.58%（图 11）。

只有处于授权状态的专利才能进一步转化，实现其市场价值。6 所主要农业高校中，华南农业大学目前仍处于授权状态的专利占比最高达 80.82%，西北农林科技大学最低为 60.83%，其余 3 所学校均介于 72%~77% 之间，6 所高校目前授权专利的法律状态分布见图 12。

农业高校中维持时间大于 10 年的"长寿专利"共计 110 件，占全部申请专利的 0.93%、占全部授权专利的 1.47%。其中，发明专利 100 件、实用新型专利 8 件、外观设计专利 2 件。100 件长寿发明专利中，50 件已终止，10 件非发明专利目前已全部失效。50 件已终止长寿发明专利的平均维持时间为 11.27 年。100 件长寿发明专利占 4 146 件授权发明专利的 2.4%，远远低于国内有效发明专利维持时间在 10 年以上的 8.2% 的比例。专利的维持时间是体

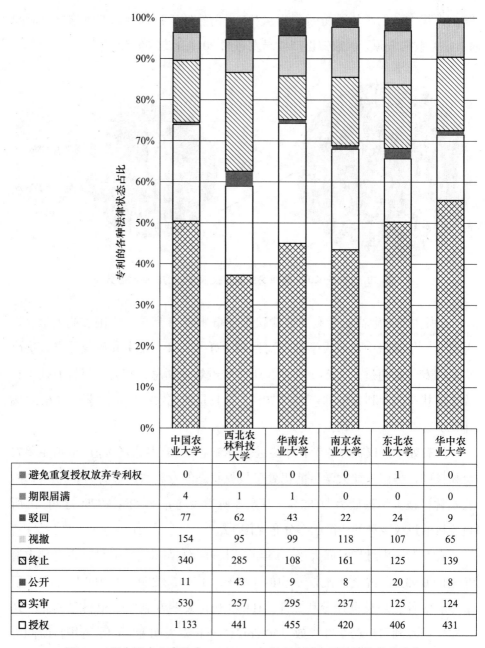

	中国农业大学	西北农林科技大学	华南农业大学	南京农业大学	东北农业大学	华中农业大学
■避免重复授权放弃专利权	0	0	0	0	1	0
■期限届满	4	1	1	0	0	0
■驳回	77	62	43	22	24	9
▨视撤	154	95	99	118	107	65
▨终止	340	285	108	161	125	139
■公开	11	43	9	8	20	8
▨实审	530	257	295	237	125	124
□授权	1 133	441	455	420	406	431

图11 6所主要农业高校在1992—2011年间申请专利的法律状态分布

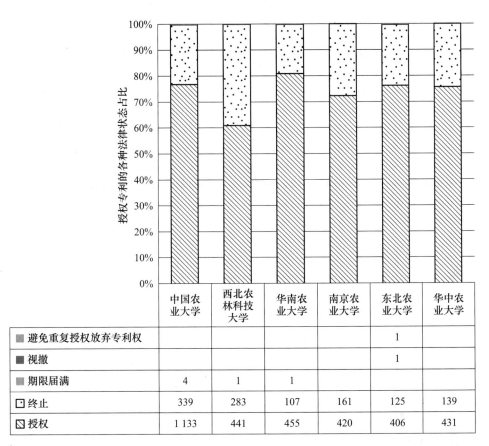

图 12　6 所主要农业高校在 1992—2011 年间授权专利的法律状态分布

现专利运用与市场化水平的关键指标，农业高校专利的市场价值有待进一步提高。

5　农业高校的专利转化能力较弱

由于专利技术转化模式纷繁复杂，既包括单纯的专利权转让、专利申请权转让、专利技术许可实施，又包括专利技术二次开发、专利技术合作开发、委托开发中约定共同申请、共同所有、共同使用专利以及高校技术转让中涉及的专利转让等情况，因此专利的转化实施情况难以完全统计。

依据 2008—2011 年间国家知识产权局公开的已备案的专利实施许可合同对各农业高校的专利实施情况进行统计发现，仅有 168 件农业高校的专利实施许可备案记录。

这 168 件已被申请人许可实施的专利申请时间介于 2003—2009 年间，占这期间专利申请总量的 2.67%，让与人分别来源于 17 个农业高校，而受让者全部为企业，可见，与企业进行合作是农业高校专利转化实施的主要模式，具体的让与人分布情况如图 13 所示。

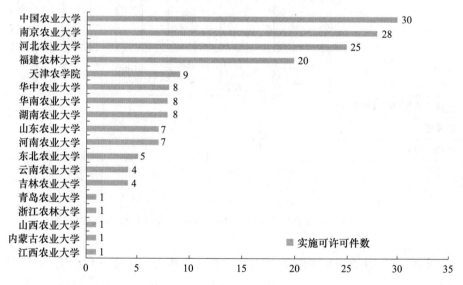

图 13　基于国家知识产权局专利实施许可备案的专利实施状况（2008—2011 年）

中国农业大学、南京农业大学、河北农业大学及福建农林大学等 4 所高校共有 103 件专利实施记录，占据了农业高校 2008—2011 年间专利实施许可总量的 61.31%。

在国家知识产权局备案的专利实施许可记录中，未见到西北农林科技大学的专利实施许可备案状况，只在 2009—2011 年 3 年间发现其余 5 所主要农业高校的专利实施许可记录 79 件，具体数量见图 14。中国农业大学实施许可

的专利总量最多为 30 件，其次是南京农业大学 28 件，并且南京农业大学在
2010 年和 2011 年实施许可的专利数量增加较快，2011 年超过了中国农业大
学，其余 3 所学校的专利实施许可记录都未达 10 件。

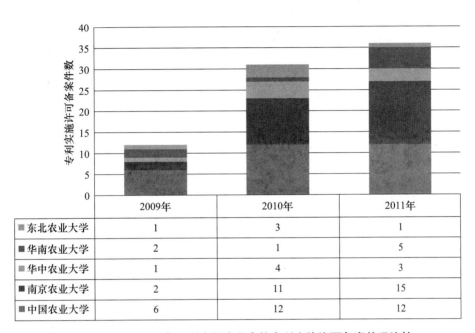

图 14　2008—2011 年 6 所主要农业高校专利实施许可备案状况比较

以上分析结果表明，以专利为代表的我国农业高校创新能力近年来快速
提升，但存在授权专利的增长速度和专利维持时间都低于国内平均水平，特
别是专利转化能力较弱等问题，值得农业高校管理人员和科研人员严重关注。

参考文献

[1]　国家知识产权局规划发展司 . 2012 年发明专利授权国内所占比重已达三分之二 . 专利
　　统计简报 , 2013 年 1 月 10 日 . [2013.7.15]. http://www.sipo.gov.cn/ghfzs/zltjjb/201310/
　　P020131025653667586757.pdf.

［2］ 马忠法 . 专利申请或授权资助政策对专利技术转化之影响 [J]. 电子知识产权 , 2008, 12: 36-39.

［3］ 彭爱东 , 朱小聪 . 基于专利地图的专利分析实证研究——以 6 所农业类高校申请专利为例 [J]. 江西农业学报 , 2010, 06: 188-193.

［4］ 国家知识产权局 . 国家知识产权局统计年报 . 2011 年专利统计年报 . [2013.7.15] http://www.sipo.gov.cn/ghfzs/zltjjb/jianbao/year2011/indexy.html.

美国高校生物科学基础研究的现状透视

——基于 NSF 生物科学部资助的在研项目信息分析

马　男[1]　李晨英[2]　静发冲[2]　高俊平[1]

（1 中国农业大学农学与生物技术学院观赏园艺与园林系；

2 中国农业大学图书馆情报研究中心）

摘要： NSF 项目是美国基础研究前沿以及国家战略发展需求的重要体现，是全球科研人员关注的焦点之一。本研究收集了美国高校承担的 4 388 项受到 NSF 生物科学部资助的在研项目信息，采用文本挖掘方法进行分析发现：①美国高校参与生物科学基础研究的人力资源规模庞大，项目执行时长多为 3~5 年，经费以小额资助为主；②主持项目数量 Top 10 和主持项目经费 Top 10 的 12 所高校在 2015 年 QS 世界大学的生物科学或农业科学排名中都位居前 100 位，其中有 6 所还在综合排名中位居前百位；③重视进化学和环境生物学研究，开始关注纳米材料应用潜在生态安全问题的科技负面效应，为推进计算机技术在生物科学的应用加强网络基础设施建设；④重视教育和培训：项目研究内容不仅与本科生、研究生培养密切结合，还与中小学的生物科学基础教育和科普活动紧密关联，从小培养孩子们对生物学的兴趣；⑤重视大跨度的多学科融合：通过不同学科研究人员的合作，打破学科界限，培育研究群体，促进交叉学科的发展乃至创造新的学科领域；⑥重视研究成果共享：资助经费位居前十位的项目都已建立或拟建立专门的网站或数据库，对项目实施获得的新方法、新技术以及研究成果数据进行开放共享，促进整个领域研究向前推进。

关键词： 美国国家科学基金会 NSF；美国高校；生物科学；基础研究；教育培训；多学科融合；开放共享；进化学；环境生物学；生物信息学；科技负面效应

1 引言

生物科学是数理化天地生自然科学的六大基础学科之一，传统上一直是农学和医学的基础，涉及种植业、畜牧业、渔业、医疗、制药、卫生等方面。随着生物科学理论与方法的不断发展，其应用领域已扩展到当前备受关注的气候变化、环境保护、再生能源、可持续发展、食品安全等全球性问题，其发展与人类的未来息息相关。

国家基金资助的研究项目，是一个国家科学前沿以及战略发展需求的体现。美国是世界科研强国，引领着大多数学科领域研究的发展方向。因此，美国各学科领域的研究发展动态备受世界科研工作者密切关注。

2014 财年，美国联邦对科学基础研究的资助经费约为 325.41 亿美元，其中资助经费总额最高的是生命科学领域（图 1），约占总经费的 50.11%。在生命科学基础研究领域，美国国立卫生研究院（NIH）支持医学研究的资助经费额度最高，其次是美国国家科学基金会（NSF）对生物科学领域研究的资助[1]。

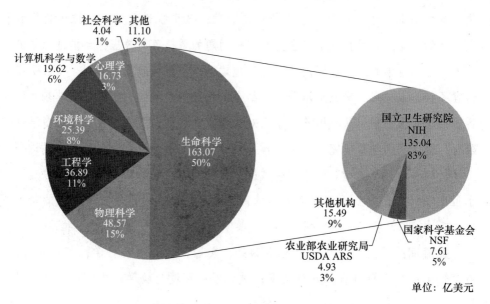

单位：亿美元

图 1　美国联邦资助基础研究各领域资助经费额度与比例

美国高校是科学研究的主力，根据 NSF 公布的 2012—2014 财年资助项目经费统计，80% 的研究项目经费资助了高校[2]。本研究将通过对美国高校承担的 NSF 生物科学部在研项目信息分析，考察美国高校在生物科学基础研究方面的关注重点以及 NSF 资助战略的特征。

2 NSF 生物科学部在研项目概况

2.1 NSF（National Science Foundation）及其生物科学部简介

美国国家科学基金会 NSF 成立于 1950 年，是美国国内提供科研资助的最大独立机构之一。NSF 每年资助约 11 000 个项目，涉及美国各地 2 000 多所大学、中小学和科研机构，其资助额度约占联邦政府对学术机构基础研究支持额度的 1/4[3]。NSF 设立了 7 个科学部以支持不同科学领域的研究与教育，包括：生物科学部（BIO）、计算机信息科学与工程部（CISE）、教育与人力资源部（EHR）、工程学部（ENG）、地球科学部（GEO）、数学与物理科学部（MPS）以及社会行为与经济科学部（SBE）。

生物科学部划分有生物学基础设施、环境生物学、整合生物系统、分子与细胞生物学，以及新兴前沿 5 个研究领域，每个研究领域又有不同的分支（图 2）[4]。其领域的划分方法与我国自然科学基金生命科学部的学科分类有很大差别，未出现与生物科学密切相关的农业科学研究领域，不以研究对象及其应用领域为分类依据，完全从生物学基础研究的角度将相关科学问题进行归类。

● DBI（Biological Infrastructure）生物学基础设施

DBI 支持为生物学研究提供基础设施的项目，包括仪器设备、研究资源和培训机会。DBI 通过支持生物资源、人力资源的发展来促进生物学方面的

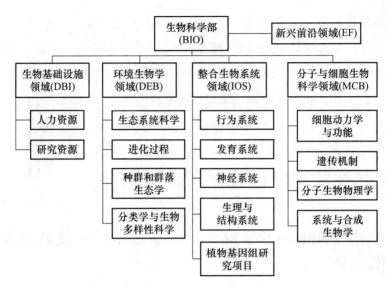

图 2 美国 NSF 生物科学部研究领域及分支

研究探索。对研究资源的支持包括：信息工具与资源的开发，新仪器的研发，研究材料的计算机化，生物实验站和海洋实验室研究设施的改善等。对人力资源的支持包括：本科生的生物学研究和指导，本科生的跨学科研究（生物学与数理科学），研究生和博士后研究奖学金等。

● DEB（Environmental Biology）环境生物学

DEB 支持对种群、物种、群落和生态系统的起源、功能、关系和进化历史的基础研究。重点包括了所有时间空间维度上的进化与生态的模式和进程。研究领域包括生物多样性、系统分类、分子进化、生命史演化、自然选择、生态学、生物地理学、生态系统服务、保护生物学、全球环境变化和生物地球化学循环等。

● IOS（Integrative Organismal Systems）整合生物系统

IOS 支持旨在从整合的生物组织单位角度理解生物体的研究，重点在于利用系统学方法研究生物体的发育、功能、行为和进化。IOS 鼓励利用多样化方法，从综合的、跨学科的视角，研究生物体结构与功能的机理。尤其重视资助：整合跨越空间、时间、生物维度的数据，引导变革性的方法、工具、资源，以及在表型可塑性等领域取得突破的研究。

● MCB（Molecular and Cellular Biosciences）分子与细胞生物学

MCB 支持在分子、亚细胞和细胞水平上增进对复杂生命系统理解的基础研究和相关活动。MCB 资助旨在破译复杂生命系统分子基础的定量的、预测的和理论驱动的研究及相关活动。MCB 鼓励应用生物学与其他学科，如物理、化学、数学、计算机科学和工程学等学科之间交叉的手段来解决生物学问题。

● EF（Emerging Frontiers）新兴前沿

EF 被称为 21 世纪生物学的孵化器，支持扩展了生物学前沿的创新性的跨学科项目。通过鼓励学科间的协作、推动创新研究的进步、促进新的概念框架的发展，开创生物学基础研究的新前沿。

2.2　高校承担 NSF 生物科学部在研项目概况

2015 年 1 月 1 日，从 NSF 项目数据库中采集生物科学部的在研项目信息，共获得 4 970 个项目信息。其中 4 388 项由高校承担、占比 88.3%，项目经费总额超过 25 亿美元（占比 82.2%）。由此可见，高校是美国在生物科学基础研究领域的主力军。

通过分析项目的立项时间分布发现，4 388 个项目中的 50% 是 2013 年及以后立项的（图 3），最早的起始于 2005 年，项目执行时间长达 10 年。项目执行时长最多的是 3 年、占比高达 31%，其次是 5 年和 4 年、占比都为 23%；执行时间最短的为半年（图 4）。

考察在研项目立项时的经费额度发现，2011 年立项的在研项目经费额度最高，虽然项目数占比为 17.2%，但经费额度占比最大为 20.9%，高于之后 2012—2014 年的 3 个年度（图 5）。

4 388 个项目由 462 所高校承担，项目涉及的高校数量远高于 2014 年进入 USNews 生物科学领域研究生院排行榜的 275 所高校数量。从每所高校承担的项目数量分布来看，平均每所高校承担 9.5 个项目，1/3 的高校只承担了

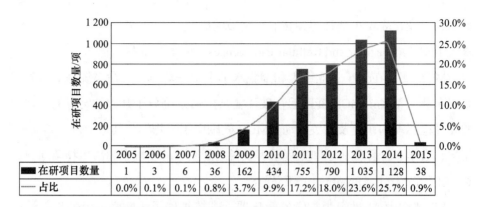

图3 美国高校承担 NSF 生物科学部在研项目的立项时间分布

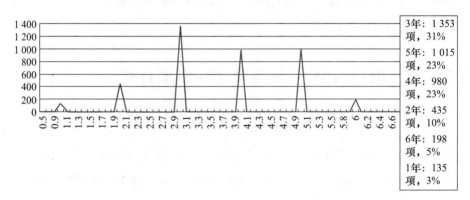

图4 美国高校承担 NSF 生物科学部资助在研项目的执行时间长度分布

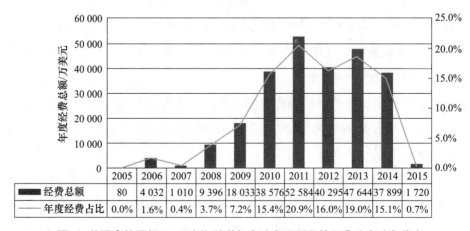

图5 美国高校承担 NSF 生物科学部资助在研项目的经费分布（年代）

1 个项目。项目经费上，平均每所高校获得 543.9 万美元的资助，经费总额不足百万美元的高校超过一半（图 6）。综合考察高校承担的项目数量以及获得资助经费额度，发现承担项目数在 10 项以上的高校有 118 所，其中获得千万美元以上经费资助的高校仅有 68 所，占获得资助高校总数的近 15%。

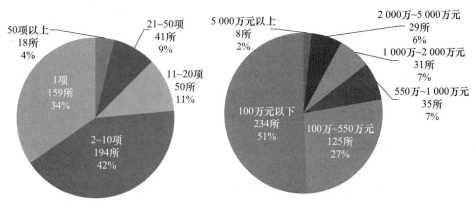

图 6　美国高校承担 NSF 生物科学资助在研项目的数量以及经费分布

4 388 个项目由 3 623 位研究者主持，平均每位研究者主持 1.21 个项目，主持项目最多的有 6 项，主持 1 个项目的有 3 023 位研究者、占比高达 84%；平均每位研究者获得 69.4 万美元的资助，74.3% 的研究者主持项目经费在平均值以下。

由以上统计概况来看，美国高校的生物科学基础研究项目执行时间以 3～5 年为主（77%）；主持人队伍规模较大，生物学基础研究具有雄厚的人力资源优势；开展生物科学基础研究的高校数量多、生物科学基础研究的普及率较高；经费投入以小额资助为主。已有研究表明对众多研究人员给予小额资助，比向少数精英科研群体拨给大量经费要更有效[5]。

2.3　各领域项目概况比较

高校承担的项目中，项目数量最多是 DEB 环境生物学领域，但资助的经费最多的领域是 IOS 整合生物系统。DBI 生物学基础设施领域的项目数量占比低于项目经费占比，说明每个项目的经费投入较大，可见美国政府重视对高校生物科学领域的基础设施投入。MCB 分子与细胞生物学领域和 EF 新兴前沿领域的项目数占比同经费占比一致（图 7）。

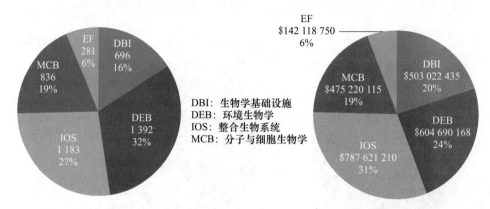

图 7　美国高校承担 NSF 生物科学部资助在研项目数量及其经费的领域分布

　　每个项目都属于一个或多个研究计划，研究计划名称在一定程度上反映了项目的研究方向，大多数研究计划下的项目都属于同一个领域，部分研究计划是跨领域的，这些跨领域研究计划名称对研究内容的表现度较弱。4 388 个项目中标记了出现频次合计 5 852 次的 208 种研究计划，统计 5 个领域中每个研究计划下的项目数量，得到表 1 所示的各领域覆盖项目数量较多的前 5 种研究计划。

　　有些项目同时属于多个研究计划，表现了项目在研究方向上的多样性，同时也显示了这些研究计划间的联系。本研究以项目标注的研究计划为对象，利用共现分析方法，构建了研究计划的共现矩阵，生成了展示研究主题聚类关系的共现网络，如图 8 所示。

　　从图 8 可见刺激竞争性研究实施计划（EXP PROG TO STIM COMP RES，EPSCoR）是网络的中心节点。原因是 EPSCoR 是一项 NSF 致力于各个行政区内研究基础设施、研发能力均衡发展的全局性计划。主要面向以往受 NSF 资助相对较少的地区，建立与这些地区的政府、高校、企业的合作关系，支

表 1　美国高校承担 NSF 生物科学部各领域覆盖在研项目数量前 5 位的研究计划

研究领域	研究计划	计划释义	项目数量
生物学基础设施（DBI）	ADVANCES IN BIO INFORMATICS	生物信息进展	208
	RSCH EXPER FOR UNDERGRAD SITES	本科生研究经验	145
	INSTRUMENTAT & INSTRUMENT DEVP	仪器开发	97
	MAJOR RESEARCH INSTRUMENTATION	主要研究仪器	95
	BIOLOGICAL RESEARCH COLLECTION	生物学研究资源	85
环境生物学（DEB）	POP & COMMUNITY ECOL PROG	种群与群落生态	344
	ECOSYSTEM STUDIES	生态系统研究	238
	PHYLOGENETIC SYSTEMATICS	系统分类学	190
	EVOLUTIONARY GENETICS	进化遗传学	150
	DIMENSIONS OF BIODIVERSITY	生物多样性维度	134
整合生物系统（IOS）	ANIMAL BEHAVIOR	动物行为	183
	SYMBIOSIS DEF & SELF RECOG	共生，防御和自身识别	151
	PHYSIOLG MECHANSMS&BIOMECHANCS	生理机制与生物力学	147
	PLANT GENOME RESEARCH PROJECT	植物基因组研究	128
	INTEGRATIVE ECOLOGI PHYSIOLOGY	整合生态生理学	122
分子与细胞生物学（MCB）	GENETIC MECHANISMS	遗传机制	261
	MOLECULAR BIOPHYSICS	分子生物物理学	223
	CELLULAR DYNAMICS AND FUNCTION	细胞动态与功能	210
	SYSTEMS AND SYNTHETIC BIOLOGY	系统与合成生物学	199
	BIOTECH,BIOCHEM & BIOMASS ENG	生物技术，生物化学与生物质工程	42
新兴前沿（EF）	MACROSYSTEM BIOLOGY	宏观系统生物学	124
	DIGITIZATION	标本数字化	122
	CRI-OA	海洋酸化	19
	THEORETICAL BIOLOGY	理论生物学	14
	NAT ECOLOGICAL OBSERVATORY NET	国家生态观测网络	11

持这些地区的研究基础设施建设，提高其基础研究能力，从而促进科学研究的良好竞争，最终提升国家基础研究的整体竞争力。因此 EPSCoR 不同于其他研究计划、不表现研究主题，项目的研究主题通过与其同时标记在一个项目中的其他研究计划来表达。

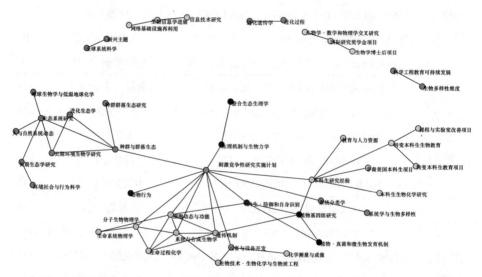

图8　美国高校承担 NSF 生物科学部资助的在研项目所属研究计划共现网络图

图 8 中的网络节点形成了以下 4 个类团：①以本科生研究经验为核心的转变本科生生物教育、本科生生物化学研究、课程与实验室改善等提升本科生学习与研究能力的人才培养类项目；②以植物基因组研究为核心的共生·防御和自身识别、植物·真菌和微生物发育机制、动物行为、生理机制与生物动力学的整合生物系统研究；③以系统与合成生物学为核心的细胞动态与功能、遗传机制、生命过程化学、生物技术·生物化学与生物质工程、生命系统物理学、生物物理学等分子与细胞生物学研究；④以种群与群落生态为核心的生态系统、进化生态学、长期环境生物学、长期生态学等侧重于时间维度、种群群落维度，或生态系统维度的环境生物学研究。

3 从项目经费 Top 10 看重点研究领域

国家科学基金资助的项目在一定程度上体现了国家在基础研究方面的战略性和公益性追求。对单个项目来说，资助经费的多少、执行时间的长短一方面可以作为研究内容难度、项目水平的相对评价指标，另一方面也可以窥见资助方对项目的重视程度。

根据 4 388 个项目的经费统计结果可知，获得资助经费最多的有 3 428 万美元，是归属 DBI 生物学基础设施领域，由夏威夷大学微生物海洋学中心主持的研究教育项目。表 2 是获得资助经费最多的前 10 个项目。从项目所属领域可以看出，10 个项目中有 8 个都属于 DBI 生物学基础设施领域，又一次证明 NSF 在生物学研究方面非常重视基础设施建设和人才培养。

表 2　美国高校承担 NSF 生物科学部在研项目资助经费 Top 10

项目名称	所属领域	主持人	主持人所属高校	执行时间/年	资助经费/万美元
微生物海洋学中心：研究与教育 Center for Microbial Oceanography: Research and Education (C-MORE)	BI	David Karl	夏威夷大学	10.0	3 428.0
国家进化综合中心 National Evolutionary Synthesis Center	DBI	Kathleen Smith	杜克大学	6.0	2 520.7
纳米技术在环境中的预测毒理学评估和安全实施 CEIN: Predictive Toxicology Assessment and Safe Implementation of Nanotechnology in the Environment	DBI	Andre Nel	加州大学洛杉矶分校	7.0	2 454.3
iPlant：生命科学网络基础设施 The iPlant Collaborative: Cyber in frastructure for the Life Sciences	DBI	Stephen Goff	亚利桑那大学	5.0	2 330.0

续表 2

项目名称	所属领域	主持人	主持人所属高校	执行时间/年	资助经费/万美元
BEACON：NSF 进化研究中心 BEACON: An NSF Center for the Study of Evolution in Action	DBI	Erik Goodman	密歇根州立大学	5.0	2 278.7
国家社会环境综合中心 National Socio-Environmental Synthesis Center	DBI	Margaret Palmer	马里兰大学帕克分校	5.0	2 176.8
纳米技术环境影响研究中心 Center for Environmental Implications of Nanotechnology	DBI	Mark Wiesner	杜克大学	7.0	1 514.1
玉米及其野生近缘种的稀有等位基因研究 Biology of Rare Alleles in Maize and Its Wild Relatives	IOS	Edward Buckler	康奈尔大学	5.0	1 101.4
Digitization HUB：面向 21 世纪的整合数据资源框架 Digitization HUB: A Collections Digitization Framework for the 21st Century	EF	Lawrence Page	佛罗里达大学	5.0	1 006.2
X 射线生物学 Biology with X-ray Lasers	DBI	Eaton Lattman	纽约州立大学布法罗分校	5.0	999.1

3.1　微生物海洋学研究（资助经费 Top 1）

夏威夷大学主持的"微生物海洋学中心：研究与教育"项目获得资助经费最多，而且执行时间长达 10 年、位居项目执行时长 Top 10 的第二位。项目聚集了夏威夷大学、麻省理工学院、蒙特雷湾水族馆研究所、俄勒冈州立大学、加州大学圣克鲁斯分校以及伍兹霍尔海洋研究所等 6 家机构的研究力量，将整合海洋学、微生物学、基因组学、地球化学、信息与计算机科学等多学科领域的方法，基于环境基因组学和高性能计算机技术的进展，针对北太平洋副热带环流开展研究。该项目主要包括：①微生物多样性的基因组学和生理学等研究；②微生物代谢在元素循环中的作用；③开发用于自动采样和样本处理的检测器和设备；④生态系统运行的计算机模拟、建模与预测等 4 个研究方向。该项目拟对海洋环境中的微生物群落进行整体测序，结合自动控制潜水技术，开发新的基因组学检测器以对地球上的微生物群落的特性和活性进行检测。项目研究结果将首次展现微生物间相互依赖的生活方式及其对海洋中海洋能量及元素循环的控制方式。研究还与各年龄段学生的教育相结合，培训新一代的海洋研究者，开发本科与中学的课程，同时提高夏威夷及其他太平洋岛屿中致力于科学工作的学生和教师数量。

除资助经费 Top 1 的海洋学研究项目以外，项目题名中含有海洋"Ocean"一词的项目还有 27 个，资助经费合计超过 1 392 万美元，多数是关于海洋酸化方面的研究。

3.2　进化学跨学科研究中心建设

10 项高额资助项目中有两项（第 2 和第 5）是关于进化学的项目，并且都是 DBI 生物学基础设施领域的项目，惠及 7 所高校。一个是由杜克大学、北卡罗来纳大学教堂山分校、北卡罗来纳州立大学合办的国立进化整合生物学中心［The National Evolutionary Synthesis Center (NESCent)］[6]。在 NSF 的资助下该中心致力于提供有效机制推动进化学研究者的跨学科互动和协作。迄今为止，NESCent 已经建立了一个包括科学家和信息学专家在内的充满活力的研究群体，在促进进化信息学发展中起到了领导作用，并开发了各种类型的项目以增加各研究小组的参与度。未来五年，NESCent 将继续致力于其核心任务，即鼓励并促进协同研究，开发并普及进化信息学的新研究工具，提高公众对进化学的理解。同时，NESCent 还将继续新项目的开发，建立新的协同研究队伍，加大培训和教育活动的力度，促进包括气候变化等与人类活动息息相关的重点领域、健康与疾病领域，以及文化进化等跨学科领域的研究。NESCent 所有工作的目标是为进化领域的研究者提供坚定的支持。NESCent 鼓励相互协作、数据共享及建立研究共识。NESCent 提供了研究设备、研究资金、后勤支持、研究空间和信息资源以促进出现新的协同研究突破，并为整个研究群体提供了网络基础设施资源。同时，NESCent 面向广泛的培训和教育活动开放，以促进一般公众、民间科学家、学生、教育者和真正的进化生物学家的互动。

涉及进化学另一项目是由总部设在密歇根州立大学的 BEACON（The Bio/computational Evolution in Action Consortium）科学技术中心主持，北卡罗来纳州立大学、爱达荷大学、得克萨斯大学奥斯丁分校、华盛顿大学等多所高校共同参与[7]。该中心主要致力于自然和人工系统中进化动态的研究，以及培训生物/计算机科学等多学科的科学家。重点关注整合进化生物学、计算机科学和工程学的学科交叉。自然选择引起的进化可视为一种解决复杂问题的算法程序，基于这一观点，该中心将推动以下 3 个方面研究的融合：①进化基因组学、进化网络和进化能力；②行为和智力进化；③群体进化和整体动态。通过开发虚拟试验以验证进化生物学中的基本原则，BEACON 的研究将会对从网络安全到日常网络应用，从疾病抗性进化到社会行为自我组装方面发挥重要影响。同时，也将能在教育和培训未来的科学家和社会大众方面起到积极的推动作用。

除两项高达 2 000 多万美元的高额资助项目以外，题名中含有进化"Evolution"一词的项目还有 459 个，资助经费超过 2 亿多美元，主要是关于系统分子进化学、进化生态学以及进化遗传学方面的研究。

3.3 纳米技术对环境的影响

纳米技术的评估研究也在 Top 10 项目中占据了两个位置。其中一个项目由加州大学洛杉矶分校、哥伦比亚大学、不莱梅大学、大不列颠 - 哥伦比亚大学、加州大学戴维斯分校、加州大学河边分校、加州大学圣芭芭拉分校以及得克萨斯大学共同承担。研究通过整合工程学、化学、物理学、材料科学、细胞生物学、生态学、毒理学、计算机建模以及风险评估方面的知识，来探讨纳米材料与生物体和非生物环境的互作，解析纳米材料的生物和生态毒理学特性。从单细胞到整个生态系统的多个尺度上，分析纳米材料的物理和化学特性可能造成的影响。该项目将推动建立一个新的学科领域，即环境纳米毒理学。通过建立对纳米技术的生态环境毒理评估系统和培养相关科学家，项目将为研究者和公众提供纳米技术安全性的相关信息，并服务于纳米材料的安全生产、应用和排放。涉及纳米技术的另一项目也是关注于纳米材料的环境影响。项目由杜克大学、卡内基-梅隆大学、霍华德大学、斯坦福大学、肯塔基大学以及弗吉尼亚理工学院暨州立大学联合承担。这一项目也致力于评估纳米技术发展对生态环境的影响。主要关注的是纳米材料的物理和表面化学特性对于纳米材料与环境互作的影响机制。该项目将努力探寻决定纳米材料在环境中移动和转化及其影响生物体和生态系统的一般规律，开发新的方法测定并追踪环境中自然形成和人工合成的纳米材料。基于纳米材料特性和环境影响的研究结果将能用于建立模型，防范纳米技术应用可能带来的生态风险。由此可见，纳米材料应用潜在生态安全问题的科技负面效应已经得到了极大的关注。已有研究提出克服科技负面效应可以成为科技创新的最大机遇[8]。

题名中含有"Nanotechnology"的项目不多，仅有 5 个，但资助经费高达5 500 多万美元，并且都是 DBI 生物学基础设施领域的项目，因为研究内容均涉及纳米材料对环境的中长期影响，执行时长都在 4 年以上。杜克大学和加州大学洛杉矶分校分别主持两项，约翰霍普金斯大学主持一项。

3.4 计算机技术在生物学研究中的应用

生物学研究和计算机模拟技术的结合也是得到重点支持的领域。iPlant 即为这类项目的代表。iPlant 项目起始于 2008 年，2013 年继续得到 NSF 的资助，是一个基于虚拟技术开发的、由用户需求驱动的网络基础设施。针对植物科学研究中出现的资源共享效率低、合作研究困难等问题，利用计算机科学技术将植物及相关科学研究领域产生的超大数量的各种格式的数据，如基因表达、形态学、生态学、生理学数据联结在一起，促进研究者更有效地获取和利用数据，推动不同领域研究者的合作，共同探讨植物的生物学规律。随着基于运算的生物规律发现到生物模型预测乃至系统整合生物学的进展，未来 5 年 iPlant 将通过消除数据管理、数据标准化、文件格式、数据分析、合作效率以及知识传播等方面的瓶颈问题，以适应植物科学研究群体快速变化的研究需求以及研究者面对的快速变化的研究技术状况，推动相关研究的快速发展。

4 388 个项目中 6 个项目名称中含有"网络基础设施（Cyber in frastructure）"，资助经费超过 2 400 多万美元。另外，有 208 个项目属于"生物信息学研究进展计划"，研究经费超过 1.26 亿美元，由此可以窥见生物信息学研究在生物科学基础研究领域的重要性。

3.5　社会学和环境学的融合

社会学和环境学整合也得到 NSF 的重点资助。在马里兰大学新成立的国立社会学 - 环境学整合研究中心（National Socio-Environmental Synthesis Center）将推动社会科学和自然科学不同领域专家的多种形式合作，包括交互式的互作，突破学科的界限，强化双方课题的融合，进而实现对学科融合的根本性重构，促进自然科学和社会科学交叉领域的研究、教育和培训，为应对人类共同面临的全球性环境挑战提供解决方案。项目的关键目标包括：创造新的来自基础研究、公共政策、科学转化和教育等各方面专家的联合研究群体，进一步发展环境整合科学；为包括残障、少数族裔等各种类型学生提供广泛参与研究和培训的机会，提升社会各阶层的学习能力；通过政策制定者、自然资源管理者、政府机构以及科研人员的共同研究，扩展和完善学科融合过程。

题名中含有环境（Environmental）一词的项目有 136 个，研究经费合计 1.22 亿美元，项目执行时长总和超过 538.6 年。

3.6 玉米稀有等位基因的功能研究

Top 10 项目大多是涉及广泛研究内容的综合项目，而"玉米及其近缘种的稀有等位基因研究"是其中唯一一项研究内容比较专一和具体的重大项目，这反映出玉米在美国农业生产中的重要地位。该项目由康奈尔大学的 USDA-ARS 科学家 Edward Buckler 领衔，组织了包括 USDA-ARS、威斯康星大学、密苏里大学、康奈尔大学、加州大学戴维斯分校和冷泉港实验室等多家机构的研究人员共同开展研究。在该项目的相关的上一期项目中，Edward Buckler 研究小组通过全基因组关联分析确定了 160 万个与玉米性状相关的遗传位点，虽然每个位点的变异只具有微小的效果，但这些微小效果的累加却决定了玉米特异性状的形成。开创了作物遗传学研究的新时代，在玉米上建立了通过遗传位点预测表型的新方法体系。该项目以大量玉米自然变异群体和野生近缘种种质资源为材料，基于比较基因组学、分子生物学和群体遗传学的研究手段，对导致玉米重要性状变异的稀有等位基因进行筛选和功能鉴定，并将建立预测稀有等位基因联合效应的统计模型和计算机模型，并通过设计田间试验对模型进行检验和修正。这项工作通过了解稀有等位基因在玉米遗传结构形成中的作用，实现玉米的定向育种和对杂交后代的准确预测，有可能从根本上改变玉米杂交育种的模式，对于水稻、小麦、大豆等重要农作物育种也具有重大的指导意义。

题名中含有玉米的研究项目有 35 个，研究经费近 6 800 万美元，再次证明玉米研究在美国科研体系中的重要地位。研究内容涉及等位基因的项目有 23 个，资助经费超过 4 400 多万美元，研究对象除玉米以外，还有水稻、拟南芥、线虫以及鸟类动物等，反映出等位基因研究在生物遗传学研究中已经成为普遍的研究方向。

3.7　生物多样性数据资源库的建立

生物多样性的加速丧失是 21 世纪人类面临的最主要的环境和社会危机之一。而相关物种资源信息的难以获得以及物种利用和保护政策的失当，是生物多样性危机不断加深的重要原因之一。为此，美国建立了国立生物资源数字化中心（The National Resource for Digitization of Biological Collections），启动了 iDigBio（Integrated Digitized Biocollections）项目，专门负责将美国已收集的生物多样性资源进行整合和数字化。iDigBio 将使数百万物种的标本信息数字化。同时，标本的各种相关信息，比如分类学数据、地理分布信息、二维和三维影像、声学数据以及分子生物学信息也将与对应的标本相联系。该项目将促进对现存物种和化石物种的生物多样性整合研究，并可用于评估气候变化、物种入侵以及其他环境事件对生物多样性的影响。iDigBio 正在通过提供新技术和标准操作规范，将信息数字化发展成为生物多样性研究的标准化程序，并将改变生物多样性研究的模式。iDigBio 项目成功整合的资源将向生物学家、学生和一般大众开放，以促进生物多样性的研究和相关知识的普及。该项目的长期目标是建立一个密切合作的生物资源数字化研究群体，并贡献于 21 世纪的生物多样性研究和教育。

在 NSF 资助的生物学项目中，涉及物种多样性的项目多达 144 个，项目经费超过 6 200 万美元，体现出 NSF 对于物种多样性研究的高度重视。

3.8　X 射线生物学

X 射线的发现曾经获得第一个诺贝尔物理学奖，而 1914 年 X 射线晶体衍射的发现不仅再一次获得了诺贝尔物理学奖，也开创了探测物质三维结构的 X 射线晶体学。在生物学领域，通过 X 射线晶体衍射解析出的 DNA 结构，被公认为是整个分子生物学的奠基。基于斯坦福大学直线加速器相干光源中心（Stanford Linac Coherent Light Source，LCLS）可以提供的脉冲为 10 飞秒（fs）的自由电子激光，X- 射线生物学中心（Center for Biology with X-ray

Lasers，BioXFEL）拟利用 LCLS 的激光源开展生物分子的高空间分辨和时间分辨的动力学研究，这一技术将可能实现纳米晶体解析、生物大分子动态变化观测、活细胞进行无损伤立体成像以及生物化学反应的直接观察，将可能为生命科学和医学等多个学科的前沿研究带来革命性的突破，为人类认识生命活动提供全新的视野。BioXFEL 项目将通过建立专门的开放网站，实现研究数据和研究工具软件向广大公众的开放。同时，还将通过实施长期的、整合性的研究计划来培训研究者，普及相关知识，进而推动 X 射线生物学的整体进展。

3.9　经费 Top 10 项目的共性分析

综合上述 Top 10 项目的基本情况，可以发现 NSF 资助的重点项目的几个基本特点：

（1）非常重视教育和培训。10 个项目均提出了比较详细的教育和培训计划，并且接受教育和培训的对象从专业的科技工作者到普罗大众，覆盖了各个阶层。在本科阶段，甚至更早阶段就为真正有兴趣加入科研队伍的学生提供参与顶尖项目的机会，既推动了科学技术的普及，同时也在最大程度上吸引和培养新一代的研究人员。这对于科研人才的培养可谓意义重大。

（2）脚踏实地推进研究成果的共享。10 个项目都建立或拟建立专门的网站或数据库，对项目实施获得的新方法、新技术以及研究成果数据进行开放共享，促进整个领域研究向前推进。

（3）引领大跨度的多学科融合方向。10 个项目中有 8 个都涉及大跨度的学科融合，努力通过不同学科研究人员的合作，打破学科界限，促进交叉学科的发展乃至创造新的学科领域。

（4）注重研究群体（Community）的培育。10 个项目中均提出了实现更好地服务于研究群体的目标。项目实施中通过各种培训和联合研究，培育各自的研究群体，保持相关领域的持续创新能力。

4 从项目主持人及其所属高校 Top 10 看高校优势

4.1 主持项目数量及经费的 Top 10 高校

462 所高校按主持项目的数量进行排序可得到表 3。这 10 所高校的主持项目数量都在 60 个以上，主持人的数量都接近或超过 50 个。其中，主持项目数量最多且主持人数量最多的高校是加州大学戴维斯分校（University of California-Davis），共有 74 位研究者获得资助，一共主持了 98 个项目。

表 3 主持 NSF 生物科学部资助的在研项目数量 Top 10 高校

高校	主持项目数量	主持人数量	主持项目经费 / 万美元	QS 生物科学排名	QS 农业科学排名	QS 综合排名
University of California-Davis	98	74	5 850.2	38	1	95
Cornell University	90	65	7 042.8	19	3	19
Michigan State University	85	67	8 197.5	101～150	21	195
University of California-Berkeley	84	59	4 582.4	6	6	27
University of Wisconsin-Madison	80	57	5 918.6	35	4	41
University of Minnesota	77	62	4 634.6	151～200	17	119
Duke University	75	50	8 330.4	27	51～100	25
University of Georgia	73	52	4 866.8	N/A	49	431～440
University of Florida	69	49	4 533.0	51～100	23	192
University of Arizona	63	50	6 824.9	151～200	51～100	215

按高校主持项目的经费总额排序得到表 4。主持项目经费总额最高的是杜克大学（Duke University），共计 8 330.4 万美元。

表 4　主持 NSF 生物科学部资助在研项目经费总额 Top 10 高校

高校	主持项目数量	主持人数量	主持项目经费（万美元）	QS 生物科学排名	QS 农业科学排名	QS 综合排名
Duke University	75	50	8 330.4	27	51～100	25
Michigan State University	85	67	8 197.5	101～150	21	195
Cornell University	90	65	7 042.8	19	3	19
University of Arizona	63	50	6 824.9	151～200	51～100	215
University of Wisconsin-Madison	80	57	5 918.6	35	4	41
University of California-Davis	98	74	5 850.2	38	1	95
University of California-Los Angeles	37	34	5 734.1	11	N/A	37
University of Maryland College Park	44	35	5 254.1	151～200	40	122
University of Georgia	73	52	4 866.8	N/A	49	431～440
University of Minnesota	77	62	4 634.6	151～200	17	119

　　加州大学戴维斯分校和杜克大学等 8 所高校同时入围主持项目数量和经费总额 Top 10 排行榜，另外 4 所高校仅以单项高分别入围其中一个 Top 10 排行榜。这 12 所高校在 2015 年 QS 世界大学排行榜中都进入了综合排名前 440 位、其中 6 所高校都在前 100 位；12 所高校在 2015 年 QS 的生物科学或农业科学排名中分别都位于前 50 位，其中加州大学戴维斯分校、康奈尔大学、加州大学伯克利分校、威斯康星大学麦迪逊分校在生物科学和农业科学领域都位居世界排名前 50 之内。可见在生物科学基础研究方面实力强的美国高校，其整体学科实力都比较强，特别是在生物和农业科学领域的优势更为突出。

4.2　主持项目数量与经费的 Top 10 研究者

　　4 388 个项目由 3 623 位研究者主持，平均每位研究者主持 1.21 个项目，主持项目最多的有 6 项，主持一个项目的有 3 023 位研究者，占比高达 84%。按研究者主持的项目数量排序，主持 5 项以上的仅有 8 位，主持 4 项的有 20位，所以又按项目经费取了主持 4 个项目中的前 2 位的研究者得到表 5。哈佛大学的 Charles Davis 主持的项目最多，为 6 项，但经费却不是最多的，平均每个项目仅有 30.75 万美元。

表 5　主持 NSF 生物科学部资助在研项目数量 Top 10 的高校研究者

主持人	主持人所属机构	研究主题	项目数	经费合计 / 万美元
Charles Davis	Harvard University	进化生物学、植物多样性进化	6	184.5
Gloria Coruzzi	**New York University**	**植物系统生物学、氮素营养利用**	**5**	**1 106.7**
John Blair	Kansas State University	草地生态学、草地生态系统和恢复	5	792.6
Blake Meyers	University of Delaware	生物信息学与植物表观遗传学、small RNA 在 DNA 甲基化和基因组结构中的作用	5	486.7
Scott Collins	University of New Mexico	植物群落生态学、植物群落的动态与稳定性	5	374.3
John Golbeck	Pennsylvania State University	植物生理学、光合反应原理	5	272.6
Prosanta Chakrabarty	Louisiana State University	系统进化生物学、鱼类进化	5	167.5
Elizabeth Losos	Duke University	热带生态学、物种保护与环境政策	5	88.2
Richard Vierstra	University of Wisconsin-Madison	植物生物化学、植物泛素降解系统	4	650.9
Erich Grotewold	Ohio State University	植物代谢生物学、代谢调节的基因网络和基因工程	4	625.8

4 388 个项目平均经费为 57.3 万美元。按研究者主持项目的总经费进行排序得到表 6。此表中除第 9 位的纽约大学 Gloria Coruzzi 因为 5 个项目经费之和提高排位之外，其余 9 位研究者都位列单个项目资助经费排行榜前十位中（表 2）。

表 6　主持 NSF 生物科学部资助在研项目经费 Top 10 的高校研究者

主持人	主持人所属机构	研究主题	项目数	经费合计 / 万美元
David Karl	University of Hawaii	海洋、微生物在海洋生态系统中的作用	1	3 428.0
Andre Nel	University of California Los Angeles	纳米生物学、纳米材料开发和环境危害评估	2	3 414.3
Kathleen Smith	Duke University	动物系统进化学、脊椎动物头骨发育与进化	1	2 520.7
Stephen Goff	University of Arizona	生物信息学与植、杂种优势和衰老的分子机制	2	2 360.0
Erik Goodman	Michigan State University	计算机科学、进化计算	1	2 278.7
Margaret Palmer	University of Maryland College Park	生态学、河流生态系统	1	2 176.8
Mark Wiesner	Duke University	纳米生物学、纳米材料开发与环境危害评估	2	2 114.1
Lawrence Page	University of Florida	进化生物学、淡水鱼类进化	3	1 138.2
Gloria Coruzzi	**New York University**	**植物系统生物学、氮素营养利用**	**5**	**1 106.7**
Edward Buckler	Cornell University	植物遗传学、玉米表型变异的遗传基础	1	1 101.4

分析项目数量 Top 10 研究者的研究主题，可以发现其中 8 位研究者都是从事植物相关领域的研究。但在项目经费 Top 10 数据中，仅有 3 位研究者从

事植物相关工作，反映出 NSF 植物领域项目的资助强度不高。

在项目数量 Top 10 研究者中，从事生态学和进化学的研究者分别有 4 位和 2 位，而且这些项目大多与生态环境保护、生物多样性保护相关联，凸显出 NSF 对人类发展面临的环境和资源问题的思考和重视。

项目经费 Top 10 研究者的研究主题覆盖面较广，既有传统的生态学、进化学研究内容，又有处于学科前沿、受到极大关注的纳米材料和纳米生物学等。其中，David Karl 主持的海洋微生物学与生态学研究计划经费总额相当于排名第 8 到第 10 位的 3 个项目的总和，反映出海洋研究在美国研究体系中的重要地位，在一定程度上，也可能与美国作为大陆海岛国家对海洋的热爱有关。与植物科学相关的 3 位研究者分别从事植物杂种优势和衰老机制、植物氮素营养利用以及玉米表型变异的遗传基础研究，均与农作物生产密切相关，这表明面向农业生产的植物学基础研究和应用基础研究也是 NSF 的资助重点。纳米材料和纳米生物学相关研究也占据了两个名额，有趣的是，这两位研究者的研究方向几乎相同，均为纳米材料的开发和环境危害评估，这既体现出 NSF 对新兴学科的支持，也体现出 NSF 对于其可能带来的环境风险的重视。

基于表 5 和表 6 所列数据还可发现，计算机科学和信息科学与生物学的相互交融是一个明显的趋势。一方面，计算机科学和信息科学的方法、工具和策略，对于海量知识和数据的获取和利用显得尤其重要；另一方面，进化生物学等理论也推动了诸如进化计算等计算科学新领域的出现。

5　结语

NSF 作为美国科研体系中的重要组成部分，其资助焦点不仅代表了美国相关领域的研究前沿，在一定程度上也可视为国际范围内相关研究的发展方向。通过对 NSF 生物科学部 4 388 项在研项目信息的文本挖掘，可以归纳出

NSF 资助战略的几大特点：

从资助策略的角度来看，资助体系重点突出，同时兼顾到学科的平衡性和资助的普遍性，惠及众多高校。因此，美国高校具有雄厚的生物科学基础研究人力资源优势。

从项目执行方式的角度来看，通过成立跨学科的整合研究中心推动重点项目的执行，通过设立专门的项目领域推动有共性需求的高端科研条件和设施建设，通过研究成果的开放共享带动和促进相关研究的进一步融合与深入。

从项目研究内容的角度来看，首先，强调学科融合，通过资助具有前瞻性的项目推动新学科方向的形成；其次，强调项目成果的共享和研究群体的培育；再次，重视项目执行中的科普教育，吸引并培育未来的科研人才；最后，兼顾研究的基础性和应用性，强调科研成果为解决人类生产生活服务，非常重视环境安全。

2015 年是我国"十三五"科技计划实施的开局之年，各相关科技部门都在为好的开局紧锣密鼓地开展工作。上述 NSF 资助现状的归纳分析，希望能对我国生物科学基础研究领域资助战略的进一步优化，提供借鉴和参考；同时，希望能对加快我国高校和科研院所的生物科学研究尽快占领国际前沿提供参考信息。

参考文献

[1] Federal Funds for R&D [EB/OL]. http://www.nsf.gov/statistics/fedfunds.

[2] National Science Foundation.Funds for Research and Development, FYs 2012–14. [20150408]. http://www.nsf.gov/statistics/nsf14316/.

[3] About the National Science Foundation [EB/OL]. http://www.nsf.gov/about.

[4] About Biological Science [EB/OL]. http://www.nsf.gov/bio/about.jsp.

［5］ Fortin, Jean-Michel, and David J. Currie. "Big science vs. little science: how scientific impact scales with funding." PloS one 8.6 (2013): e65263.

［6］ The National Evolutionary Synthesis Center. [2015.3.30]. http://www.nescent.org/.

［7］ The Bio/computational Evolution in Action CONsortium (BEACON). [2015.3.30]. http://beacon-center.org/.

［8］ 刘益东. 致毁知识与科技危机 : 知识创新面临的最大挑战与机遇 [J]. 未来与发展，2014, 04: 2-12.

生物科学研究前沿演进时序分析

周　群[1,2]　周秋菊[3]　冷伏海[3]

（1 中国农业大学图书馆；2 中国科学院文献情报中心；

3 中国科学院科技战略咨询研究院）

摘要：识别、监测科学研究前沿的演进和迁移，有利于把握科技领域知识的流动规律，追溯科技领域的发展轨迹，为有效地遴选和追踪重点研究领域提供借鉴和参考。基于 2013—2016 年《研究前沿》报告，以生物科学领域为例，解读分析该领域 40 个热点研究前沿演进时序和发展态势，判断研究前沿的演进类型，揭示研究前沿的演进规律和特征。该方法可用于捕捉前沿领域的动态演化，识别研究前沿的发展时序和演化脉络。

关键词：生物科学；研究前沿；时序；演进

1　引言

伴随着科技演变加剧和学科交叉融合加速，科学研究领域呈现出向众多方向不断延伸和变化的景观。研究前沿的不断更迭变换引领学科的发展，指示了学科领域的演化和科技创新的方向，体现不同时期科学家关注点以及科学研究侧重点的变化。对于研究型大学、政府以及企业研发的管理者而言，识别、监测科学研究前沿的演进和迁移，有利于把握科技领域知识的流动规律，追溯科技领域的发展轨迹，对科技管理部门明确发展重点，制定科技发展政策也具有重要意义。

研究前沿的识别与探测是近几年来情报学的研究热点之一，许多学者对其概念和识别方法进行了大量研究，并取得众多成果，但目前研究前沿并无统一的定义，概括起来包括以下 3 种说法：①将一组高被引文献定义为科学前沿，如 D. D. Price、H. Small 的定义；②将一组施引文献定义为科学前沿，如 S. Morris 的观点；③将突发或热点主题定义为科学前沿，以陈超美为代表[1]。上述对研究前沿的定义几乎都是为了适合所提出的识别方法给出的，但是这些定义不外乎围绕先进性、时效性、集中性几个特征[2]。而其探测和识别研究也大多基于共被引[3]、文献耦合[4]、直接引用[5]、共词[6]以及上述多种方法的复合使用[7]等计量方法，通过一定的指标识别或研判研究前沿。研究前沿演进研究，通常是与其识别方法研究结合在一起进行的，H. Small[8]在胶原蛋白的研究中表明研究焦点的快速变化是如何发生以及何时发生的。Morris等[9]采用创新性的时间线方法来分析和展现研究前沿的结构和时间演化。侯剑华等人[10]以关键节点文献为基础，分析纳米技术研究演进的脉络。但在已有的研究成果中，对已知研究重点领域进行回顾的较多，挖掘遴选潜在"前沿领域"的较少，对研究领域不同阶段的研究前沿发展脉络梳理和演进研究也不多见。

　　研究前沿在每个学科内部非常活跃，具备鲜明的活动规律，这种规律突出表现在研究成果数量以较快的加速度增长，且有较强的学术辐射力，形成了一定的研究规模和影响力。根据研究前沿的演化规律，其演进模式可以分为渐进型、衰退型、一过型和突发型[11]。其中，渐进型和衰退型研究前沿是研究前沿演化的一般表现模式，即大多数研究前沿的演化属于这两种类型，其研究内容持续受到关注，并随着研究的深入转变成其他研究前沿或逐渐衰退，成为学科领域的"知识基础"。而一过型和突发型均为受到内部或外部因素的影响，在短时间内迅速成为研究前沿，但区别在于一过型研究前沿多为受到外部事件的影响，衰退速度较快，并且研究领域的基本问题得到解决，而突发性研究前沿仍可能演化成渐进型研究前沿。

　　因而，对研究前沿成果特征和研究内容的分析，可以追踪某领域的产生、发展、分化、相互渗透的情况及其动向，从而判断、挖掘研究前沿的演进规律和发展特征。本文基于2013—2016年《研究前沿》报告，以生物科学领域为例，通过解读分析40个热点研究前沿演进时序和发展态势，结合研究前沿的演进类型，揭示研究前沿的演进规律和发展特征，为有效地遴选和追踪重点研究领域尤其是前沿领域的动态演化，识别研究前沿的发展时序和演化脉络提供一些借鉴和参考。

2 《研究前沿》报告的研制

2.1 数据来源

ESI已成为当今世界范围内普遍用以评价高校、学术机构、国家/地区国际学术水平及影响力的重要评价指标工具之一。ESI Research Fronts是ESI数据库的组成部分之一，它是在近5年的高被引论文基础上通过共被引分析和聚类分析得出各学科领域研究前沿。2013年，汤森路透以上述聚类为基础发布了《2013年研究前沿：自然科学与社会科学的100个学科领域》报告，确认多个科学领域的100个重要研究前沿[12]。2014年汤森路透与中科院文献情报中心成立的"新兴技术未来分析联合研究中心"发布《2014研究前沿》报告，遴选出2014年前100个热点研究前沿和44个新兴研究前沿[13]。2015年继续推出了《2015研究前沿》，报告基于ESI数据库中的10 839个研究前沿，遴选出10个大学科领域排名位于最前面的100个热点前沿和49个新兴前沿[14]，引起了全球广泛的关注。

2016年，中科院科技战略咨询研究院战略情报研究所继续推出《2016研究前沿》。基于Clarivate Analytics（原汤森路透知识产权与科技事业部）的ESI数据库中的12 188个研究前沿，遴选出2016年自然科学和社会科学的10个大学科领域排名最前的100个热点前沿和80个新兴前沿[15]。

2.2　研究前沿的遴选

　　跟踪全球最重要的科研和学术论文，研究分析论文被引用的模式和聚类，特别是成簇的高被引论文频繁地共同被引用的情况，可以发现研究前沿。当一簇高被引论文共同被引用的情形达到一定的活跃度和连贯性时，就形成一个研究前沿，而这一簇高被引论文便是组成该研究前沿的"核心论文"。以《2016 研究前沿》为例，先把 ESI 数据库中 21 个学科领域的 12 188 个研究前沿划分到 10 个高度聚合的十大学科领域中，然后对每个大学科领域中的研究前沿的核心论文，按照施引文献总量进行排序，提取排在前 10% 的最具引文影响力的研究前沿。以此数据为基础，再根据核心论文出版年的平均值重新排序，找出那些"最年轻"的研究前沿。通过上述两个步骤在每个大学科领域分别选出 10 个热点前沿，共计 100 个热点前沿。

　　《2016 研究前沿》报告中的十大学科领域分别为：①农业、植物学和动物学；②生态与环境科学；③地球科学；④临床医学；⑤生物科学；⑥化学与材料科学；⑦物理学；⑧天文学和天体物理学；⑨数学、计算机科学和工程学；⑩经济学、心理学及其他社会科学。研究前沿的分析提供了一个独特的视角来揭示科学研究的脉络，这些研究前沿的数据连续记载了分散的研究领域的发生、汇聚、发展（或者是萎缩、消散），以及分化和自组织成更近的研究活动节点。生物科学作为上述十大学科领域之一，2013 年以来，该领域每年均发布 10 个热点前沿和若干数量不等的新兴前沿，本文以 40 个热点前沿（表 1）及其核心论文内容为依据，梳理生物科学领域的研究前沿演进路线，判断研究前沿的演进类型，揭示研究前沿的演进规律和特征。

3　生物科学研究前沿演进时序

　　生物科学 40 个研究前沿（表 1）中，医学与人类健康的相关研究占相当大的比例，其次是技术方法突破和基础理论研究等。以下结合研究前沿的时空背景，根据研究内容将其分为艾滋病及免疫系统领域、神经退行性疾病领域、流行病领域、技术应用与更新、药物检测和作用机理研究等五大方向，对前沿演进的合理性进一步论证阐释。

表1　2013—2016年生物科学领域热点前沿

2013 年热点前沿	2014 年热点前沿	2015 年热点前沿	2016 年热点前沿
DNA 甲基化分析和遗传性缺失	利用全基因组关联方法研究人类疾病	中东呼吸综合征冠状病毒的分离、特征与传播	中东呼吸综合征冠状病毒的分离、鉴定与传播
阿尔茨海默症的 β 淀粉样蛋白（Aβ）低聚物毒性	利用荧光指示剂示踪体内神经元活动并成像	棕色和白色脂肪组织的功能及其代谢调控	阿尔茨海默病相关基因位点的关联分析
滤泡辅助性 T 细胞（TFH）的功能与分化（CD4+T 辅助细胞）	成纤维细胞直接重编程转化为神经元细胞或心肌细胞	混合谱系激酶结构域蛋白和受体相互作用蛋白激酶参与调控的细胞坏死机制	T 细胞的分化、功能与代谢
β2 肾上腺素 G- 蛋白偶联受体（GPCRs）	树突状细胞、巨噬细胞与免疫治疗	组织巨噬细胞的自我更新和动态平衡的维持	巨噬细胞起源、发育分化的分子机制
泛素线性自组装复杂体和核因子 -κB（NF-κB）激活	C9orf72 六核苷酸重复扩增与额颞叶痴呆和肌萎缩性侧索硬化症	C9orf72 基因六核苷酸重复扩增引起的额颞叶痴呆症和肌萎缩侧索硬化症	C9orf72 基因六核苷酸重复扩增引起的额颞叶痴呆症和肌萎缩侧索硬化症
LGR5 受体表达的肠道干细胞	草药类产品中合成大麻素和卡西酮衍生物的危害与检测	新型毒品中的精神活性物质合成大麻素和卡西酮衍生物	RNA 二级结构及腺嘌呤甲基化修饰
TET 突变，减少 5- 羟甲基（5 hmC），恶性肿瘤	氯胺酮快速抗抑郁的分子机理	Tau 蛋白和 α- 突触核蛋白在常见神经退行性疾病中的致病机理	PINK1/Parkin 介导的线粒体自噬分子机理研究

续表 1

2013 年热点前沿	2014 年热点前沿	2015 年热点前沿	2016 年热点前沿
线粒体去乙酰化酶和代谢调节	基因组编辑技术——转录激活因子样效应蛋白核酸酶（TALEN）	CRISPR/cas9 系统的免疫机制及其在基因组编辑中的应用	飞秒 X 射线激光在生物大分子的纳米晶体结构测定中的应用
HIV-1 Vpu 和 Vpx 蛋白以及 SAMHD1 和 BST-2/Tetherin 抑制其复制的作用	免疫系统感应蛋白相关信号途径的研究	先天性淋巴样细胞的免疫调节功能	广谱中和抗体与艾滋病疫苗设计
雷帕霉素靶标（TOR）抑制剂信号转导，延长存活期，衰老机制与疾病	褪黑素在氧化胁迫中的作用	新型 H7N9 禽源流感病毒的传播与致病机理	褪黑素在植物和人类中的生物学功能

3.1 艾滋病及免疫系统领域

艾滋病在世界范围内广泛传播，严重威胁着人类健康和社会发展，艾滋病及免疫系统相关研究持续受到科学家们的关注。2013 年研究前沿中，研究人员找到了细胞因子 SAMHD1 蛋白抑制骨髓细胞感染艾滋病病毒（HIV）的机制，扩展了人们对艾滋病患者免疫系统如何对付 HIV 以及 HIV 如何逃避免疫反应的理解，为后续的研究奠定了基础；随后，先天免疫信号转导通路中的重要接头及感应蛋白结构生物学研究成果（2014），以及对先天性淋巴样细胞的免疫调节功能的解析（2015）加深了人们对自身免疫疾病和免疫缺陷疾病的理解，进而可以在此基础上找到疫苗开发的新策略；2016 年，"广谱中和抗体与艾滋病疫苗设计"成为热点前沿，在最新的文章报道中，HIV 疫苗的开发连续取得重大突破，为人类攻克艾滋病带来了新的希望[16]。表 2 为艾滋病及免疫系统领域的研究前沿演进。

表 2　艾滋病及免疫系统领域的研究前沿演进

年份	热点前沿
2013	HIV-1 Vpu 和 Vpx 蛋白以及 SAMHD1 和 BST-2/Tetherin 抑制其复制的作用
	雷帕霉素靶标（TOR）抑制剂信号转导，延长存活期，衰老机制与疾病
	滤泡辅助性 T 细胞（TFH）的功能与分化（CD4+T 辅助细胞）
	TET 突变，减少 5- 羟甲基（5 hmC），恶性肿瘤
2014	免疫系统感应蛋白相关信号途径的研究
	树突状细胞、巨噬细胞与免疫治疗
2015	先天性淋巴样细胞的免疫调节功能
	组织巨噬细胞的自我更新和动态平衡的维持
2016	广谱中和抗体与艾滋病疫苗设计
	巨噬细胞起源、发育分化的分子机制
	T 细胞的分化、功能与代谢

　　同时，免疫系统在健康状态维持与疾病发展中的作用同样受到科学家高度关注，巨噬细胞、树突状细胞和 T 细胞等免疫细胞的作用、起源、分化以及代谢机制等持续成为热点前沿。树突状细胞和巨噬细胞的研究将为癌症免疫疗法提出新希望，T 细胞免疫功能与分化及其调控机制的解析也备受关注。此外，代谢重编程在 T 细胞命运决定方面的研究也是当前的研究热点，有关代谢的转录调控机制陆续被发现。

3.2　神经退行性疾病领域

　　神经退行性疾病是一类大脑和脊髓的神经元细胞丧失的疾病状态，随着老龄化加剧，神经退行性疾病患病率节节攀升，科学家们一直在寻找神经退行性疾病的发病机制和治疗方法。

　　该领域的研究前沿主要是阿尔茨海默病、额颞叶痴呆和肌萎缩性侧索硬化症等神经退行性疾病的相关研究。大脑中 β 淀粉样蛋白异常沉积是阿尔茨海默症病人脑内老年斑周边神经元变性和死亡的主要原因，但针对 tau 蛋白的

病理过程比针对 β 淀粉样蛋白的治疗更有利于改善临床症状。tau 蛋白致病机理研究为后期开发治疗神经变性疾病的新型疗法或新药提供了新的思路和线索。第一个旨在修饰 tau 蛋白来治愈阿尔茨海默病的人类疫苗 ADAMANT 的 Ⅱ 期临床研究已成功启动[17]。2016 年,该病症的相关致病基因的关联分析再次成为热点前沿。

2012 年,研究人员确定了 C9orf 72 基因与肌萎缩侧索硬化症(ALS)以及额颞叶痴呆(FTD)之间的关联,随后的研究一直致力于解释 C9orf 72 六核苷酸重复扩张引发这两种疾病的病理分子机制,自 2014 年开始该项研究连续 3 年成为热点前沿。此外,2016 年研究前沿还发现与帕金森病密切关联的 PINK1 蛋白能够帮助细胞清除功能失调的线粒体,揭示神经退行性疾病药物开发新靶点,对于靶向线粒体自噬通路的药物开发具有重要意义(表 3)。

表 3　神经退行性疾病领域的研究前沿演进

年份	热点前沿
2013	阿尔茨海默症的 β 淀粉样蛋白(Aβ)低聚物毒性
2014	C9orf 72 六核苷酸重复扩增与额颞叶痴呆和肌萎缩性侧索硬化症
2015	C9orf 72 基因六核苷酸重复扩增引起的额颞叶痴呆症和肌萎缩侧索硬化症
	Tau 蛋白和 α- 突触核蛋白在常见神经退行性疾病中的致病机理
2016	C9orf 72 基因六核苷酸重复扩增引起的额颞叶痴呆症和肌萎缩侧索硬化症
	阿尔茨海默病相关基因位点的关联分析
	PINK1/Parkin 介导的线粒体自噬分子机理研究

3.3　流行病领域

流行病学是人们在不断地同危害人类健康的严重疾病做斗争中发展起来的。近年来,由于在人口密集的市场中人与不同种类动物的频繁接触,以及人入侵动物的自然栖息地等多种原因,促进了新病毒的出现,如以 SARS 冠状病毒、中东呼吸综合征冠状病毒、禽流感和寨卡病毒等为代表的新发和再发传染病，对全球公共卫生造成了威胁。

中东呼吸道综合征冠状病毒（MERS-CoV）是继 SARS 冠状病毒之后新近出现的又一种能够引发严重呼吸道感染的人类新发冠状病毒。研究人员在 MERS-CoV 致病机理方面开展了大量的研究工作，于 2015 年和 2016 年连续两年入选热点前沿。MERS-CoV 功能性受体的发现为人类新冠状病毒溯源和跨种进化研究、病毒传染研究和流行病学特征分析提供重要基础，随后，科研人员又对 MERS-CoV 识别该受体分子的机制进行深入研究。上述研究工作为更深入了解 MERS-CoV 的致病机制指出了新的研究方向。

禽流感病毒，特别是高致病性禽流感在亚太地区的暴发流行，对动物和人类健康造成巨大威胁，H7N9 型禽流感作为一种新型禽流感，于 2013 年发现，2014 年即入选新兴前沿，随后，研究人员对 H7N9 禽流感病毒的起源、传播途径、生物学特征等方面开展了大量的研究，其传播与致病机理在 2015 年成为热点研究前沿。2016 年，相关研究分别入选生物科学和临床医学领域的热点前沿（表 4）。

表 4　流行病领域的研究前沿演进

年份	热点前沿
2014	2013 年中国东部地区人感染 H7N9 禽流感的临床特征、病毒学与流行病学研究（临床医学新兴前沿）
2015	中东呼吸综合征冠状病毒的分离、特征与传播 新型 H7N9 禽源流感病毒的传播与致病机理
2016	中东呼吸综合征冠状病毒的分离、鉴定与传播 人感染 H7N9 禽流感病毒传播、流行及生物学特性（临床医学）
2016	新型重组禽流感病毒（H5N8 和 H5N6）的鉴定及其特征（新兴前沿）

3.4　技术的应用与更新

近年来，以 ZFN、TALEN 和 CRISPR-Cas 为代表的基因编辑技术已经广泛应用于生命科学与医学的各个方面。TALEN 技术在 2010 年正式发明，

2014 年成为热点前沿。CRISPR-Cas 技术作为最新涌现的基因组编辑工具，为构建更高效的基因定点修饰技术提供了全新的平台，目前已被成功应用于多个动植物的功能研究。2014 年 CRISPR-Cas 系统首次作为新兴前沿出现，随后于 2015 年成为热点前沿，同时其分子机理及其在人类细胞中的应用研究分别入选新兴前沿，2016 年再次入选新兴前沿，展示了其广阔的应用前景（表 5）。

表 5　技术相关研究前沿的演进

领域	年份	热点前沿
基因编辑技术	2014	CRISPR/Cas 基因组编辑技术（新兴前沿）
	2014	基因组编辑技术——转录激活因子样效应蛋白核酸酶（TALEN）
	2015	CRISPR/Cas9 系统的免疫机制及其在基因组编辑中的应用
	2015	CRISPR/Cas9 系统的分子机理研究（新兴前沿）
	2015	CRISPR/Cas9 系统在人类细胞研究中的应用（新兴前沿）
	2016	CRISPR RNA 引导性核酸酶脱靶效应的全基因组检测（新兴前沿）
	2016	CRISPR-Cas9 调控的基因组规模转录激活（新兴前沿）
遗传学新方法	2013	DNA 甲基化分析和遗传性缺失
	2014	利用全基因组关联方法研究人类疾病

此外，DNA 甲基化是真核生物表观遗传学重要的机制之一，在维持正常细胞功能、遗传印记以及人类肿瘤发生中起着重要作用。2014 年研究前沿的论文主要是从遗传统计学角度探讨和研究全基因组关联分析（GWAS）方法，同时解决 GWAS 分析过程中出现的"遗传性缺失"等问题。全基因组关联方法首先在人类医学领域的研究中得到了极大的重视和应用，使许多重要的复杂疾病的研究取得了突破性进展，成为研究人类基因组学的关键手段。

3.5　药物检测和作用机理研究

褪黑素是迄今发现的最强内源性自由基清除剂。近年来，研究发现植物中也含有褪黑素并已经在多种植物特别是食用和药用植物中检测出来，国内外对褪黑素的生物学功能，尤其是作为膳食补充剂的保健功能进行了广泛研究，表明其具有促进睡眠、抗衰老、抗肿瘤等多项生理功能。在植物中广泛进行褪黑素的研究将对人类的营养、医药和农业提供非常有益的信息。药物作用机理研究前沿的演进见表6。

表6 药物作用机理研究前沿的演进

领域	年份	热点前沿
褪黑素	2014	褪黑素在氧化胁迫中的作用
	2016	褪黑素在植物和人类中的生物学功能
合成大麻素和卡西酮衍生物	2015	草药类产品中合成大麻素和卡西酮衍生物的危害与检测
	2016	新型毒品中的精神活性物质合成大麻素和卡西酮衍生物

此外，滥用策划药的问题在全球呈快速蔓延之势，社会危害日益严重。策划药是指在现有管制药物的分子结构中一些无关紧要的地方加以修饰，得到的一系列与原来的药物结构不同、效果却差不多甚至更强的"合法"药物。合成大麻素和卡西酮衍生物从2008年后在欧美迅速蔓延，其在草药类产品和新型毒品中的危害性和检测分别进入2015年和2016年热点前沿，引起国际社会的密切关注。

4 生物科学研究前沿演进特点

从上述生物科学研究前沿演进路线可以看出，生物科学研究前沿分布相对较为集中，超过半数的热点前沿与人类健康密切相关，其研究进展迅速，凸显了生物科学的研究焦点和热点。

首先，渐进型前沿数量占领域主导地位，显示出科学发展的长期稳定性。持续威胁人类健康的重大疾病（如神经退行性疾病、艾滋病和肿瘤等）致病

机理和药物作用机理相关研究持续受到关注，共占热点前沿21个。近10年来，随着分子生物学和神经生物学等多学科知识研究手段的迅猛发展，上述重大疾病病变机制研究有了许多新的发现。该部分研究内容主要包括上述疾病的致病机理和临床研究，并外延至神经、免疫系统在健康状态维持与疾病发展中的作用等理论研究，其演化路径具有明显的渐进性。此外，药物作用机理如褪黑素从其在植物中被发现到其生物学功能研究，再到对人类的保健功能研究，其演化也具有非常明显的深入和递进关系。

其次，突发类型前沿数量快速上升，显示出科学发展的阶段性、跳跃性。突发型研究前沿通常预示着研究领域出现了重大发现或突破性成果，或是受到外部突发事件（传染病，恐怖袭击、环境污染或新型药物等）的影响，占热点前沿10个。具体突发型前沿的发展方向需要具体分析，如新型策划药的检测和危害研究，随着检测技术成熟和相关法律法规的完善，该研究前沿将逐步转为衰退型研究前沿；MERS-CoV和禽流感研究前沿已逐步演进为渐进型研究前沿，其演进路径表明：从发现到分析，再到公共卫生响应，人类社会对新病毒的响应周期正在缩短；技术方法的应用与突破是推动学科发展的重要动力，也是出现突发型研究前沿的重要因素。如基因编辑技术的更新换代和全基因组关联方法的应用研究，表现出显著的渐进性。

再次，在分析过程中，也存在一过型研究前沿，如"氯胺酮快速抗抑郁的分子机理""利用荧光指示剂示踪体内神经元活动并成像"和"飞秒X射线激光在生物大分子的纳米晶体结构测定中的应用"等，其具体形成机制可能还需要深入分析，也为进一步改进研究前沿识别方法提供了新机遇。

5 结语

研究前沿的演进呈现了学科主题的新陈代谢过程，体现了学科的发展态势和未来走向，是研究学科发展规律的重要内容。为了分析基于时序的研究前沿演进规律与特征，本文以 2013—2016 年《研究前沿》报告中的生物科学热点前沿为例，分析研判其研究内容，明确该领域研究前沿具有学科特色的演进规律和发展特征，为有效地遴选和追踪重点研究领域尤其是前沿领域的动态演化，识别研究前沿的发展时序和演化脉络提供一些借鉴和参考。

本文仅对生物科学学科每年遴选出的前 10 个热点前沿演进时序进行分析，范围上难以覆盖整个学科的研究前沿，但该方法能够部分揭示生物科学学科中的重要研究前沿的发展态势和特征，后续还需要在上述基础上，综合多源数据，借助专家知识完善识别方法体系，重点关注新兴前沿的演进方向与趋势，提高研究前沿演进判断与预测效果。

参考文献

[1] 杨立英, 周秋菊, 岳婷. "科学前沿领域" 挖掘的文献计量学方法研究. [2016-11-10] http://ir.las.ac.cn/handle/12502/3849.

[2] 许晓阳, 郑彦宁, 赵筱媛, 等. 研究前沿识别方法的研究进展. 情报理论与实践, 2014 (06):139-144.

[3] Zhao D, Strotmann A. Can citation analysis of web publications better detect research fronts?. Journal of the American Society for Information Science and Technology, 2007, 58(9): 1285-1302.

[4] Schiebel E. Visualization of research fronts and knowledge bases by three-dimensional areal densities of bibliographically coupled publications and co-citations. Scientometrics, 2012, 91(2): 557-566.

[5] Daim T U, Shibata N, Kajikawa Y, et al. Detecting potential technological fronts by comparing scientific papers and patents. Foresight, 2011, 13(5): 51-60.

[6] 程齐凯, 王晓光. 一种基于共词网络社区的科研主题演化分析框架. 图书情报工作, 2013, 57(8): 91-96.

[7] Boyack K W, Klavans R. Co-citation analysis, bibliographic coupling, and direct citation: Which citation approach represents the research front most accurately?. Journal of the American Society for Information Science and Technology, 2010, 61(12): 2389-2404.

［8］ Small H G. A co-citation model of a scientific specialty: A longitudinal study of collagen research. Social studies of science, 1977: 139-166.

［9］ Morris S A, Yen G, Wu Z, et al. Time line visualization of research fronts. Journal of the American society for information science and technology, 2003, 54(5): 413-422.

［10］ 侯剑华, 刘则渊. 纳米技术研究前沿及其演化的可视化分析. 科学学与科学技术管理, 2009 (05): 23-30.

［11］ 盛立. 生物医学领域研究前沿识别与趋势预测. 中国人民解放军军事医学科学院, 2013.

［12］ 汤森路透. 汤森路透发布 100 个核心科学研究前沿. [2016-12-8]. http://science.thomsonreuters.com.cn/research_fronts_2016/report.htm.

［13］ 汤森路透. 汤森路透与中科院文献情报中心联合发布《2014 研究前沿》报告. [2016-12-8]. http://science.thomsonreuters.com.cn/research_fronts_2016/report.htm.

［14］ 汤森路透. 汤森路透与中国科学院文献情报中心联合发布《2015 研究前沿》报告. [2016-12-8]. http://science.thomsonreuters.com.cn/research_fronts_2016/report.htm.

［15］ 中国科学院科技战略咨询研究院战略情报研究所与 Clarivate Analytics 联合分布《2016 研究前沿》报告. [2016-12-8]. http://ip-science.thomsonreuters.com.cn/media/2016researchfront.pdf.

［16］ 4 篇 Cell 及子刊发布艾滋病重大突破. [2016-12-10]. http://www.ebiotrade.com/newsf/2016-9/201699112841898.htm.

［17］ 首个针对阿尔茨海默氏病的 Tau 疫苗进入临床 II 期. [2016-12-12]. http://www.biotech.org.cn/information/141994.

走向卓越：从国际顶尖期刊看中国生命科学研究的发展动态

赵 勇 李友轩 孙德昊

（中国农业大学图书馆情报研究中心）

摘要： 国际顶尖期刊论文是洞察各创新主体在科学研究领域发展态势的重要线索，也是评价卓越研究和科研机构贡献的核心指标。本研究以"自然指数"期刊论文为分析对象，对中国生命科学领域开展跟踪研究，从发文趋势、领域分布、机构贡献3个方面揭示中国生命科学研究的发展动态，研究结果表明：①中国生命科学研究能力在持续提升，主要科技发达国家顶尖论文产出力在下降；②中国生命科学研究形成"会聚"式发展，学科多点突破、交叉融合的趋势，CRISPR/Cas9 和 RNA-Seq 等前沿技术得到快速应用；③中国科学院及其直属单位集中了中国生命科学的优势科研力量，国内高校科研团队在不断成长，在个别学科领域上形成了各自的比较优势。最后，对中国生命科学研究发展存在的问题进行了讨论。

关键词： 生命科学；"自然指数"期刊；文献计量；中国科研机构；发展态势

1 引言

科学和技术知识生产是创新过程中的首要环节[1]，而国际顶尖期刊论文则成为洞察各创新主体在科学研究领域发展态势的重要线索，也是评价卓越研究和科研机构贡献的核心指标[2]。图书情报学界较早地关注了以 Cell、Nature、Science

（CNS）为代表的国际公认最高学术声誉期刊的发文情况，重点描述了国家、机构和学者等不同层面研究单元的发文量、被引量、合著关系等外部特征[3-5]，但对顶尖期刊文章的内容特征分析相对较少，同时由于 Nature 和 Science 属于综合性期刊，缺少对期刊单篇论文学科类目的详细划分[6]，加之其收录的文章有限，使得此类文献计量研究不能深入地反映某一具体学科领域的科研动态。

2014 年，英国自然出版集团（NPG）发布了"自然指数"（Nature Index）。为了保证自然指数对顶尖期刊的代表性，"自然指数"摒弃了影响因子等定量文献指标，改由两个独立专家组遴选高质量学术期刊，划分为化学、物理学、地球科学和生命科学 4 个学科大类。首次确定的 68 种"自然指数"期刊虽然不到 Web of Science 数据库收录的自然科学期刊数量的 1%，但是贡献了近 30% 的被引频次，为客观评价各国家地区和科研机构的创新能力和学术研究水平提供了重要依据。

生命科学与生物技术是 21 世纪以来最主要、发展最快、综合交叉涉及面最广的学科之一，也是全球科技的竞争焦点。及时了解生命科学领域的前沿发展水平、研究热点等最新动态，准确把握本国科学家的研究优势、科研走向与主要贡献，已成为科研管理机构科学决策的重要支撑手段。因此，本文以"自然指数"期刊论文为分析对象，对中国生命科学领域开展跟踪研究，从发文趋势、领域分布、机构贡献 3 个方面揭示中国生命科学研究的发展动态，为推动我国生命科学及相关领域发展提供参考。

2 数据与方法

2.1 数据来源

（1）"自然指数"期刊

"自然指数"生命科学领域期刊共有 35 种（表 1），其中 31 本专业期刊的所有研究论文（Article）均被归属于生命科学领域，而 Nature、Nature Communications、PNAS 和 Science 4 本综合期刊则将与生命科学相关的论文划分至该领域。本研究搜集了 2017 年 1 月至 12 月"自然指数"公布的中国生命科学研究论文 1 692 篇，并在 Web of Science 数据库下载了论文的 WOS 元数据，数据检索日期为 2018 年 3 月 15 日。

表 1 "自然指数"生命科学领域 35 种期刊名称

专业期刊		综合期刊
American Journal of Human Genetics	Journal of Neuroscience	Nature
Cancer Cell	Molecular Cell	Nature Communications
Cell	Nature Biotechnology	PNAS
Cell Host & Microbe	Nature Cell Biology	Science
Cell Metabolism	Nature Chemical Biology	
Cell Stem Cell	Nature Genetics	
Current Biology	Nature Immunology	
Developmental Cell	Nature Medicine	
Ecology	Nature Methods	
Ecology Letters	Nature Neuroscience	
Genes & Development	Nature Structural & Molecular Biology	
Genome Research	Neuron	
Immunity	PLOS Biology	
Journal of Biological Chemistry	Proceedings of the Royal Society B	
Journal of Cell Biology	The EMBO Journal	
Journal of Clinical Investigation		

资料来源：https://www.natureindex.com/。

（2）"生命科学引文索引"数据库

为了更加深入地了解"自然指数"期刊上中国生命科学研究论文的内容

特征，本研究将 1 692 篇论文在生命科学引文索引（BIOSIS Citation Index，BCI）中进行检索，并下载 BCI 元数据。BCI 数据库覆盖了生命科学领域的近 6 000 种期刊，收录范围包括传统生物学领域（如植物学、动物学、微生物学）、生物学相关领域（如生物医学、农业、药理学、生态学、遗传学、兽医学、营养学和公共卫生学）以及跨学科领域（如内科学、生物化学、生物物理学、生物工程学和生物工艺学）。BCI 编辑团队对每篇文献做了深入加工，增加了"主要概念 MC""生物体分类 TA""基因名称 GN""疾病数据 DS""方法设备 MQ"等对文章研究内容的描述性字段。

由于 BCI 数据库并未收录 *CHEMICAL ENGINEERING PROGRESS*、*ECOLOGY*、*EMBO JOURNAL*、*MEDICAL JOURNAL OF AUSTRALIA*、*NATURE*、*NATURE REVIEWS NEPHROLOGY*、*PROCEEDINGS OF THE ROYAL SOCIETY B-BIOLOGICAL SCIENCES*、*SCIENCE* 8 种"自然指数"期刊，涉及本研究的 180 篇论文（占总论文数的 10.6%），因此，我们邀请本单位生命科学领域的专家学者对论文缺失的 BCI 描述性字段内容进行人工标注。最终，将 1 692 篇论文的 WOS 元数据与 BCI 元数据进行关联映射，形成本研究的基础数据集合。

2.2 分析方法

（1）发文趋势分析

在发文量分析方面，"自然指数"提供了 3 个计量指标，分别是文章计数（Article Count，AC），统计 68 种"自然指数"期刊收录文章的作者所属机构或国家/地区的频次总数。多个作者同属一个机构或国家的仅统计一次；分数计数（Fractional Count，FC），以每位作者同等贡献为前提，以分数计数方式统计作者所属机构或国家/地区对单篇论文的贡献；加权分数计数（Weighted Fractional Count，WFC），鉴于天文学和天体物理学等学科论文数量（基数）较大，对其期刊权重进行加权的分数计数测度。生命科学期刊不涉及 FC 值加权，因此，本研究采用 AC 和 FC 两项指标对发文情况进行测度。

（2）领域分布分析

在学科分类方面，BCI 数据库在元数据中提供了 168 个广义学科类别（MC）和 570 多个详细学科代码（CC），本研究主要是以 168 个广义学科类别为分析对象，采用学科类别共现方法对中国生命科学研究的多学科交叉情况展开研究，并利用 Pajek 软件将各学科之间的关联关系通过网络图谱的形式进行可视化展示。同时，从方法和疾病两个维度对主要领域生命科学研究的具体内容进行分析。

（3）机构贡献分析

在机构贡献分析方面，本研究首先对中国主要生命科学研究机构在"自然指数"期刊上的论文产出情况进行统计分析。其次，采用"机构 - 学科"共现分析方法揭示中国主要科研机构生命科学研究的学科领域分布情况，并通过 Pathfinder 复杂网络优化算法抽取"机构 - 学科"二模网络中的主要关联关系，进而探析各机构的比较优势学科领域。

3　研究发现

3.1　发文趋势

（1）主要国家生命科学顶尖期刊论文的产出情况

从生命科学顶尖期刊论文数量（AC 值）和贡献量（FC 值）看，2013—2017 年，美国、英国和德国一直处于世界前三位（表 2），尤其是美国的生命科学研究能力远远强于其他国家，其"自然指数"期刊论文产出数量占全球的 35% 左右，贡献量占全球的 50% 左右。2014 年中国生命科学顶尖期刊论文数量开始超越日本，位列全球第四位，随后一年其论文贡献量也上升至第四位，并保持至今。

表 2　主要国家生命科学顶尖期刊论文产出情况（近 5 年总数量前 10 位国家）

国家	2013 年		2014 年		2015 年		2016 年		2017 年	
	AC	FC	AC	FC	AC	FC	AC	FC	AC	FC
美国	10 454	8 344.94	10 100	7 877.08	9 848	7 616.7	9 381	7 152.58	9 002	6 837.17
英国	2 242	1 218.73	2 394	1 211.33	2 438	1 207.31	2 452	1 217.03	2 147	1 066.12
德国	1 981	1 035.97	2 139	1 091.02	2 103	1 036.32	2 088	1 000.44	1 943	952.13
中国	1 225	633.78	1 352	717.08	1 436	733.18	1 443	780.98	1 692	923.13
日本	1 281	828.48	1 200	748.54	1 131	664.45	1 106	662.55	983	567.87
法国	1 172	578.1	1 236	587.37	1 245	572.56	1 225	542	1 061	496.33
加拿大	1 112	573.37	1 187	610.72	1 145	578.21	1 022	510.74	996	457.68
瑞士	713	326.79	773	346.55	768	311.01	776	333.19	759	315.69
澳大利亚	681	307.87	748	334.17	750	312.94	762	310.18	697	310.26
荷兰	646	247.95	701	267.2	680	239.5	713	278.14	616	216.57

（2）主要国家生命科学顶尖期刊论文的贡献增长率变化

从主要国家生命科学顶尖期刊论文贡献量增长率来观察（图 1），中国是

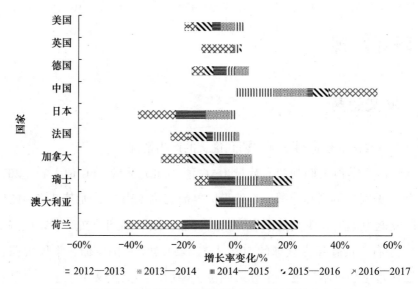

图 1　主要国家生命科学顶尖期刊论文贡献量增长率变化（%）

唯一保持逐年增长的国家，年均增速接近10%，尤其是2017年中国"自然指数"期刊论文贡献量增长了18.2%，达到近5年来的增速峰值，这也从一个侧面表明中国生命科学研究能力在持续提升。相反，美国的"自然指数"生命科学期刊论文贡献量在逐年萎缩，年均下降速度为4.3%。日本生命科学顶尖期刊论文贡献量也呈现逐年下降的趋势，年均降速达到10.4%。此外，德国、法国、加拿大、澳大利亚的论文贡献量自2014年以来也在逐年减少，而英国、瑞士、荷兰则出现波动下降的趋势。

3.2 领域分布

（1）中国生命科学研究的多学科分布情况

对1 692篇论文所属学科的共现关系聚类结果显示（图2），2017年中国科学家发表的生命科学顶尖期刊论文主要聚合为5个学科类团。类团一是分子遗传学，涉及745篇论文，占总论文数的44.0%。遗传学是生命科学的重要基础学科，分子遗传学是在分子水平上研究生物遗传和变异机制的遗传学分支学科。目前，中国分子遗传学研究已经渗入到许多相关学科领域，与其交叉较多的学科包括：肿瘤生物学（105篇，占6.2%）、免疫系统（78篇，占4.6%）和生殖系统（47篇，占2.%）。

类团二是生物化学与分子生物物理学，涉及477篇论文，占总论文数的28.2%。生物化学和分子生物物理学是用化学和物理学的方法研究分子水平上的生物学问题。在2017年中国科学家的生命科学研究中，与生物化学与分子生物物理学交叉较多的学科包括：酶学（83篇，占4.9%）、神经系统（69篇，占4.1%）和细胞生物学（32篇，占1.9%）。

类团三是医学，涉及195篇论文，占总论文数的11.5%。该类团包括了25个医学子学科领域，其中，肿瘤学研究（94篇，占5.6%）在中国科学家的医学研究中占据首要位置，其与分子遗传学的交叉研究也相对较多，其次是神经病学研究（45篇，占2.7%）。

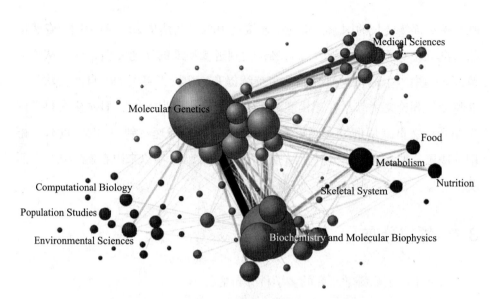

图 2　中国生命科学研究的多学科交叉格局

注：数据标准化方法 LinLog/modularity；聚类算法 VOS；网络布局算法 Kamada-Kawai。

类团四是新陈代谢、食品科学和营养科学，涉及 121 篇论文，占总论文数的 7.2%。其中新陈代谢研究（101 篇，占 6.0%）是本类团最大的节点，其与食品科学、营养科学和骨骼系统都存在学科共现关系，形成了一定数量的交叉学科研究。此外，本类团中新陈代谢与分子遗传学、生物化学与分子生物物理学的学科交叉渗透较多，分别涉及 48 篇和 29 篇论文。

类团五是计算生物学、环境科学和群体研究，涉及 119 篇论文，占总论文数的 7.0%。其中，计算生物学研究（41 篇，占 2.4%）主要集中在模型与仿真领域（25 篇，占 1.5%）。环境科学研究（49 篇，占 2.9%）主要集中在陆地生态学（21 篇，占 1.2%）和气候学（14 篇，占 0.8%）领域。群体研究（41 篇，占 2.4%）则主要集中在群体遗传学领域（26 篇，占 1.5%）。此外，本类团中群体研究与分子遗传学的交叉融合相对较多，涉及 15 篇论文。

（2）中国生命科学研究的内容分析

从研究方法（方法技术）角度来看，在实验室技术领域，涉及 740 篇论文，占 43.7%。遗传学技术（435 篇，占 25.7%）是分子遗传学研究的常用技术，其中，CRISPR/Cas9 基因组编辑技术和 RNA-Seq 测序技术近年来在中国科学家的研究中得到快速应用。此外，成像与显微技术（62 篇，占 3.7%）和光谱分析技术（43 篇，占 2.5%）在医学和生物化学与分子生物物理学领域应用较多。在临床技术领域，涉及 140 篇论文，总 8.3%，主要包括治疗和预防技术（89 篇，占 5.3%）和诊断技术（44 篇，占 2.6%）两大类。在数学与计算机技术领域，涉及 78 篇论文，占 4.6%，其主要在计算生物学领域得到广泛使用。

从研究对象（疾病类别）角度来看，肿瘤病（255 篇，占 15.1%）和癌症（209 篇，占 12.4%）受到中国科学家的关注最多，其次是神经系统疾病（168 篇，占 9.9%）、代谢病（98 篇，占 5.8%）和消化系统疾病（88 篇，占 5.2%）。以上疾病都是医学、分子遗传学、生物化学与分子生物物理学、肿瘤生物学等学科的重要研究内容，此外，也有中国科学家从营养科学、群体研究、神经系统、免疫系统等学科视角开展了高质量的研究工作。

3.3 机构贡献

（1）中国主要生命科学研究机构的顶尖期刊论文产出情况

从近 5 年中国主要科研机构的生命科学顶尖研究论文产出来看（表 3），中国科学院及其直属单位（中国科学院大学和中国科学技术大学）是中国生命科学研究的主力军，汇聚了中国生命科学的优势科研力量。北京大学一直处于中国高校生命科学研究的领军位置，曾入选 2016 年 QS 世界大学生命科学专业排名前 50，其在顶尖期刊的论文产出量和贡献量都明显高于其他国内高校。清华大学、上海交通大学、复旦大学、浙江大学和中山大学在生命科学研究领域也表现出了较强的顶尖期刊论文产出力。此外，中国医学科学院与北京协和医学院形成院校一体，是中国唯一国家级医学科学学术中心和综合性医学科学研究机构，也在生命科学顶尖期刊论文产出排名上位居前列。

表3　中国主要科研机构的生命科学顶尖期刊论文产出（近5年总数量前10位机构）

机构	2013年		2014年		2015年		2016年		2017年	
	AC	FC	AC	FC	AC	FC	AC	FC	AC	FC
中国科学院	349	147.78	411	152.51	442	156.12	476	178.43	518	162.41
北京大学	106	39.37	135	46.78	145	46.35	129	51.58	178	72.45
中国科学院大学	57	8.36	92	14.74	85	12.85	142	20.81	183	30.24
清华大学	77	30.24	86	29.95	122	42.91	118	45.87	149	45.23
上海交通大学	93	20.50	89	27.26	94	18.47	91	24.21	125	35.09
复旦大学	64	21.72	89	18.03	105	33.47	107	24.37	121	36.56
浙江大学	54	16.53	73	22.96	88	20.79	96	29.44	114	36.19
中山大学	47	11.21	58	21.39	68	23.24	78	19.80	73	19.39
中国医学科学院	59	13.44	63	18.72	60	12.18	59	12.67	60	12.57
中国科学技术大学	47	19.07	44	19.67	62	13.32	45	7.6	69	18.79

注：未统计军队系统的相关科研机构。

从中国主要科研机构的生命科学顶尖期刊论文贡献量增长率来观察（图3），近5年来中国科学院的论文贡献量增长率波动幅度相对较小，年均增长率为2.4%，但2017年的贡献量下降了9.0%。其直属单位中国科学院大学则表现出较强的发展态势，生命科学顶尖期刊论文贡献量年均增长率达到37.9%；直属单位中国科学技术大学也在恢复性增长，尤其是2017年其"自然指数"生命科学期刊论文贡献量增长了147.2%。北京大学和清华大学的顶尖期刊论文贡献量基本保持了增长态势，年均增长率分别为16.5%和10.6%。上海交通大学和浙江大学也表现出较强的论文贡献量增长势头，尤其是近2年持续增长，增速分别达到37.8%和31.9%。复旦大学论文贡献量出现较为波动性增长趋势，而中山大学和中国医学科学院论文贡献量则表现出波动性下降趋势，特别是中山大学近2年顶尖期刊论文贡献量分别下降了14.8%和2.1%。

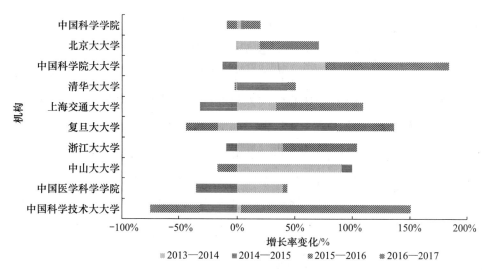

图3　中国主要科研机构生命科学顶尖期刊论文贡献量增长率变化

（2）中国主要生命科学研究机构的贡献领域

从中国主要生命科学研究机构的贡献领域分析来看（图4），10家科研机构发表的生命科学顶级期刊论文涉及140个学科类别，占学科类别总量的

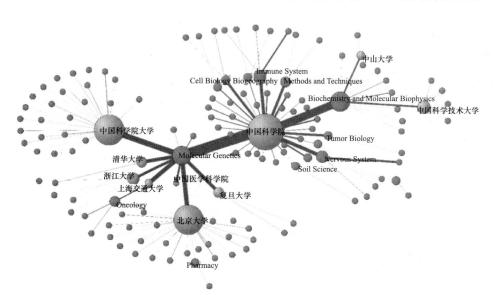

图4　中国主要科研机构生命科学研究的领域分布

注：网络优化方法选择 MST-Pathfinder Network Scaling 算法。[7]

83.3%。通过 Pathfinder 复杂网络优化算法对"机构 - 学科"二模网络的主要关联关系抽取，发现各机构的比较优势学科主要表现在：中国科学院的细胞生物学、肿瘤生物学、生物地理学、免疫系统、神经系统等 35 个学科，占学科类别总量的 20.8%；中国科学院大学的群体遗传学、营养科学、生态学、计算生物学的模拟与仿真等 25 个学科，占学科类别总量的 14.9%；北京大学的化学、神经病学、肠胃病学、陆地生态学等 24 个学科，占学科类别总量的 14.3%；上海交通大学的肿瘤学；清华大学的生物同步性；复旦大学的牙医学、泌尿系统；浙江大学的生物能学、眼科学、言语病理学；中山大学的生物医学工程；中国科学技术大学的流行病学、病毒学、真菌学、产科学。

4 结论与讨论

国际顶级期刊发文是卓越研究和科研机构贡献的重要评价指标之一，本研究以"自然指数"期刊论文为分析对象，对中国生命科学领域开展跟踪研究，从发文趋势、领域分布、机构贡献 3 个方面揭示中国生命科学研究的发展动态，研究结果表明：①中国生命科学研究能力在持续提升，主要科技发达国家顶尖论文产出力在下降。其中，美国和日本的生命科学顶尖期刊论文贡献量都呈现逐年下降的趋势。德国、法国、加拿大、澳大利亚的论文贡献量自 2014 年以来也在逐年减少，而英国、瑞士、荷兰则出现波动下降的趋势。②中国生命科学研究形成"会聚"式发展，学科多点突破、交叉融合的趋势。在生命科学研究的技术方法上，CRISPR/Cas9 和 RNA-Seq 等前沿技术得到快速应用。此外，中国科学家从多个学科视角对肿瘤病、癌症、神经系统疾病、代谢病、消化系统疾病等人类面临的主要健康问题开展了高质量科学研究。③中国科学院及其直属单位集中了中国生命科学的优势科研力量，其生命科学相关的优势学科数量也远远超过国内其他科研机构。另外，北京大学的生命科学研究在国内高校处于领军位置，在 24 个学科领域形成研究优势。同时，国内其他高校科研团队也在不断成长，在个别学科领域上形成了各自的比较优势。

此外，目前中国生命科学研究发展也存在的一些问题有待进一步解决：第一，我国生命科学顶尖期刊论文的贡献量在持续增长，但以中国学者为第一作者或通讯作者的论文数量不多，中国科学家主导的高质量国际合作研究不足。第二，中国科学家对前沿技术的应用研究较多，但在生物技术研发方面相对薄弱，原发性技术创新缺乏。第三，高校作为科技创新的重要主体之一，在生命科学领域的贡献度偏弱，国际顶尖期刊论文产出的波动幅度较大。当前，世界各国已在生命科学领域进行全面战略规划与布局，中国科学家也应适时开展高质量的国际合作研究，加强生命科学领域的全学科创新布局，破除不同学科背景、基础研究和临床研究、实验室研究和企业研发的研究群体间的合作障碍，使中国的科学家和技术人才各尽其能，打造生命科学领域的创新链。

参考文献

［1］ Pavitt K. Innovation processes [A]. In Fagerberg J, Mowery DC, Nelson R, editors, The Oxford Handbook of Innovation [M],. Oxford: Oxford University Press, 2005: 56-85.

［2］ 张玉华，潘云涛. 科技论文影响力相关因素研究 [J]. 编辑学报，2007, 19(2): 81-84.

［3］ Kaneiwa K, Adachi J, Masuda T, et al. A comparison between the journal of nature and science［J］. Scientometrics, 1988, 13(3-4): 125-133.

［4］ 周海花，华薇娜. 从世界顶级学术期刊看中国科研竞争力——中国学者《自然》和《科学》发文分析 [J]. 情报杂志，2012, 31(6): 91-96.

［5］ 赵蓉英，全薇. 中国学者在世界顶级期刊的发文分析——基于 2000—2015 年 Cell、Nature 和 Science 的载文统计分析 [J]. 情报杂志，2016, 35(10): 95-99.

［6］ 华萌，陈仕吉，周群，等. 多学科期刊论文学科划分方法研究 [J]. 情报杂志，2015, 34(5): 76-80.

［7］ Quirin A, Guerrero-Bote V P. A quick MST-based algorithm to obtain Pathfinder networks (∞, n,-1) [J]. Journal of the Association for Information Science & Technology, 2008, 59(12): 1912-1924.

致谢：本文作者感谢中国农业大学生物学院院长巩志忠教授提供的论文选题思路。

从 SCI 期刊论文看中国生物技术领域的科研合作特征

赵 勇 李 冬

（中国农业大学图书馆情报研究中心）

摘要：生物技术是当今国际科技发展的主要推动力，生物产业已成为国际竞争的焦点。21 世纪以来，生物技术及产业发展被提升至国家战略，"注重区域合作、加速区域协同发展"成为许多国家抢占生物技术制高点的相同战略举措。本文以生物技术领域 SCI 期刊论文为分析对象，综合采用文献计量学和统计学方法，从合作网络、合作模式、合作强度和合作领域四个维度呈现了中国生物技术领域的科研合作特征，旨在为科研机构选择潜在科研合作伙伴及合作领域提供参考，以此促进我国生物技术领域科研合作的深化发展。

关键词：SCI 期刊论文；中国；生物技术；科研合作；特征

1 引言

生命科学和生物技术的持续创新和重大突破是 21 世纪科学技术发展的鲜明标志，正在成为新时期科技革命的重要推动力，由其引领和孕育的生物经济正在引起全球经济格局的深刻变化和利益结构的重大调整。以美国为代表的生物技术发达国家在这场变革中已经占据了巨大优势。2013 年美国、欧洲、加拿大和澳大利亚等地区生物技术公司收入约为 988 亿美元，较上一年度增长了 10%[1]。近年来，中国在生物产业领域也表现出了强劲的发展力，目前中国生物产业产值保持 20% 以上的年增长率，2014 年达到 3.16 万亿元，占

GDP 的 4.63%[2]。

健康、农业、食品、自然资源、环境、工业生产是生物技术的主要应用领域[3]。正是看到生物技术在保障粮食安全、提高公众健康水平、促进经济发展、缓解能源短缺压力、改善生态环境、维护国家安全中已经显现和正在孕育的巨大潜力，越来越多的国家将生物技术及产业发展提升为国家战略。尽管因财政投入、产业规模及科技基础等不同，各国生物技术和产业发展水平差异显著，但"注重区域合作、加速区域协同发展"都成为许多国家抢占生物技术制高点的相同战略举措[4]。

21 世纪以来，中国提出了"以全球视野推进国家创新能力建设，充分利用全球科技资源，努力扩大国家科技对外影响"的科技发展新思路，同时将生物产业列为国家重点培育和发展的战略性新兴产业之一。随着这种"以合作促发展"的国家科技战略的推进和落实，未来我国生物技术领域科研合作的空间将会不断扩展，科研合作的主题内容也将更加广泛。因此，深度调研我国生物技术领域的科研合作状况，有利于了解本学科领域科研合作的模式特征、发展趋势和主题范围，同时也有助于在已有的合作关系和合作主题中寻找新的、潜在的科研合作伙伴及研究方向。

合著论文是科研合作的重要成果之一，同时也是研究科研合作活动规律的重要素材。Costa、Martinez、Payumo 等多个国外学者曾基于 Thomson Reuters 的 Web of Science 数据库或 Elsevier 的 Scopus 数据库收录的国际期刊论文对其所在国家或地区的国际间生物技术领域科研合作情况进行了文献计量学分析[5-7]。温珂等中国学者则采用文献分析和实地访谈的方法对健康生物技术领域中印、中泰国际合作进行了研究[8]。由于在文献数据库中作者所属机构名称的撰写形式并不规范，数据清洗难度较大，所以多数学者仅是从宏观的国家层面来分析学科领域内的科研合作情况，而对中观的机构层面研究较少。此外，已有研究对科研合作的主题领域分析关注不多。本文利用文献计量学方法，以 SCI 期刊收录论文为分析对象，在数据清洗的基础上，从中观的机构层面分析了中国在生物技术领域的科研合作特征，包括：科研合作网络、科研合作模式、科研合作强度和科研合作领域 4 个方面，以期多维度呈现本学科领域内的科研合作图景，为科研机构选择潜在科研合作伙伴及合作领域提供参考，以此促进我国生物技术领域科研合作的深化发展。

2 研究设计

2.1 数据获取

本文参考了 Martinez 等[6] 的研究，选择 Thomson Reuters 的 Web of Science 数据库，以学科分类"Biotechnology and Applied Microbiology"作为生物技术论文的检索条件。论文发表时间设置为 1991—2014 年，所属国家为"Peoples R China"，文献类型为 Article，收录期刊类型为 SCI。累计检索到论文 35 609 篇。

2.2 数据准备

机构名称消歧（Institution Name Disambiguation）是保证科研合作研究准确性的关键技术环节，已经受到许多国内外学者的关注[9-11]。本研究采用规则和统计相结合的方法，通过对 Web of Science 文献记录的地址字段分割、机构名称提取、名称相似度判别等流程，累计处理地址字段数据 104 255 条，经过计算机系统规范后，获得机构名称数据 9 482 条。此外，对于机构名称中存在的名称变更（如 Jiangnan University 的前身是 Wuxi Univ Light Ind）、名称简写（如 Chinese Acad Sci 简写为 CAS）、名称异写（如 Peking Univ 与 Beijing Univ）等现象也进行了一致化处理。

2.3 数据分析

本研究将论文发表年份划分为 3 个阶段（1991—2000；2001—2010；2011—

2014），综合利用文献计量学和统计学方法，进行了以下几方面的分析：

（1）论文产出指标

论文产出测度采用复合年增长率（Compound Annual Growth Rate，CAGR），公式 1 中，$V(t_0)$ 为起始值，$V(t_n)$ 为终止值，t_n-t_0 为年份间隔。

$$\mathrm{CAGR}(t_0,t_n) = \left(\frac{V(t_0)}{V(t_n)}\right)^{\frac{1}{t_n-t_0}} - 1 \tag{1}$$

（2）科研合作网络

根据 Burt 提出的"结构洞"理论[12]，网络中起到桥接作用的节点具有强的资源优势。因此，在科研合作网络中，中间中心度值（Betweenness Centrality）较高的科研机构具有较强的科技资源动员能力。为了发现科研合作中处于资源优势地位的机构，本研究选择了社会网络分析方法，绘制了生物技术领域的中国学术机构科研合作网络图谱，同时按照中间中心度值大小对网络节点进行了排序。

（3）科研合作模式

科研合作模式存在多种划分方式。本研究采用荷兰莱顿大学科学与技术中心[13]提出的"独立完成（No Collaboration）、国内合作（National Collaboration）及国际合作（International Collaboration）"3 种形式。其中，独立完成论文是指论文由被分析机构独立撰写；国内合作论文是指论文至少由 2 所国内机构合作完成，且其中之一为被分析机构；国际合作论文是指论文由被分析机构和至少 1 所国外机构合作完成。

（4）科研合作强度

目前，测度科研合作强度的常用指标[14]主要有：合作指数（Collaborative Index）、合作度（Degree of Collaboration）、合作系数（Collaborative Coefficient）、修正合作系数（Modified Collaborative Coefficient）。根据 Chien 等[15]的研究表明，合作度和修正合作系数更适合于文献计量学研究。因此，本研究采用修正合作系数（MCC）测度科研合作强度。公式 2 中，f_j 表示文献集合中拥有 j 个机构数的论文数，A 表示文献集合中单篇文献所含的最大机构数量，N 表示文献集合中的论文总数。

$$\text{MCC} = \frac{A}{A-1}\left[1 - \frac{\sum_{j=1}^{A}\left(\frac{1}{j}\right)f_j}{N}\right] \tag{2}$$

（5）科研合作领域

在学科领域划分上，本研究选择了 Thomson Reuters 的"期刊引文报告（Journal Citation Reports，JCR）"中的学科分类标准。2011 年 8 月，Thomson Reuters 启用了新的学科分类体系，将 SCI 和 SSCI 收录的期刊划分为 225 个学科类别，科学论文的所属学科依从于其被收录期刊的学科分类。同时，部分期刊也会拥有多个学科类别。

本研究将期刊中与"Biotechnology & Applied Microbiology"共现的学科类别作为与生物技术研究的相关领域。本研究采用了科学层叠图[16]（Science Overlay Map）来展示生物技术研究相关学科领域的布局情况，其方法主要是利用 JCR 学科分类标准，通过不同学科期刊间的引用关系聚类，参考因子分析结果，绘制成由 19 个大学科门类和 225 个学科类别组成的科学图谱，见图 1。

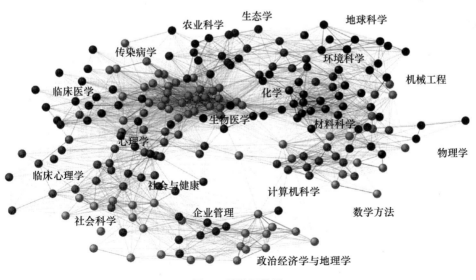

图 1　科学层叠图

3 结果分析

3.1 总体情况

1991—2014 年，中国生物技术领域 SCI 期刊论文数量呈现逐年递增的趋势，年平均值为 1 485 篇（图 2）。如表 1 所示，在论文产出量上，中国科学院处于绝对领先位置，而浙江大学是生物技术领域发表 SCI 期刊论文最多的中国高校；在论文发表年段分布上，1991—2000 年期间论文产出量很低。2001 年起论文产出量开始快速攀升，这与中国整体国际期刊论文发表数量的变化趋势相一致。2011 年以来的 4 年里，中国生物技术 SCI 期刊论文年产量均保持在高位运行；在论文增长率上，上海交通大学、江南大学和中国农业大学的论文数量年增长率都在 30% 以上。近 4 年，复旦大学、江南大学、山东大学和华东科技大学的年增长率明显高于其他科研机构，而清华大学和上海交通大学的论文数量增长率出现了减缓的趋向。

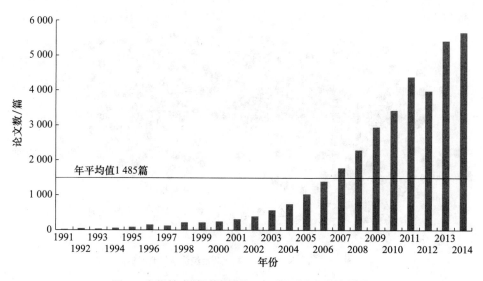

图 2　生物技术领域我国的 SCI 期刊论文发表情况

表 1　生物技术领域中国学术机构 SCI 期刊论文发表情况（Top 10）

排名	机构	论文产出量 / 篇				增长率	
		全年份	1991—2000 年	2001—2010 年	2011—2014 年	$G_{全年份}$	$G_{近4年}$
1	中国科学院	5 035	189	2 369	2 477	22.1%	5.9%
2	浙江大学	2 039	26	988	1 025	23.9%	2.0%
3	清华大学	1 091	55	575	461	23.6%	−2.1%
4	上海交通大学	1 082	2	498	582	36.1%	−0.2%
5	中国农业科学院	1 020	22	407	591	25.2%	3.2%
6	华东理工大学	1 006	62	503	441	23.8%	12.0%
7	中国农业大学	975	9	470	496	31.1%	4.0%
8	江南大学	876	25	218	633	31.9%	18.3%
9	山东大学	792	43	349	400	20.4%	15.6%
10	复旦大学	774	36	394	344	15.6%	28.5%

3.2　科研合作网络

本研究利用社会网络分析方法对发表论文数量排名前 100 位机构的科研合作情况进行了分析，100 家机构形成的科研合作网络密度为 0.858，表明在生物技术领域高发文量的科研机构之间存在较强的科研合作关系。如图 3 所示，中国科学院（2.91）、清华大学（2.90）、浙江大学（2.67）和复旦大学（2.45）在科研合作网络中的中间中心度值较高，是支撑整个科研合作网络的核心机构。此外，美国哈佛大学（1.88）、丹麦哥本哈根大学（1.76）和日本东京大学（1.59）是科研合作网络中中间中心度值较高的国外机构，说明这些高校在中国生物技术领域的国际科研合作中起到了至关重要的桥接作用。

3.3　科研合作模式

为发现中国学术机构在生物技术领域科研合作的模式特征，从中国学术

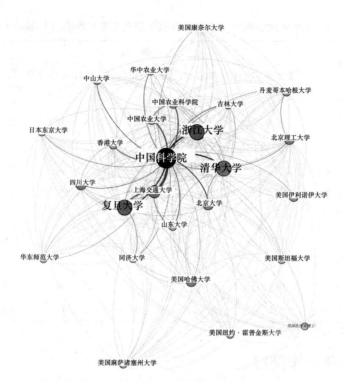

图 3　生物技术领域中国学术机构的科研合作网络

网络设置参数及算法：科研合著数大于 10 篇；以发文量作为节点大小的取值，中间中心度值作为节点染色深浅度的取值，合著论文数量作为节点间连线粗细的取值。

利用 Force Atlas 算法进行网络布局。

机构整体以及部分个体出发，分析了科研合作模式的年代变化情况。首先将 35 609 篇论文按照合作模式进行划分，并分别计算全部整体，以及在合作网络中表现突出的中国科学院、浙江大学、清华大学、复旦大学和中国农业大学等五家机构，在不同模式下发表的论文数量随年代的累计百分比，结果见图 4。

根据图 4 所示，从整体上看，生物技术领域中国学术机构发表的 SCI 期刊论文多数以独立完成为主（占 41.3%），其次是国内合作研究（占 35.1%），国际合作研究比例相对较低（占 23.6%）。从时序上看，独立完成模式在逐步下降，国内合作在稳步上升，而国际合作趋于平缓。从个体上看，由于

从 SCI 期刊论文看中国生物技术领域的科研合作特征

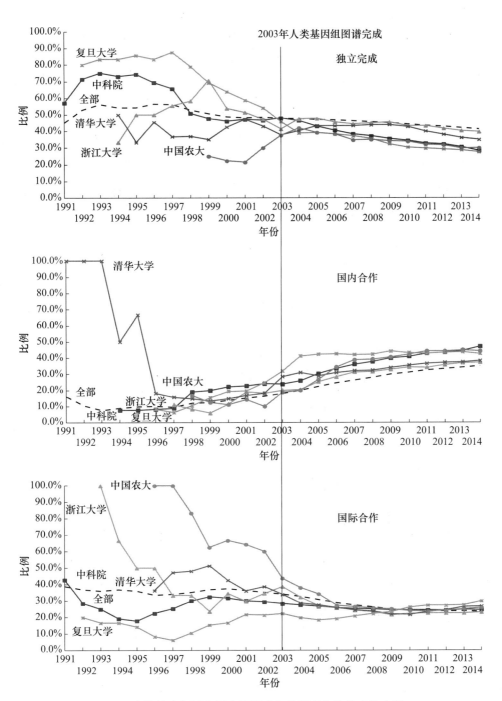

图 4　生物技术领域中国主要学术机构科研合作模式的走势

1991—2000 年间机构发文量较低，使得合作模式曲线变化幅度较大。2003 年，人类基因组图谱的绘制完成标志着生物技术进入一个新的时代。所以，从 2003 年之后，个体机构的合作模式曲线变化趋于一致。在国内合作模式上，中国科学院（47.1%）、中国农业大学（44.2%）和复旦大学（42.6%）所占比例较高。在国际合作模式方面，复旦大学（29.8%）、清华大学（26.8%）和中国农业大学（25.8%）表现突出。综合来看，中国学术机构在生物技术领域的科研合作表现出"以国内合作为主，国际合作为辅"的格局，也说明中国在生物技术领域的国际合作仍有待进一步加强。

3.4 科研合作强度

根据科研合作强度计算方法，分别计算全部整体和部分个体在不同合作模式下科研合作强度的年代变化情况，结果见图 5。总体上看，国内合作与国际合作强度分布规律相似，都随时间推移，科研合作强度均在提高。具体来看，从第一时段到第二时段，国内合作和国际合作强度均在大幅度提升；但在第三时段里，复旦大学和中国农业大学的国内合作强度出现下降。浙江大学的国际合作强度开始趋缓，而复旦大学的国际合作强度仍在持续上升，表明复旦大学具有较为明显的科研国际化发展趋势。

表 2 是 5 所中国学术机构在生物技术领域的具体科研合作情况，每种科研合作模式下选取排名前五位的合作机构，带星号机构是在 2015 年 QS 的世界大学生物科学领域排名位居前五十的世界一流高校。从表 2 中可以发现，在国内合作上，浙江大学和复旦大学呈现出较为明显的地域合作格局，其主要国内合作对象多数集中在本机构所在的地区，而地处首都北京的 3 家学术机构的国内合作伙伴分布区域相对较广。在国际合作上，5 所中国学术机构均与生物科学领域世界一流高校建立起了科研合作关系，这有利于国内机构紧跟世界最前沿的生物技术发展动态，不断挖掘本机构的科研潜力和提升自身的国际竞争力。

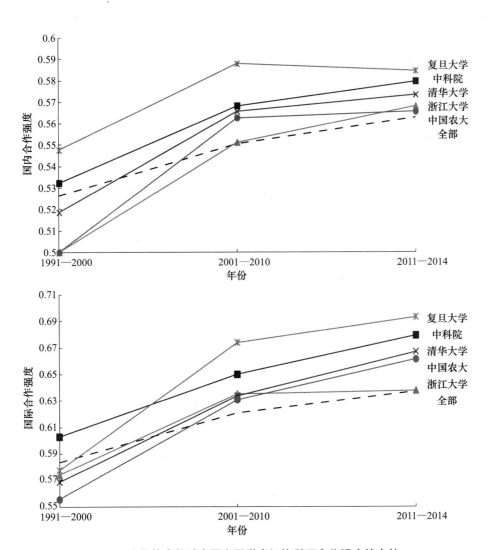

图 5　生物技术领域中国主要学术机构科研合作强度的走势

表 2　生物技术领域中国主要学术机构的科研合作情况

机构	主要国内合作机构（数量；占比）	主要国外合作机构①（数量；占比②）
中国 科学院	上海交通大学（109 篇；4.6%） 华东理工大学（77 篇；3.2%） 浙江大学（64 篇；2.7%） 清华大学（55 篇；2.3%）	澳大利亚伏莱德大学（31 篇；2.5%） 荷兰瓦赫宁根大学（29 篇；2.3%） 美国加州大学伯克利分校*（21 篇； 1.7%）

续表 2

机构	主要国内合作机构（数量；占比）	主要国外合作机构①（数量；占比②）
中国科学院	中国科学技术大学（54 篇；2.3%）	美国明尼苏达大学（21 篇；1.7%） 日本东京大学*（20 篇；1.6%）
浙江大学	中国科学院（64 篇；8.4%） 浙江工业大学（41 篇；5.4%） 杭州师范大学（30 篇；3.9%） 浙江农业科学院（30 篇；3.9%） 浙江理工大学（28 篇；3.7%）	美国华盛顿大学*（17 篇；3.7%） 瑞典医学中心（12 篇；2.6%） 美国佛罗里达大学（12 篇；2.6%） 美国宾夕法尼亚州立大学（10 篇；2.2%） 美国阿肯色大学（9 篇；1.9%）
清华大学	中国科学院（55 篇；13.2%） 汕头大学（29 篇；6.9%） 北京大学（23 篇；5.5%） 中国农业科学院（16 篇；3.8%） 吉林大学（13 篇；3.1%）	美国南加利福尼亚大学（18 篇；6.3%） 日本东京工业大学（16 篇；5.6%） 韩国成均馆大学（14 篇；4.9%） 美国加州大学伯克利分校*（14 篇；4.9%） 英国牛津大学*（10 篇；3.5%）
复旦大学	上海交通大学（74 篇；22.5%） 中国科学院（41 篇；12.5%） 同济大学（17 篇；5.2%） 四川大学（10 篇；3.0%） 中国农业大学（9 篇；2.7%）	美国宾夕法尼亚州立大学（10 篇；4.4%） 美国哈佛大学*（9 篇；3.9%） 日本筑波大学（8 篇；3.5%） 英国华威大学（7 篇；3.1%） 美国埃默里大学（6 篇；2.6%）
中国农业大学	中国农业科学院（72 篇；16.8%） 中国科学院（53 篇；12.4%） 香港中文大学（41 篇；9.6%） 清华大学（11 篇；2.6%） 西北农林科技大学（10 篇；2.3%）	荷兰瓦赫宁根大学（9 篇；3.6%） 日本东京大学*（9 篇；3.6%） 日本筑波大学（8 篇；3.2%） 美国伊利诺伊大学（8 篇；3.2%） 美国康奈尔大学*（7 篇；2.8%）

注：①带星号机构为 2015 年 QS 世界大学生物科学领域排名前 50 位的高校。②占本机构国际合作论文总数的比例。

3.5　科研合作领域

根据图 6 所示，生物技术科研合作领域"从扩展向聚焦"发展，生物技术研究从第一时间段内涉及的四大门类 40 个学科类别扩展到第二时间段内的 6 大门类 46 个学科类别，在第 3 个时间段内 46 个学科领域内的发文量开始逐渐增多。从科研合作模式上来看，国内科研合作主要集中在 13 个学科类别内，包括材料科学 / 生物材料、农业 / 制奶业 / 动物科学、环境科学、工程学 / 生物医学、高分子科学、生物物理学、电化学、材料科学 / 跨学科、化学 / 分析、纳米科学和纳米技术、化学 / 跨学科、免疫学、工程学 / 化学，并且这些学科领域的国内合作论文数量是国际合作论文的两倍以上。而在计算机科学 / 跨学科应用、统计学和概率、数学和计算生物学 3 个学科类别内的国际合作发

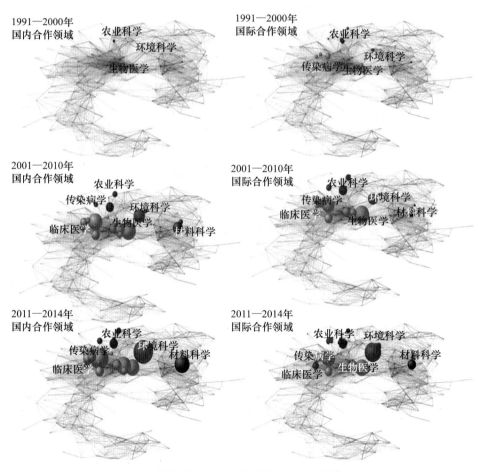

图 6 中国学术机构生物技术科研合作领域的变化

文量远远多于国内合作。以上结果表明，中国学术机构的生物技术科研合作领域较为广泛，但在多数学科类别内都呈现了"内主外辅"的科研合作格局，而在生物信息学相关学科内，中国学术机构的科研合作则以国际合作为主。

进一步分析中国学术机构与世界一流高校的合作，可以看出合作领域涉及农业工程、血液学、肿瘤学和药剂学等 19 个学科类别。同时，在生化研究方法、数学和计算生物学方面合作研究较为集中，见表 3。

表 3　生物技术领域中国学术机构与世界一流高校的科研合作情况

科研合作关系	科研合作学科类别
中国科学院—美国加州大学伯克利分校	农业工程、能源和燃料、遗传学和遗传、**生化研究方法**、**数学和计算生物学**、微生物学、计算机科学 / 跨学科应用、统计学和概率、病毒学、植物科学
中国科学院—日本东京大学	**生化研究方法**、**数学和计算生物学**、计算机科学 / 跨学科应用、统计学和概率、病毒学、生物化学和分子生物学、食品科学和技术、植物科学、遗传学和遗传、细胞和组织工程学、肿瘤学、细胞生物学、血液学
浙江大学—美国华盛顿大学	遗传学和遗传、生物化学和分子生物学；**生化研究方法**、**数学和计算生物学**
清华大学—英国牛津大学	**生化研究方法**、计算机科学 / 跨学科应用、**数学和计算生物学**、统计学和概率、生物化学和分子生物学、病毒学
复旦大学—美国哈佛大学	遗传学和遗传、肿瘤学、细胞和组织工程学、细胞生物学、血液学、药理学和药剂学、医学 / 研究 / 试验、生物化学和分子生物学、**生化研究方法**、计算机科学 / 跨学科应用、**数学和计算生物学**、统计学和概率
中国农业大学—日本东京大学	农业工程、能源和燃料、食品科学和技术、生物化学和分子生物学、微生物学
中国农业大学—美国康奈尔大学	遗传学和遗传、**生化研究方法**、生物化学和分子生物学、昆虫学、**数学和计算生物学**、植物科学

4 结论

通过对 SCI 期刊论文的文献计量分析，本研究发现中国学术机构在生物技术领域的科研合作特征表现如下：一是中国科学院、清华大学、浙江大学和复旦大学是支撑中国生物技术领域科研合作网络的核心机构。美国哈佛大学、丹麦哥本哈根大学和日本东京大学在国际科研合作网络中的表现较为活跃。二是中国学术机构在生物技术领域的科研合作表现出"以国内合作为主，国际合作为辅"的格局。三是中国学术机构整体上在生物技术领域的科研合作强度在不断提高，其中复旦大学的科研国际化趋势较为明显。四是中国学术机构的科研合作领域较为广泛，但在多数学科类别内都是以国内合作为主，而在生物信息学相关学科内则以国际合作为主。同时，中国学术机构在医学、资源、农业等领域与世界一流高校已经建立起良好的合作关系。

当前，在"以合作促发展"的国家科技战略下，中国学术机构应加强在生物技术领域的科研合作，在已有的科研合作网络内寻找新的、潜在的科研合作伙伴，通过国内合作与国际合作并驾齐驱的方式拓展机构的科研合作空间。同时，积极构建与世界一流高校之间的科研合作关系，逐步缩小我国与生物技术发达国家之间的实力差距，为国家科技战略的实施提供有力支撑。

参考文献

[1] Glen T Giovannetti. Biotechnology Industry Report 2014 [R]. London: EYGM Limited, 2014.

[2] 2015 年国际生物经济大会举行 [N]. 人民日报 , 2015-7-25.

[3] OECD. Key biotechnology indicators-percentage of dedicated biotechnology firms by application [EB/OL]. http://www.oecd.org/sti/biotech/keybiotechnologyindicators.htm, 2015-9-8.

［4］ 国外生物技术与产业发展专题报告 [R]. 北京 : 科技部中国生物技术发展中心 , 2008.

［5］ Gomez Costa, B. M., Silva Pedro, E., & Ribeiro de Macedo, G. Scientific collaboration in biotechnology: The case of the northeast region in Brazil [J]. Scientometrics, 2013,95: 571-592.

［6］ H. Martinez, A. Jaime, J. Camacho. Biotechnology profile analysis in Colombia [J]. Scientometrics, 2014, 101: 1789-1804.

［7］ Jane G. Payumo, Taurean C Sutton. A bibliometric assessment of ASEAN collaboration in plant biotechnology [J]. Scientometrics, 2015, 103: 1043-1059.

［8］ 温珂 , 张久春 , 李乐旋 , 等 . 健康生物技术领域的南南合作调查研究——以中印、中泰国际合作研究为例 [J]. 中国科技论坛 , 2009(6): 131-135.

［9］ 杨波 , 杨军威 , 阎肃兰 . 基于规则的机构名称规范化研究 [J]. 现代图书情报技术 , 2015(6): 57-62.

［10］ Huang S, Yang B, Yan S, et al. Institution name disambiguation for research assessment [J]. Scientometrics, 2014, 99: 823-838.

［11］ Jiang Y, Zheng H T, Wang X, et al. Affiliation Disambiguation for Constructing Semantic Digital Libraries [J]. Journal of American Society for Information Science and Technology, 2011,62:1029-1041.

［12］ Burt Ronald. Structural Holes: The Social Structure of Competition [M]. Cambridge, MA: Harvard University Press, 1992.

［13］ CWTS. Annual Research Report 2007 [EB/OL]. http://www.cwts.nl/pdf/annual_research_Report_2007.pdf, 2015-10-8.

［14］ Ronald Rousseau. Comments on the modified collaborative coefficient [J]. Scientometrics, 2011, 87: 171-174.

［15］ Chien Hsiang Liao a, Hsiuju Rebecca Yen. Quantifying the degree of research collaboration: A comparative study of collaborative measures [J].Journal of Informetrics, 2012,6:27-33.

［16］ Loet Leydesdorff, Stephen Carley, Ismael Rafols. Global maps of science based on the new Web-of-Science categories [J]. Scientometrics, 2013, 94(2): 589-593.

全球主要玉米研究机构的国际学术影响力比较分析

李晨英　静发冲

（中国农业大学图书馆情报研究中心）

摘要： 玉米是最重要的农作物研究对象之一。本研究采集了 2005 年以来 WOS 数据库收录的发表的 20 302 篇关于玉米研究的学术期刊论文，采用文献计量方法，分别以国家和机构为单位，从发文量、综合影响力指标 I3、高水平论文数量以及国际合作等方面，对其国际学术影响力进行了比较。研究结果表明：①我国在玉米领域的学术研究实力已经进入世界一流。②中国农业大学、中国科学院、中国农科院等机构在发文量和综合影响力指标 I3 的表现也都位居世界一流。③我国在高水平论文方面尚有大幅度的提升空间，需要加强和其他高水平机构的合作。④未来玉米研究的竞争主要还是我国和美国之间的竞争，竞争的关键不再是数量，而是高质量的研究。⑤我国在国际合作方面还有进一步加强的必要。

关键词： 玉米；学术论文；综合影响力指标 I3；高水平论文

根据美国农业部发布的统计数据，全世界玉米产量从 2005 年的 7.14 亿吨增长至 2013 年的 9.9 亿吨。我国玉米产量也从 2005 年的 1.39 亿吨增长至 2013 年的 2.18 亿吨，产量一直位居世界第二，仅次于美国[1]。可见玉米在我国乃至全球粮食安全中占有非常重要的地位。

科学研究是推动产业发展的基础，玉米生产大国美国、中国、巴西、印度等国家同时都是玉米研究学术论文的高产国。这些国家都在玉米研究方面投入了大量的研究经费。例如：通过美国国家科学基金会 NSF 网站检索 NSF

项目发现，项目名称中含有玉米名称的项目共有 1 525 个，经费总额接近 10.3 亿美元，高于水稻（检索词：rice OR "Oryza sativa"，1 349 个项目，经费总额 9.7 亿美元）和小麦（检索词：wheat OR "Triticum aestivum"，项目数 525 个，经费总额 3.8 亿美元）的项目数以及经费总额（检索时间：2015.6.2）。检索我国自然科学基金委网站的资助项目数据库，发现项目名称中含有"玉米"的项目共有 719 项，项目经费总额超过 3 亿元人民币，从一定程度上可以说明我国政府对玉米研究的重视程度。为了考察我国科研机构和国家整体在玉米研究领域的国际学术地位，本研究以汤森路透的 WOS 数据库为基础数据源，采用文献计量法，选用了论文数量、被引频次、高水平学术论文数量及其占比、国际合作等常用科研评价指标外，又选用了一种更适用于限定在某个具体研究领域内的、新的科研影响力评价指标 I3（Integrated Impact Indicator）[2]，分别以国家和机构为单位，进行了全面的学术影响力考察。

1 研究方法

1.1 研究论文数据的获取方法

以汤森路透的 WOS 合集数据库为基础数据源，检索"题名"中含有 "corn OR maize OR mealie OR 'Zea mays'"等各种玉米名称形式的各种类型文献，命中约 7.8 万篇（检索时间：2015.6.1）。筛选出 2005 年以来发表的与农业、生物、植物、生态、资源环境等涉及 39 个 WOS 学科分类领域的重要学术论文（ARTICLE+LETTER+REVIEW）20 302 篇。

1.2 数据整理与规范化处理

考虑到每种期刊对作者、机构、国家等名称形式的标记方法略有差异，数据库生产厂家很难做到对收录所有数据要素的一致化或规范化处理，本研究在对 20 302 篇论文元数据内容完成了修正（修正书写、校正、去重、合并、删除）、整理（拼写形式一致化处理、同义词和近义词一致化处理）等步骤的规范化处理之后，才进行的文献计量指标统计和分析。

1.3　评价学术影响力的指标

本研究主要选用了论文数量、被引频次、高水平论文数量等最常用的指标，又选用了适用于专题领域综合影响力评价的新指标 I3，并辅以论文合作关系网络的计量指标来衡量和表征学术影响力。

论文数量：一个作者及其所属团体、机构或国家在某一领域产出学术论文的总量。它是考察一个团体学术影响力的基本指标之一，各种高校排行榜都将其作为评价指标之一。

被引频次：一篇论文被其他论文引用的总频次。它一般会随着数据库的数据更新而变化，因此常被限定在某个具体的数据检索时间。一个作者及其所属团体、机构或国家产出论文的总被引频次是每篇论文的被引频次的总和。

综合影响力指标 I3（Integrated Impact Indicator）：针对论文被引频次呈现的偏态分布现象，著名文献计量学家雷德斯多夫提出的采用非参数统计方法描述论文学术影响力的绝对值评价指标[3]。它是基于论文被引频次，将数据集合中论文的被引频次按百分位法划分成不同的等级，并给予每种等级以相应的权值，在综合考虑每种被引频次等级和该等级上出现的论文数量等因素的基础上，形成的新的测度指标[4]。本研究依据雷德斯多夫给出的 I3 计算工具[5]，得到数据集合中每篇论文的 I3 值，然后再按通讯作者所属国家或机构计算所有国家和机构的综合影响力指标 I3 值及其对 I3 的贡献度。

高水平论文数量：根据雷德斯多夫提供的 I3 计算工具，依据被引频次计算出 20 302 篇论文数据集合中每篇论文所在的百分位等级，位于 Top 10% 之内的论文即为高水平论文。论文按被引频次降序排列，计算得到的百分位等级值越大，其学术水平越高。

社会网络分析指标：①点度中心度：是度量网络节点中心地位的指标，它表现了节点在网络中的重要程度；②接近中心度：表达一个节点与其他节点的接近程度；③中介中心度：表现一个节点作为其他节点相关联的中介的能力；④核心度：表现一个节点在网络中的核心或边缘程度的指标，核心度高的节点一般中心度也比较高，而中心度高的节点不一定具有高的核心度。

国家或机构的计量方法：以通讯作者所属国家和机构为计量单位。通讯作者是对论文负有主要责任，并具有核心知识产权的作者。按通讯作者所属国家、机构进行计量，与按全部作者所属计量相比，能更准确地表达具有核心研究实力的国家或机构的状况。

2 以国家为单位的学术影响力比较

由于学术影响力是表征一个国家科技创新能力的重要指标之一，因此本研究首先以学术论文的通讯作者所属国家为对象，进行了国家层面的学术影响力比较。

2.1 2013 年以来我国在玉米研究领域的论文数量位居世界第一

图 1 展示的是按通讯作者所属国家统计的 2005—2014 年间发文总量 Top 10 国家的年度发文情况。10 年来美国的发文量基本保持在 450～500 篇之间。我国论文数量从 2005 年的 62 篇，猛增到 2014 年的 507 篇，是 2005 年的 8 倍多；Top 10 排位 2005 年世界第五，2006 年快速增长跃居第二，之后的 6 年中除 2008 年之外都稳居第二，2013 年超过美国，成为世界第一。但是看 2005—2014 年间的论文总量依然是美国第一（4 765 篇），我国仅有 2 706

篇，与美国相比存在很大的差距。位居第三的巴西论文数量从 2008 年开始基本保持在 150～212 篇的范围内；德国、墨西哥、印度、加拿大和西班牙、意大利等多数国家都基本维持在 50～100 篇之间。

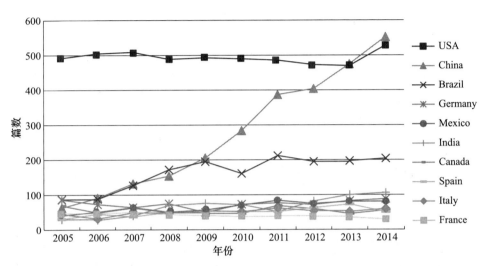

图 1　玉米研究领域论文的发文量变化趋势（Top 10 国家，2005—2014 年）

表 1 是按通讯作者所属国家统计的 2005—2014 年各年度的发文量 Top 10 国家，可以看出，除了中国、美国、巴西外较为稳定的 Top 10 成员还有印度、德国、墨西哥、加拿大、意大利等；2005—2006 年的两个年度，日本还在 Top 10 之列，2007 年后再未出现；阿根廷、尼日利亚、伊朗、巴基斯坦、波兰等未进入 2005—2014 年 10 年总量 Top 10 的国家，已经在某些年度入围 Top 10，尤其是巴基斯坦从 2011 年开始稳定 Top 10 之列，其研究实力的提升不可小觑，特别值得关注。

表 1　玉米研究领域论文的年度发文量 Top 10 国家（2005—2014 年）

2005 年	2006 年	2007 年	2008 年	2009 年	2010 年	2011 年	2012 年	2013 年	2014 年
USA	USA	USA	USA	USA	USA	USA	USA	China	China
Brazil	China	China	Brazil	China	China	China	China	USA	USA
Germany	Brazil	Brazil	China	Brazil	Brazil	Brazil	Brazil	Brazil	Brazil

续表 1

2005 年	2006 年	2007 年	2008 年	2009 年	2010 年	2011 年	2012 年	2013 年	2014 年
Canada	Germany	Germany	Germany	India	Germany	**Iran**	India	India	India
China	Mexico	Mexico	India	Mexico	India	Mexico	Mexico	Germany	Germany
France	Canada	Canada	Mexico	Italy	Mexico	Germany	Germany	Mexico	Mexico
Italy	France	France	Canada	**Turkey**	**Turkey**	Canada	**Iran**	Spain	Italy
Japan	Spain	Italy	Italy	Spain	Italy	Italy	Spain	**Pakistan**	**Pakistan**
Mexico	**Japan**	**Nigeria**	Spain	Germany	Spain	**Pakistan**	Canada	Italy	Canada
England	**Argentina**	India	**Nigeria**	Canada	Canada	India	**Pakistan**	**Poland**	**Poland**

2.2 我国论文的综合影响力指标 I3 正在逐步向美国靠近

本研究依据雷德斯多夫给出的 I3 计算工具，获得了玉米研究领域每篇论文的 I3 值，然后按通讯作者所属国家计算了国家综合影响力指标 I3，以及这些国家对 I3 的贡献度（表 2）。从表 2 可见，美国论文的学术影响力指标远远高于位居第二的我国，位居第三的巴西又远远落后于我国，从第三到第九位的差距都不大。美中两国的论文数量占据 2005—2015 年玉米研究领域论文的 40%，对综合影响力 I3 的贡献度超过了论文数量所占比例，达到了45.7%。

表 2　玉米研究领域论文的综合影响力指标 Top 10 国家（2005—2015.5）

国家	发文量	总计被引频次	国家综合影响力指标 I3	国家 I3 贡献度
USA	5 126	78 100	301 884	29.7%
China	2 973	21 903	162 891	16.0%
Brazil	1 700	6 138	57 219	5.6%
Germany	771	10 683	46 960	4.6%
Canada	579	6 400	31 284	3.1%
Spain	534	5 631	31 085	3.1%
Italy	528	6 006	30 463	3.0%

续表 2

国家	发文量	总计被引频次	国家综合影响力指标 I3	国家 I3 贡献度
Mexico	689	4 229	27 356	2.7%
France	423	6 671	26 273	2.6%
India	689	2 636	23 718	2.3%

再看这 10 个国家的每年度论文的综合影响力指标，位居首位的美国一直比较稳定，中国论文数量快速增长的同时，综合影响力指标 I3 也直逼美国（图 2），与美国的差距在逐步缩小，其他 8 个国家的综合影响力指标 I3 变化不大。

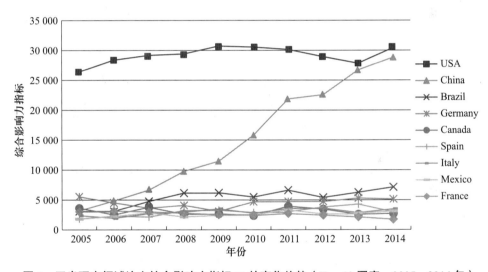

图 2　玉米研究领域论文综合影响力指标 I3 的变化趋势（Top 10 国家，2005—2014 年）

详细考察中美两国在综合影响力指标 I3 方面的差距发现，我国的论文数量从 2013 年开始超过美国，但总被引频次仍然处于追赶状态，反映到综合考虑了论文数量及其被引频次等因素的 I3 指标的差距则更大（表 3），但欣喜的是 2015 年度我国的 I3 指标有望超过美国（因为 2015 年前 5 月数据统计中，我国的 I3 指标已超过美国）。

观察年度发表论文的综合影响力指标 I3 发现，入围每年 Top 10 的国家

表3　中美两国玉米研究领域论文的综合影响力指标 I3 比较

年度	发文量			被引频次			综合影响力指标 I3		
	中国	美国	中美差距	中国	美国	中美差距	中国	美国	中美差距
2005	63	491	−428	1 324	13 559	−12 235	3 173	26 401	−23 229
2006	91	505	−414	1 704	11 889	−10 185	4 846	28 384	−23 537
2007	132	508	−376	2 092	11 211	−9 119	6 658	29 177	−22 519
2008	154	489	−335	2 859	9 661	−6 802	9 778	29 414	−19 636
2009	206	491	−285	2 957	11 419	−8 462	11 472	30 722	−19 250
2010	284	490	−206	3 221	7 619	−4 398	15 820	30 555	−14 735
2011	387	486	−99	3 169	6 045	−2 876	21 879	30 155	−8 275
2012	404	473	−69	2 362	3 776	−1 414	22 573	28 949	−6 376
2013	475	470	**5**	1 655	2 144	−489	26 703	27 834	−1 131
2014	552	526	**26**	545	756	−211	28 828	30 430	−1 601
2015.5	225	197	**28**	15	21	−6	11 159	9 864	**1 296**

注：中美差距为中国与美国之间的差值。

基本稳定，主要有美国、中国、巴西、德国、西班牙、意大利、印度、加拿大等，2006 年英国出局，2007 年日本出局，2010 年法国出局，阿根廷、伊朗、巴基斯坦和波兰都分别一度入围（表4）。

表4　玉米研究领域论文的综合影响力指标 I3 的年度 Top 10 国家（2005—2014 年）

2005 年	2006 年	2007 年	2008 年	2009 年	2010 年	2011 年	2012 年	2013 年	2014 年
USA	USA	USA	USA	USA	USA	USA	USA	USA	USA
Germany	China	China	China	China	China	China	China	China	China
Canada	Germany	Brazil	Brazil	Brazil	Brazil	Brazil	Brazil	Brazil	Brazil
China	France	Canada	Germany	Italy	Germany	Germany	Germany	Germany	Germany
Brazil	Brazil	Germany	Spain	Spain	Spain	Canada	Spain	Spain	India
France	Canada	France	Italy	Germany	Italy	Italy	Italy	India	Italy

续表4

2005 年	2006 年	2007 年	2008 年	2009 年	2010 年	2011 年	2012 年	2013 年	2014 年
Italy	Spain	Mexico	France	Canada	Mexico	Mexico	Canada	Italy	Mexico
Japan	**Mexico**	Italy	Canada	France	India	Spain	India	Mexico	Spain
England	**Japan**	Spain	Mexico	Mexico	**France**	**Iran**	Mexico	Canada	Canada
Spain	Italy	**Argentina**	India	India	Canada	France	France	**Pakistan**	**Poland**

从 2005 年至 2015 年 5 月整体和每个年度综合影响力指标 I3 Top 10 国家的数据可见,未来玉米研究领域国家间的竞争格局并没有太大的变化,其主要还是中国和美国之间的竞争,关键已经不再是论文数量的竞争,而是论文质量的竞争,因此我国还需继续提高研究水平,提高论文质量,争取早日在被引频次和综合影响力方面赶超美国。

2.3 我国在高水平学术论文方面的表现与发文量、综合影响力指标 I3 同步

统计 575 篇论文被引频次的百分位等级在 90%(含)以上论文的通讯作者所属国家,得到表 5 所示的高水平论文发文量 Top 10 国家及其发文年代分布(图 3)。发现高水平论文数量最多的仍然是美国,其高水平论文数量占全部高水平论文的 36.2%,是我国高水平论文数量的 2.6 倍;我国高水平论文数量是位居第三巴西的 2 倍多,中美两国高水平论文占据了半壁江山。再比较这些国家的高水平论文位次与发文量位次、综合影响力指标 I3 位次的差值发现,我国和美国、巴西 3 国的两项差值都为"0",说明 3 项指标都均衡发展,而加拿大和土耳其的两项差值均为负值,可见这两个国家在高水平论文方面的表现明显优于发文量和综合影响力指标 I3,其个别研究水平比较高,值得相关高校和学者关注。

表 5 玉米研究领域高水平学术论文数量及其占比 Top 10 的国家

排序	国家	论文数量 / 篇	占总量比例	与发文量位次的差值	与 I3 位次的差值
1	USA	201	36.2%	0	0
2	China	81	14.1%	0	0
3	Brazil	38	6.6%	0	0
4	**Canada**	**27**	**4.7%**	**−3**	**−1**
5	Germany	23	3.8%	1	1
6	France	16	2.8%	−4	3
7	Pakistan	14	2.4%	−6	4
8	Spain	13	2.3%	0	−2
9	India	12	2.1%	4	−1
9	**Turkey**	**12**	**2.1%**	**−2**	**−4**
9	Mexico	12	2.1%	3	1

注：与发文量位次的差值 = 高水平论文位次 − 发文量位次；与 I3 位次的差值 = 高水平论文位次 − I3 位次。

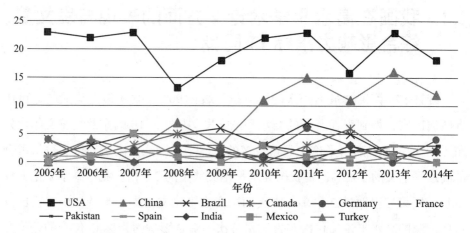

图 3 玉米研究领域高水平论文的产出年代分布（Top 10 国家，2005—2014 年）

从图 3 所示的年度变化趋势来看，2010 年后我国高水平论文量除了美国之外，稳步超越了其他 Top 10 国家，说明我国玉米研究领域的水平在"十二五"期间有了突飞猛进的发展。

2.4 我国在玉米研究领域的国际合作广泛程度尚有提升空间

有研究表明国际合作是提高科研质量的重要途径[6]，同时也是国际影响力的重要体现。本研究以发文总量位居前 20 位的国家为对象，继续考察了这些国家的合作关系及其合作的传递路径得到图 4。由图 4 可见，美国和德国位于网络的中心节点，再看表 6 中表征一个节点在社会网络中地位的"点度中心度"值，美国、德国、英国和法国都高于我国，而表征一个节点在社会网络中的核心边缘位置指标"核心度"值中，我国仅次于美国。说明由于我国与美国的合作关系较强，因此在国际合作中处于比较中心的位置，但是我国国际合作的核心地位还有提升空间。借助"一带一路"合作发展战略，加强同发展中国家的科学家和国际组织之间的合作，在继续提升学术影响力的同时，将优势技术推广到发展中国家，为全球粮食安全做出大国应有的贡献。

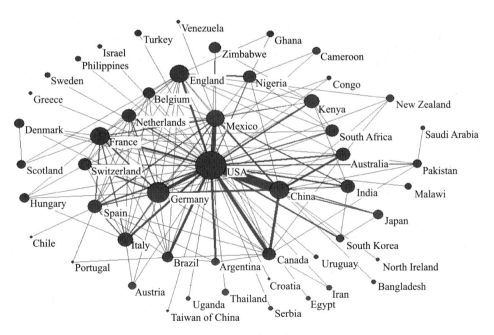

图 4 玉米研究领域主要发文国家（或地区）间的合作关系网络

表 6　玉米研究领域国际合作网络中"点度中心度"Top 10 国家

排序	国家	点度中心度	接近中心度	中介中心度	核心度
1	USA	0.859	0.876	0.153	0.846
2	Germany	0.758	0.805	0.085	0.151
3	England	0.727	0.786	0.103	0.087
4	France	0.667	0.750	0.075	0.084
5	China	0.566	0.697	0.028	0.386
6	Mexico	0.525	0.678	0.035	0.155
	Australia	0.525	0.678	0.024	0.081
	Italy	0.525	0.678	0.027	0.068
	India	0.525	0.678	0.025	0.054
10	Canada	0.515	0.673	0.029	0.138

3　以机构为单位的国际学术影响力比较

包括高校和研究院所的科研机构是国家创新体系的重要组成部分，是科研活动的主战场。机构的学术影响力是构成国家学术影响力的基础。因此，本研究在完成国家层面学术影响力比较基础上，又进一步开展了机构层面的学术影响力计量。

3.1　2013 年以来中国农业大学在玉米研究领域的论文数量位居世界第一

根据通讯作者所属机构进行机构发文量统计，发现我国机构的论文产出量快速增长，从 2012 年中国农业大学的发文量超过美国农业部农业研究局位居榜首之后，2014 年和 2015 年前半年中国科学院和中国农科院的发文量也相继超过了美国农业部农业研究局（图 5）。2012 年以来，中国农业大学已连续 3 年发文量在 70 篇以上，最高达到 80 多篇，远远超过其他科研机构。美国农业部农业研究局最高是 2011 年的 70 多篇，2012—2014 年则一直处于 60 篇以下。

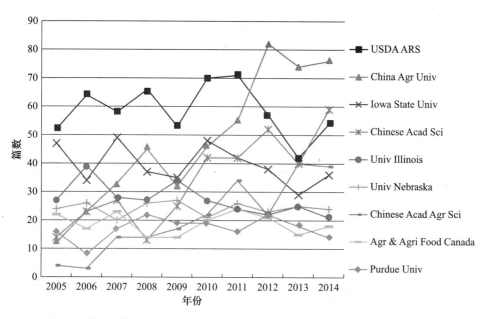

图 5　玉米研究领域论文发文量 Top 10 机构的发文年代分布（2005—2014 年）

共有 22 个机构入围各年度发文量 Top 10，其中美国有 11 家机构，中国有 4 家机构，加拿大有 2 家机构，法国、德国和巴西各有 1 家机构。美国的农业部农业研究局、爱荷华州立大学、伊利诺伊大学、内布拉斯加大学等 4 家机构连续 10 年位居 Top 10 排行榜；中国农业大学和中国科学院连续 9 年位居其列，并且中国农业大学在 2012—2014 年 3 个年度连续位居榜首（表 7）；中国农科院五次入围，四川农业大学两次进入 Top 10。更可喜的是 2013 年和 2014 年两个年度的前 4 名中我国占据 3 席，说明我国的科研机构在玉米研究领域已经成为核心力量。

表 7 玉米研究领域论文的年度发文量 Top 10 机构（2005—2014 年）

2005 年	2006 年	2007 年	2008 年	2009 年	2010 年	2011 年	2012 年	2013 年	2014 年
美国农业部农业研究局	美国农业部农业研究局	美国农业部农业研究局	美国农业部农业研究局	美国农业部农业研究局	美国农业部农业研究局	美国农业部农业研究局	中国农业大学	中国农业大学	中国农业大学
爱荷华州立大学	伊利诺伊大学	爱荷华州立大学	中国农业大学	爱荷华州立大学	爱荷华州立大学	中国农业大学	美国农业部农业研究局	美国农业部农业研究局	中国科学院
伊利诺伊大学	爱荷华州立大学	中国农业大学	爱荷华州立大学	中国农业大学	中国科学院	中国农业科学院	中国科学院	中国科学院	美国农业部农业研究局
内布拉斯加大学	内布拉斯加大学	伊利诺伊大学	内布拉斯加大学	伊利诺伊大学	伊利诺伊大学	爱荷华州立大学	爱荷华州立大学	中国农业科学院	中国农业科学院
中国科学院与农业食品部	中国科学院	中国科学院研究院	伊利诺伊大学	中国科学院	中国农业科学院	中国科学院	费萨拉巴德农业大学	爱荷华州立大学	爱荷华州立大学
密苏里大学	中国农业大学与农业食品部	加拿大农业与农业食品部	中国科学院	内布拉斯加大学	内布拉斯加大学	费萨拉巴德农业大学	内布拉斯加大学	内布拉斯加大学	内布拉斯加大学
圭尔夫大学	明尼苏达大学	密苏里大学	威斯康星	普渡大学	普渡大学	内布拉斯加大学	伊斯兰自由大学	伊利诺伊大学	威斯康星
法国国家农业研究院	佛罗里达大学	内布拉斯加大学	法国国家农业食品部	中国农业科学院	加拿大农业与农业食品部	伊斯兰自由大学	康奈尔大学	伊斯兰自由大学	伊利诺伊大学
普渡大学	加拿大农业与农业食品部	法国国家农业食品部	费萨拉巴德农业大学	康奈尔大学	康奈尔大学	伊利诺伊大学	伊利诺伊大学	国际玉米小麦改良中心	四川农业大学
中国科学院	圭尔夫大学	普渡大学	霍恩海姆大学	拉夫拉斯联邦大学	维索萨联邦大学	加拿大农业与农业食品部	霍恩海姆大学	四川农业大学	明尼苏达大学

注：拉夫拉斯联邦大学（巴西）；维索萨联邦大学（巴西）；伊斯兰自由大学（伊朗）；费萨拉巴德农业大学（巴基斯坦）。

3.2 中国农业大学的综合影响力指标 I3 仅次于美国农业部农业研究局

计算机构论文的综合影响力指标 I3 来考察机构的学术影响力得到表 8。总体来看，2005 年以来中国农业大学的综合影响力指标 I3 还是不及美国农业部农业研究局。

表 8　玉米研究领域论文的综合影响力指标 I3 Top 10 机构（2005—2015.5）

机构	机构发文量	机构总被引频次	机构 I3	机构 I3 贡献度
美国农业部农业研究局	**602**	**7 019**	**33 798**	**3.33%**
中国农业大学	501	4 182	27 888	2.75%
爱荷华州立大学	408	4 663	22 332	2.20%
中国科学院	355	3 268	20 488	2.02%
伊利诺伊大学	283	3 806	15 272	1.50%
内布拉斯加大学	251	3 256	14 618	1.44%
中国农科院	226	1 617	12 503	1.23%
康奈尔大学	163	4 801	11 187	1.10%
加拿大农业与农业食品部	195	2 305	11 142	1.10%
普渡大学	174	2 781	10 688	1.05%

再看年度 Top 10 机构（表 9）发现，共有 23 个机构入围各年度综合影响力指标 I3 的 Top 10，其中美国有 12 家机构，中国有 5 家机构，加拿大有 2 家机构，法国、德国和西班牙各有 1 家机构。美国的农业部农业研究局以及爱荷华州立大学 2 家机构连续 10 年位居 Top 10 排行榜；中国农业大学连续 9 年位居其列，中国科学院 8 次入围，中国农科院六次入围，四川农业大学两次进入 Top 10，山东农业大学入围一次。2008 年中国农业大学的 I3 跃居第二位，2012 年开始超过美国农业部农业研究局稳居第一位；2013 年和 2014 年两个年度中国科学院的 I3 值也提升至第二位，超过了美国农业部农业研究局；中国农科院从 2011 年开始闯入 Top 5，2012—2014 年两个年度的前 5 名中我国占据 3 席，说明我国的科研机构在玉米研究领域已经是绝对力量了。

表 9　玉米研究领域论文的综合影响力指标 13 的年度 Top 10 机构（2005—2014 年）

2005 年	2006 年	2007 年	2008 年	2009 年	2010 年	2011 年	2012 年	2013 年	2014 年
爱荷华州立大学	美国农业部农业研究局	美国农业部农业研究局	美国农业部农业研究局	美国农业部农业研究局	美国农业部农业研究局	美国农业部农业研究局	中国农业大学	中国农业大学	中国农业大学
美国农业部农业研究局	伊利诺伊大学	伊利诺伊大学	中国农业大学	爱荷华州立大学	爱荷华州立大学	中国农业大学	中国科学院	中国科学院	中国科学院
伊利诺伊大学	爱荷华州立大学	加拿大农业与农业食品部	伊利诺伊大学	伊利诺伊大学	中国科学院	中国科学院	美国农业部农业研究局	美国农业部农业研究局	美国农业部农业研究局
内布拉斯加大学	内布拉斯加大学	中国科学院	法国国家农业研究院	中国农业大学	伊利诺伊大学	爱荷华州立大学	爱荷华州立大学	明尼苏达大学	中国农业科学院
加拿大农业与农业食品部	中国科学院	中国农业大学	内布拉斯加大学	中国科学院	康奈尔大学	内布拉斯加大学	内布拉斯加大学	中国农业科学院	爱荷华州立大学
密苏里大学	中国农业大学	密苏里大学	普渡大学	康奈尔大学	加拿大农业与农业食品部	加拿大农业与农业食品部	康奈尔大学	爱荷华州立大学	内布拉斯加大学
法国国家农业研究院	明尼苏达大学	法国国家农业研究院	密苏里大学	普渡大学	普渡大学	伊利诺伊大学	霍恩海姆大学	内布拉斯加大学	明尼苏达大学
普渡大学	康奈尔大学	威斯康星大学	威斯康星大学	内布拉斯加大学	普渡大学	费萨拉巴德农业大学	普渡大学	国际玉米小麦改良中心	威斯康星大学
霍恩海姆大学	圭尔夫大学	明尼苏达州立大学	费萨拉巴德农业大学	明尼苏达大学	内布拉斯加大学	威斯康星大学	中国农业科学院	伊利诺伊大学	四川农业大学
辉瑞公司	法国国家农业研究院	宾夕法尼亚州立大学	中国农业科学院	中国农业科学院	西班牙国家研究委员会	农业食品部	四川农业大学	山东农业大学	宾夕法尼亚州立大学

注：费萨拉巴德农业大学（巴基斯坦）

科研机构的竞争仍然是我国和美国的竞争，综合影响力指标 I3 Top 10 机构（2005—2015.5）中除了我国和美国机构外只有加拿大农业与农业食品部一个机构，而从年度指标来看，2012 年其已跌出前 10，退出了竞争行列；当然，我国和美国的差距还是比较明显的，Top 10 中美国占据 6 席，我国只占据 3 席，可喜的是 2012 年后我国机构的年度排名排在第一，说明我国科研机构在整体进步的情况下，单个机构也在迅速跃升。

3.3 我国机构在高水平论文表现与发文量和综合影响力 指标 I3 相比欠佳

统计论文被引频次的百分位等级在 90%（含）以上论文的通讯作者所属机构得到表 10 所示的高水平论文发文量 Top 10 的机构。其中一半以上是美国的机构，中国农业大学和中国农科院两家我国机构入围，发文量和综合影响力指标都位居 Top 10 榜单的中科院未在榜单之内，加拿大、德国和法国各有一家机构位居榜单（表 10）。

表 10 玉米研究领域高水平论文发文量 Top 10 的机构（2005—2015.5）

序号	机构	论文数量 /篇	占总量 比例	与发文量位次的 差值	与 I3 位次的 差值
1	美国农业部农业研究局	19	3.4%	0	0
2	伊利诺伊大学	18	3.2%	3	3
3	明尼苏达大学	16	2.8%	9	9
4	中国农业大学	15	2.7%	−2	−2
5	内布拉斯加大学	15	2.7%	1	1
6	加拿大农业与农业食品部	14	2.5%	2	2
7	霍恩海姆大学	11	1.9%	10	7
8	法国国家农业研究院	10	1.8%	5	3
	普渡大学	10	1.8%	0	0

续表10

序号	机构	论文数量/篇	占总量比例	与发文量位次的差值	与I3位次的差值
9	中国农业科学院	9	1.6%	−3	−3
	爱荷华州立大学	9	1.6%	−7	−7
	国际玉米小麦改良中心	9	1.6%	3	10

注：与发文量位次的差值＝高水平论文位次−发文量位次；与I3位次的差值＝高水平论文位次−I3位次。

同样考察 Top 10 机构的高水平论文与发文量位次、综合影响力指标I3位次的差值发现，中国农业大学、中国农科院以及爱荷华州立大学的表现都不如发文量和I3两个方面；明尼苏达大学、霍恩海姆大学、国际玉米小麦改良中心在高水平论文方面的表现显著优于论文数量和综合影响力指标I3；美国农业部农业研究局、普渡大学、伊利诺伊大学等其他机构至少都不差于在发文量和I3两方面的表现。这说明我国科研机构在发文数量上进步很快，但是在高水平论文方面还有待进一步提高，在这方面我国和美国的差距更加明显。同时，加拿大、德国和法国的机构也在 Top 10 中占有一席之地，这几个科研机构都有相当雄厚的科研积累，无论是发文数量还是论文质量的表现都非常稳定，只是没有像我国一样有较快的增长，这就提示我国研究者不仅要重视和美国科研机构的合作，也要重视和这些国家的这几个顶级机构的合作，以获得更广范围地交流与互相支持。

3.4　中国农业大学的国际合作较为突出

以发文量位于 Top 20 的机构为对象，提取论文数据，考察机构之间的合作关系及其传递路径，得到玉米研究领域主要发文机构间的合作关系网络（图6）。机构间合作主要在本国内机构间进行，机构间的跨国合作强度多数都不显著，中国农业大学与美国农业部农业研究局、康奈尔大学、国际玉米小麦改良中心以及德国霍恩海姆大学的合作比较突出。表11展示的是图6的具

体网络指标，可见美国农业部农业研究局是网络的核心节点，它主要与高校合作，与它的机构特征密切相关，研究人员分布于美国各地高校，论文中的所属单位既有高校又有美国农业部农业研究局。我国的中国农业大学、中国科学院、中国农科院的点度中心度值位居前10，但是三者的核心度值都相对较低，主要原因是与其他机构合作的程度不够广泛。

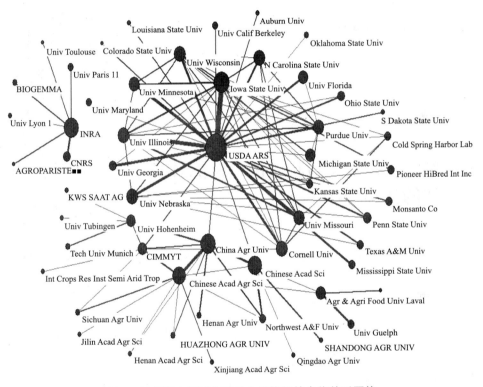

图6 玉米研究领域主要发文机构间的合作关系网络

表11 玉米研究领域机构合作网络中"点度中心度"Top 10机构

排序	国家	点度中心度	接近中心度	中介中心度	核心度
1	美国农业部农业研究局	0.817	0.830	0.110	0.772
2	爱荷华州立大学	0.677	0.744	0.057	0.331
3	中国农业大学	0.613	0.721	0.057	0.072

续表 11

排序	国家	点度中心度	接近中心度	中介中心度	核心度
4	中国科学院	0.591	0.710	0.049	0.056
5	佛罗里达大学	0.570	0.699	0.034	0.098
6	内布拉斯加大学	0.559	0.694	0.021	0.151
7	康奈尔大学	0.548	0.689	0.023	0.145
8	中国农业科学院	0.538	0.684	0.050	0.048
9	伊利诺伊大学	0.527	0.679	0.016	0.203
9	普渡大学	0.527	0.679	0.015	0.091

4 综合影响力指标 Top 10 机构开展玉米相关研究的主要学科

为了发现玉米研究领域高影响力机构的学科分布特征，以机构综合影响力指标 I3 排位前十的机构为对象，本研究继续考察了机构内部门的发文情况，以及机构发表论文涉及的学科。

统计论文作者所属机构内的部门发现，每个机构都有几十个部门进行玉米相关研究，平均每个机构有 60 个部门都在以玉米为对象开展研究，部门的平均发文量为 5.7 篇。由于论文作者在标记所属机构时缺乏一致性，机构内部门的标记层次多样、名称多样，所以表 12 中统计的部门数量要多于实际数量。目前多个高校评价体系在学术影响力评价中主要采用文献计量的方法，这个问题同时提醒研究者要注意本人所属信息在学术论文等科研成果标记中的一致性和规范性，提醒机构管理者要关注本机构各种名称标记的规范性，不要因为个人标记缺乏规范，造成学术影响力统计和计量的误差。

表 12　综合影响力指标 I3 Top 10 机构的发文部门数量以及主要发文部门

机构	机构发文量	机构内发文部门数	部门平均发文量	发文量前两位的机构内部门
美国农业部农业研究局	602	144	4.2	无
中国农业大学	501	64	7.8	Coll Resources & Environm Sci/ Natl Maize Improvement Ctr Chin
爱荷华州立大学	408	80	4.9	Dept Agron/Dept Agr & Biosyst Engn
中国科学院	355	91	3.9	Inst Proc Engn/Inst Soil Sci
伊利诺伊大学	283	47	6.0	Dept Crop Sci/Dept Anim Sci
内布拉斯加大学	251	51	4.9	Dept Agron & Hort/Dept Anim Sci
中国农业科学院	226	40	5.7	Inst Crop Sci/Inst Agr Resources & Reg Planning
康奈尔大学	163	43	3.8	Dept Crop & Soil Sci/Dept Plant Biol
加拿大农业与农业食品部	195	22	8.9	Eastern Cereal & Oilseed Res Ctr /Soils & Crops Res & Dev Ctr
普渡大学	174	21	8.3	Dept Anim Sci/ Dept Agr & Biol Engn

　　按 WOS 系统的期刊分类，统计 Top 10 机构发表论文所属的学科，平均每个机构的论文涉及 40 个学科领域。中国农业大学、中国科学院、中国农科院等机构在玉米研究领域中的优势，也是由机构内分属不同学科的多个部门共同形成的。由于跨学科全方位地开展玉米相关研究，才大幅度提升了玉米研究水平，取得了今天国际一流的优异成绩。由于许多期刊具有跨学科属性，跨学科的期刊论文就属于多个学科，每个学科的论文数量之和大于机构发文总量，平均每个学科有 12 篇相关论文（表 13）。由表 13 中的平均学科论文数量可看出，它随机构综合影响力指标 I3 的降低而显著下降，这从一个侧面说明针对某一产业、整合机构内多学科协同研究，是提升机构学术影响力的有效途径之一。这也启发我们，在建设世界一流学科过程中，也许我们应该突

破学科界限，首先选择主攻产业的研究对象，充分发挥相关学科的优势，开展多学科协同研究，自然就会攻破和占领一些学科主要研究领域的制高点，提升学术影响力，掌握相关产业话语权，实现创建一流学科的目标。

表 13 综合影响力指标 I3 Top 10 机构的论文涉及学科数量以及主要学科

机构	机构发文量	论文涉及学科数	平均学科论文量	发文量前两位的学科
美国农业部农业研究局	**602**	50	12.0	Agronomy/Food Science & Technology/Plant Sciences
中国农业大学	501	48	10.4	Plant Sciences/Agronomy
爱荷华州立大学	408	51	8	Agronomy/Plant Sciences
中国科学院	355	48	7.4	Soil Science/Agronomy/Plant Sciences
伊利诺伊大学	283	35	8.1	Agronomy/Plant Sciences
内布拉斯加大学	251	38	6.6	Agronomy/Agriculture, Dairy & Animal Science
中国农业科学院	226	36	6.3	Plant Sciences/Agronomy
康奈尔大学	163	31	5.3	Agronomy/Plant Sciences
加拿大农业与农业食品部	195	31	6.3	Agronomy/Food Science & Technology
普渡大学	174	32	5.4	Plant Sciences/Agronomy

5 结语

本研究得出如下结论：①我国在玉米领域的学术研究实力已经进入世界一流。②中国农业大学、中国科学院、中国农科院等机构在发文量和综合影响力指标 I3 的表现也都位居世界一流。③我国在高水平论文方面尚有大幅度的提升空间，需要加强和其他高水平机构的合作。④未来玉米研究的竞争主要还是我国和美国之间的竞争，竞争的关键不再是数量，而是高质量的研究。⑤我国在国际合作方面还有进一步加强的必要。可以加强和其他 TOP 10 国家的合作，如借助"金砖国家"合作加强和巴西、印度的合作，借助"一带一路"合作发展倡议加强和伊朗、巴基斯坦等国家的合作，进一步提升玉米研究的水平，引导玉米研究发展方向，提升国际影响力。⑥要想占领玉米研究的制高点，必须打破学科壁垒，开展多学科协同研究。⑦玉米是种植面积和总产量位居世界第一的谷物，它与全球粮食安全密切相关，我国需要继续加大研究和优势技术推广力度，为世界粮食安全做出大国应有的贡献。

参考文献

［1］ USDA. World Agricultural Supplyand Demand Estimates[R/OL]. WASDE–542.2015.6.10 [2015-6-20]. http://www.usda.gov/oce/commodity/wasde/latest.pdf.

［2］ Loet Leydesdorff & Lutz Bornmann (2011), Integrated Impact Indicators (I3) compared with Impact Factors (IFs): An alternative design with policy implications. Journal of the American Society for Information Science and Technology, 62(11): 2133-2146.

［3］ 陈福佑, 杨立英 . 新科研影响力评价指标分析 [J]. 情报杂志 , 2014, 07: 81-85, 62.

［4］ Loet Leydesdorff & Lutz Bornmann (in press). Percentile Ranks and the Integrated Impact Indicator (I3). Journal of the American Society for Information Science and Technology; preprint available at http://arxiv.org/abs/1112.6281.

［5］ Loet Leydesdorff . The Integrated Impact Indicator I3[EB/OL]. Amsterdam, April 7, 2012 (revised). [2015-06-09]. http://www.leydesdorff.net/software/i3/.

［6］ 王俊婧 . 国际合作对科研论文质量的影响研究 [D]. 上海交通大学 , 2013.

全球主要小麦研究机构的国际学术影响力比较分析

李晨英　魏一品

（中国农业大学图书馆情报研究中心）

摘要：我国是小麦第一大生产国，政府为了保障粮食安全在小麦基础研究方面投入了大量资金。本研究采集了 WOS 数据库收录的、2005 年以来发表的 22 504 篇关于小麦研究的学术期刊论文，采用文献计量方法，分别以国家和机构为单位，从发文量、综合影响力指标 I3、高水平期刊论文、高被引论文等方面，对其国际学术影响力进行了比较分析。研究结果表明：① 2008 年开始，我国在小麦研究领域发表的论文数量稳居世界第一，是拥有研究人员最多的国家；2011 年以来我国机构在发文量排序中一直位居第一，中国科学院的研究队伍规模最大。②我国论文的综合影响力指标 "I3" 位居世界第一，篇均 I3 位居第六，单篇论文 I3 前 10% 的高水平论文数量排位第 3；I3 Top 10 机构中 50% 是我国机构。③基于期刊影响因子和特征因子指标的比较发现，我国在高影响力期刊论文方面的发文量占绝对优势，但篇均论文的期刊影响因子低于均值。④基于被引频次确定的 h 指数比较发现，无论是以国家还是以机构为单位的比较，都呈现出我国的高被引论文占比较低、零被引论文占比较高的论文质量问题。⑤基于 Top 10 被引频次基线的比较发现，我国缺乏顶尖影响力的论文。总体上说，我国虽然已成为小麦研究领域的研究大国，核心学术影响力地位已确立，但在引领小麦研究前沿方面尚有提升空间，具有顶尖影响力的论文匮乏，需要降低零被引论文的负面贡献。

全球主要小麦研究机构的国际学术影响力比较分析

关键词：小麦；学术论文；发文量；综合影响力指标 I3；高影响因子期刊论文；高特征因子期刊论文；*h* 指数；高被引论文

小麦是我国三大口粮之一，根据 FAO 统计数据，2006 年以来我国小麦总产量位居世界第一[1]。根据《2014 中国统计年鉴》数据，2013 年小麦播种面积达到 2 411.7 万公顷，较 1990 年的 3 075.3 万公顷减少 663.6 万公顷；但是小麦总产量由 1990 年的 9 822.9 万吨，增长到 2013 年的 12 192.6 万吨、增加 2 369.7 万吨。在节约 22% 耕地面积的情况下总产量增加了 24%，按 1990 年 3 194 千克 / 公顷的单产，2 369.7 万吨可换算成 741.9 万公顷的小麦播种面积。即与 1990 年相比实际节约 1 405.5 万公顷的耕地面积，相当于 2013 年我国油料作物的播种面积。显然单产大幅度提升是节约耕地的主要原因，其功劳应该归属于科技对农业的贡献。

科学研究推动产业发展，本研究通过检索国家自然基金委的"科学基金共享服务网"资助项目数据库[2] 发现，项目名称中含有"小麦"的项目有 1 217 个，项目经费总额超过 4.8 亿元人民币，平均资助强度为 39.6 万元，可以看到我国在小麦科学研究方面的投入力度。检索美国国家科学基金会网站的资助项目数据库发现，项目名称中含有 wheat 或 "triticum aestivum" 的项目有 537 个、经费总额超过 3.94 亿美元，平均资助强度为 73.4 万美元。与美国的平均资助强度相比，我国自然科学基金项目在小麦基础研究方面的投入有较大差距。

虽然我国在小麦基础研究领域的资助强度不及美国，但小麦科学研究在推动小麦生产方面的贡献显而易见，而我国在小麦研究领域的国际竞争力尚未有人关注。因此，本研究以汤森路透的 WOS 数据库为基础数据源，采用文献计量法，从发文量、被引频次、综合影响力指标 I3（Integrated Impact Indicator）[3]、高水平期刊论文、高被引论文等多个学术影响力评价维度，分别以国家和机构为单位，进行了国际学术影响力的比较分析。

1 研究方法

1.1 研究论文数据的获取方法

以汤森路透的 WOS 合集数据库为基础数据源，检索题名中含有 wheat or "Triticum aestivum"等各种小麦名称形式的各种类型文献（检索时间：2015-06-17），命中 8.4 万多篇，筛选出 2005 年以来发表的与农业、生物、植物、生态、资源环境等 39 个 JCR 学科分类领域的重要学术论文（Article+Review）22 504 篇。

1.2 数据整理与规范化处理

由于每种期刊对作者、机构、国家等名称形式的标记方法略有差异，数据库生产厂家很难做到对收录所有数据要素的一致化或规范化处理，本研究的文献计量指标统计和分析，建立在对 22 504 篇论文元数据内容进行修正（修正书写、校正、去重、合并、删除）、整理（拼写形式一致化处理、同义词和近义词一致化处理）等步骤的规范化处理基础之上。

1.3 评价学术影响力的指标与方法

本研究主要选用了发文量、被引频次、综合影响力 I3、高影响因子期刊论文、h 指数、高被引论文等常用指标来衡量和表征学术影响力。

发文量: 主要是指一个作者及其所属团体、机构或国家在某一领域、或某个时期内产出学术论文的总量。文献计量领域往往以发文量的多少来评价作者的学术成就，发文量指标虽然并不能完全反映文章的质量及其对学科领域的影响力[2]，但是它是考察一个团体学术影响力的基本指标之一，著名的世界大学排行榜都将其作为评价指标之一。

被引频次: 一篇论文被其他论文引用的频次。它一般会随着数据库的数据更新而变化，因此常被限定在某个具体的数据检索时间。一个作者及其所属团体、机构或国家产出论文的总被引频次是每篇论文的被引频次的总和。

综合影响力指标 I3：针对论文被引频次呈现的偏态分布现象，著名文献计量学家雷德斯多夫提出的采用非参数统计方法描述论文学术影响力的绝对值评价指标[3]。它是基于论文被引频次，将数据集合中论文的被引频次按百分位法划分成不同的等级，并给予每种等级以相应的权值，在综合考虑每种被引频次等级和该等级上出现的论文数量等因素的基础上，形成的新的测度指标[4]。本研究依据雷德斯多夫给出的 I3 计算工具[5]，得到数据集合中每篇论文的 I3 值，然后再按通讯作者所属国家或机构计算所有国家和机构的综合影响力指标 I3 值。

高影响因子期刊论文：期刊影响因子（Journal Impact Factor）是基于期刊被引频次和载文量计算而得，主要表现了期刊的流行状态。本研究选用汤森路透出版的《期刊引证报告》（Journal Citation Report，JCR）中的期刊两年影响因子值，采用百分位法确定前 10% 的高影响因子期刊，数据集中发表在这些期刊上的论文即为高影响因子期刊论文。

高特征因子期刊论文：期刊特征因子（Eigen Factor®）是基于期刊近五年间的引文网络结构，综合考虑了引文数量与质量的评价期刊影响力的指标。与期刊影响因子相比特征因子考虑了期刊论文发表后 5 年的引用时段，更能客观地反映期刊论文的引用高峰年份；对期刊引证的统计包括自然科学和社会科学，更为全面、完整；扣除了期刊的自引计算基于随机的引文链接，因此特征因子重点表达了期刊的影响力。本研究选用 JCR 的期刊特征因子数据，采用百分位法确定前 10% 的高特征因子期刊，数据集中发表在这些期刊上的论文即为高影响因子期刊论文。

***h* 指数**：将学术个体或学术团体发表的论文按被引次数进行高低排序后，可得至多 h 篇论文每篇被引 h 次的 h 点，即 h 指数。依据 h 指数可将学术团体或个体发表的论文按被引频次分成 3 部分，一部分是被引频次不低于 h 指

数的高被引论文，其次是小于 h 指数的低被引论文，第三是未被引用的零被引论文。其中，高被引论文占比越高，体现学术团体或个体发表的论文影响力越大，零被引论文占比越高则说明测度时段的影响力较低。

百分位法：采用统计学中的百分位数指标，是将一组观察值分割成 100 等分的一群数值，这些数值记作 P1，P2，P3，…，P99，分别表示 1% 的数据落在 P1 下，2% 的数据落在 P2 下……99% 的数据落在 P99 下。本研究中将论文的期刊影响因子、期刊特征因子以及被引频次等按降序进行百分位数统计，确定前 10% 的高影响因子期刊、高特征因子期刊，或高被引论文。

国家或机构的计量方法：学科不断地交叉和融合，科研合作程度越来越高，论文作者的数量越来越多。本研究主要以通讯作者所属国家和机构为计量单位，通讯作者是对论文负有主要责任，并具有核心知识产权的作者。按通讯作者所属国家、机构进行计量，与按全部作者所属计量相比，能更准确地表达具有核心研究实力的国家或机构的状况。

2 发文量与研究团队规模比较

2.1 2008 年以来我国在小麦研究领域发表论文数量位居世界第一

统计所有论文的作者所属国家以及通讯作者所属国家后发现，我国作者发表的论文数量最多。图 1 是发表论文总量 Top 10 国家与通讯作者论文总量 Top 10 国家的发文量，以及通讯作者论文量占论文总量的比重。由于发文量位居前十的法国和英国，在通讯作者发文量排序中降至第 12 位和 13 位，所以图中展示的是前 13 位国家的通讯作者论文数与非通讯作者论文数，以及通讯作者论文数量的占比情况。中国 / 美国 / 印度 / 澳大利亚 / 加拿大 5 国的论文总量与通讯作者论文总量排序一致，均位居前五；德国的发文总量位居第6，但通讯作者发文量下降 2 位至第 8；发文总量排序第 8、第 9 的法国和英国，其通讯作者发文量位次都下降 4 位、降至第 12 位和 13 位，跌出 Top 10；发文总量第 7 的巴基斯坦、第 10 的日本，在通讯作者发文量方面的排序都有上升；特别值得关注的是土耳其和意大利，它们的发文总量未进入 Top 10，但通讯作者发文量位次闯入 Top 10；伊朗虽然在两项排序指标中都未进入 Top 10，但通讯作者发文量高于法国和英国，是未来值得关注的国家之一。

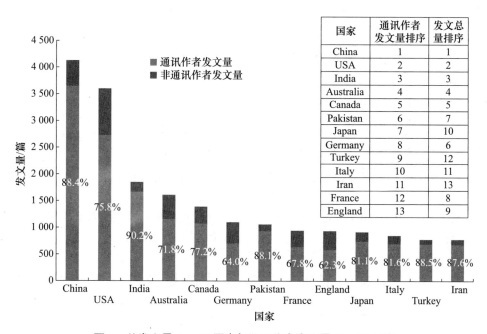

图 1 总发文量 Top 10 国家与通讯作者发文量 Top 10 国家

如图 2 所示，详细考察发文总量和通讯作者发文量位居 Top 10 的 13 个国家的每年度通讯作者论文数发现，我国的论文数量急剧增长，从 2005 年的 157 篇猛增到 2014 年的 550 篇，是 2005 年的 3.5 倍多；美国的论文数量基本保持在 250～280 篇之间；位居第三的印度发文量保持在 140～190 篇之间，虽然增长缓慢，但逐步接近美国。其中发文量变化最大的是巴基斯坦和伊朗，分别从 2005 年的第 15 名、第 25 名升至 2014 年的第 5 名和第 9 名，其研究实力的提升不可小觑。因此，小麦研究领域除关注科技强国美国之外，巴基斯坦、伊朗、土耳其等国家也特别值得关注。

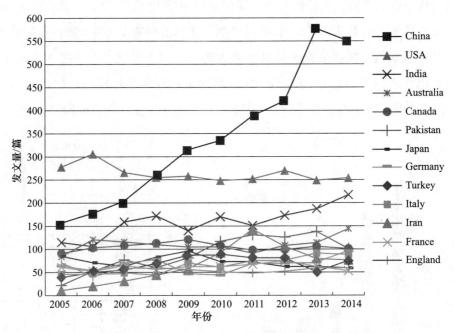

图 2　发文总量与通讯作者发文量 Top 10 的 13 个国家的通讯作者论文数量年度分布
（2005—2014 年）

2.2　主要国家的通讯作者论文数量与通讯作者数量排序基本一致

以发文总量 Top 10 和通讯作者发文量 Top 10 的 13 个国家为对象（表 1），考察其通讯作者所属机构数量和通讯作者数量，以及平均发文数量发现，通讯作者发文量排序与研究机构数量排序差异较大、但与作者人数排序多数一致，仅有巴基斯坦和伊朗的作者人数排序高于论文数量、加拿大与日本的作者人数排序低于发文量排序。我国不仅发文总量位居第 1、通讯作者数量以及通讯作者篇均发文量都位居第 1，但是发文机构数量比印度少 81 家。加拿大的发文机构数量最少，机构平均发文量位居第 1，通讯作者平均发文量位居第 2。

表1 主要发文国家的研究团队规模比较

国家	通讯作者发文量		通讯作者所属机构数量		通讯作者机构平均发文量		通讯作者数量		通讯作者平均发文量	
	排序	数量	排序	数量	排序	机构平均发文量	排序	数量	排序	作者平均发文量
China	1	3 651	2	276	2	13.23	1	1 293	1	2.82
USA	2	2 730	3	215	3	12.70	2	1 089	3	2.51
India	3	1 671	1	**357**	12	4.68	3	832	8	2.01
Australia	4	1 159	6	142	4	8.16	4	538	5	2.15
Canada	5	1 074	13	77	**1**	**13.95**	7	420	**2**	**2.56**
Pakistan	6	937	8	133	5	7.05	5	440	6	2.13
Japan	7	747	5	156	11	4.79	10	346	4	2.16
Germany	8	706	4	161	13	4.39	8	409	12	1.73
Turkey	9	697	9	126	8	5.53	9	391	11	1.78
Italy	10	692	7	141	10	4.91	12	343	7	2.02
Iran	11	684	11	111	7	6.16	6	427	13	1.60
France	12	642	10	124	9	5.18	11	343	10	1.87
England	13	586	12	89	6	6.58	13	306	9	1.92

2.3 2011年以来我国科研机构在小麦研究领域的论文数量位居世界第一

国家的科研实力是科研机构研究实力的整体表现，本研究进一步考察了支撑国家科研实力的重要科研机构。图3展示的是发文总量Top 10机构与通讯作者发文量Top 10机构，以及各机构的通讯作者论文量占总量的比重。我国有中国科学院、中国农业科学院、西北农林科技大学与中国农业大学4家科研机构位列前十。

美国农业部农业研究局（USDA ARS）的发文总量位居第1，但中国科学院的通讯作者论文量位居第1。中国农业科学院和西北农林科技大学的通讯作者论文量排序都高于总发文量。位居发文总量 Top 10 之列的国际玉米小麦改良中心和堪萨斯州立大学的通讯作者发文量都跌出前十，总发文量位居 11 位的中国农业大学和位居 12 位的俄罗斯科学院的通讯作者发文量都跃入前十位，分别位于第 10 和第 8 位。特别值得关注的是俄罗斯科学院论文的 85% 都是以通讯作者身份发表的。另外，我国的南京农业大学和山东农业大学的通讯作者论文量分别位居第 12 位与第 14 位。

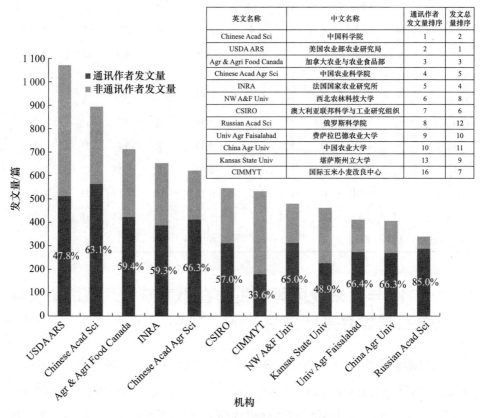

英文名称	中文名称	通讯作者发文量排序	发文总量排序
Chinese Acad Sci	中国科学院	1	2
USDA ARS	美国农业部农业研究局	2	1
Agr & Agri Food Canada	加拿大农业与农业食品部	3	3
Chinese Acad Agr Sci	中国农业科学院	4	5
INRA	法国国家农业研究所	5	4
NW A&F Univ	西北农林科技大学	6	8
CSIRO	澳大利亚联邦科学与工业研究组织	7	6
Russian Acad Sci	俄罗斯科学院	8	12
Univ Agr Faisalabad	费萨拉巴德农业大学	9	10
China Agr Univ	中国农业大学	10	11
Kansas State Univ	堪萨斯州立大学	13	9
CIMMYT	国际玉米小麦改良中心	16	7

图 3　总发文量 Top 10 机构与通讯作者发文量的 Top 10 机构

考察通讯作者论文量 Top 10 机构的发文年代后发现，从 2012 年开始我国机构占据了年度 Top 10 的半壁江山（图 4、表 2）。中国科学院和中国农业科学院从 2011 年开始超过了美国农业部农业研究局；西北农林科技大学近年来发文量增长最为迅速，2011 年跃升闯入 Top 10，位居第 6，2013 年超过中国农业科学院跃居第 2，2014 年超过中国科学院排名第 1，截止到检索日期 2015 年仍然保持首位。通过检索国家自然基金委的资助项目数据库发现，入围 Top 10 的 4 家中国机构无论是项目数还是经费数都位居前 4 位，经费总额占 4.8 亿元研究经费的 46%。

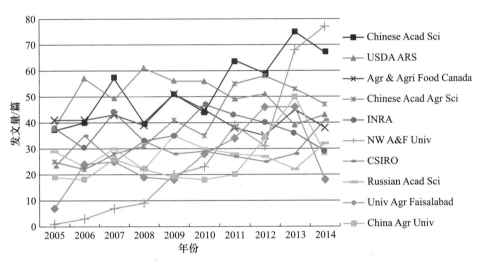

图 4   通讯作者发文量 Top 10 机构的发文年代分布（2005—2014 年）

表 2   小麦研究领域通讯作者论文发文量年度 Top 10 机构（2005—2015.6）

2005 年	2006 年	2007 年	2008 年	2009 年	2010 年	2011 年	2012 年	2013 年	2014 年	2015 年 6 月
加拿大农业与农业食品部	美国农业部农业研究局	中国科学院	美国农业部农业研究局	美国农业部农业研究局	美国农业部农业研究局	中国科学院	中国科学院	中国科学院	西北农林科技大学	西北农林科技大学
美国农业部农业研究局	加拿大农业与农业食品部	美国农业部农业研究局	中国科学院	中国科学院	法国国家农业研究所	中国农业科学院	中国农业科学院	西北农林科技大学	中国科学院	中国科学院

续表2

2005 年	2006 年	2007 年	2008 年	2009 年	2010 年	2011 年	2012 年	2013 年	2014 年	2015 年 6 月
法国国家农业研究所	中国科学院	法国国家农业研究所	加拿大农业与农业食品部	加拿大农业与农业食品部	加拿大农业与农业食品部	伊斯兰自由大学	美国农业部农业研究局	中国农业科学院	中国农业科学院	中国农业科学院
中国科学院	澳大利亚联邦科学与工业研究组织	加拿大农业与农业食品部	法国国家农业研究所	中国农业科学院	中国科学院	美国农业部农业研究局	费萨拉巴德农业大学	中国农业大学	美国农业部农业研究局	澳大利亚联邦科学与工业研究组织
俄罗斯科学院	法国国家农业研究所	俄罗斯科学院	澳大利亚联邦科学与工业研究组织	法国国家农业研究所	中国农业科学院	法国国家农业研究所	法国国家农业研究所	费萨拉巴德农业大学	澳大利亚联邦科学与工业研究组织	南京农业大学
堪萨斯州立大学	印度农业研究所	中国农业科学院	中国农业科学院	俄罗斯科学院	俄罗斯科学院	西北农林科技大学	加拿大农业与农业食品部	加拿大农业与农业食品部	印度农业研究所	山东农业大学
中国农业科学院	费萨拉巴德农业大学	中国农业大学	马尼托巴大学	堪萨斯州立大学	澳大利亚联邦科学与工业研究组织	加拿大农业与农业食品部	伊斯兰自由大学	美国农业部农业研究局	南京农业大学	印度农业研究所
澳大利亚联邦科学与工业研究组织	俄罗斯科学院	国际玉米小麦改良中心	印度农业研究所	澳大利亚联邦科学与工业研究组织	费萨拉巴德农业大学	费萨拉巴德农业大学	中国农业大学	法国国家农业研究所	山东农业大学	中国农业大学

续表2

2005 年	2006 年	2007 年	2008 年	2009 年	2010 年	2011 年	2012 年	2013 年	2014 年	2015 年 6 月
印度农业研究所	北达科他州立大学	澳大利亚联邦科学与工业研究组织	堪萨斯州立大学	印度农业研究所	山东农业大学	俄罗斯科学院	西北农林科技大学	南京农业大学	加拿大农业与农业食品部	美国农业部农业研究局
中国农业大学	中国农业科学院	费萨拉巴德农业大学	俄罗斯科学院	南京农业大学	堪萨斯州立大学	澳大利亚联邦科学与工业研究组织	山东农业大学	山东农业大学	俄罗斯科学院	法国国家农业研究所

2.4 主要研究机构的通讯作者论文数量与通讯作者数量排序基本一致

以发文总量 Top 10 机构与通讯作者发文量 Top 10 机构为主要对象，考察机构通讯作者队伍规模后发现，出现了与国家层面的作者队伍规模比较一致的结果，即论文数量排序多数与作者人数排序一致，可以说作者队伍的规模基本决定了论文数量的多少（表3）。

表3　主要研究机构的作者队伍人数比较

机　构	通讯作者发文量		通讯作者数量		通讯作者平均发文量	
	排序	发文量	排序	人数	排序	人均发文量
中国科学院	**1**	**564**	**1**	**244**	11	2.31
美国农业部农业研究局	2	512	2	221	10	2.32
加拿大农业与农业食品部	3	423	4	156	7	2.71
中国农业科学院	**4**	**412**	**10**	**106**	**1**	**3.89**
法国国家农业研究所	5	387	3	187	15	2.07

续表 3

机　构	通讯作者发文量		通讯作者数量		通讯作者平均发文量	
	排序	发文量	排序	人数	排序	人均发文量
西北农林科技大学	6	312	11	94	5	3.32
澳大利亚联邦科学与工业研究组织	7	311	6	132	9	2.36
俄罗斯科学院	8	288	5	143	16	2.01
费萨拉巴德农业大学	9	273	7	127	13	2.15
中国农业大学	**10**	**269**	**8**	**122**	**12**	**2.20**
印度农业研究所	11	251	9	120	14	2.09
南京农业大学	12	244	14	66	3	3.70
堪萨斯州立大学	13	226	12	80	6	2.83
山东农业大学	14	213	15	60	4	3.55
华盛顿州立大学	15	200	16	53	2	3.77
国际玉米小麦改良中心	16	179	13	68	8	2.63

3 基于综合影响力指标 I3 的论文整体水平比较

3.1 我国论文的综合影响力指标 I3 位居世界第一，篇均位居第 6

　　本研究使用雷德斯多夫的 I3 计算工具，计算出小麦研究领域每篇论文的 I3 值，按照通讯作者所属国家获得了国家综合影响力指标 I3 值，得到 I3 值 Top 10 国家（表 4）。结合论文总被引频次、通讯作者论文数量等指标，获得篇均 I3 值、篇均被引频次，发现位居综合影响力 I3 前 2 位的中美两国，篇均 I3 位次降至第 6、第 7；而 I3 总值位于第 9 的英国，篇均 I3 值和篇均被引频次都位居首位。

表 4　小麦研究领域论文的综合影响力指标 I3 Top 10 国家

国家	综合影响力 指标 I3		篇均 I3		总被引频次		篇均被引 频次		通讯作者 论文数量	
	排序	I3 值	排序*	篇均 I3 值	排序	总频次	排序*	篇均	排序	发文量
China	1	198 575.0	6	54.4	2	31 235	8	8.6	1	3 651
USA	2	148 480.9	7	54.4	1	34 089	4	12.5	2	2 730
Australia	3	72 251.8	3	62.3	3	18 083	3	15.6	4	1 159
India	4	63 421.5	9	38.0	7	9 418	9	5.6	3	1 671
Canada	5	57 511.1	8	53.5	4	12 664	5	11.8	5	1 074
Italy	6	41 705.2	4	60.3	9	7 667	7	11.1	10	706
France	7	40 944.6	2	63.8	6	10 195	2	15.9	12	697
Germany	8	40 373.5	5	57.2	8	7 815	6	11.1	8	747
England	9	37 836.9	1	64.6	5	10 574	1	18.0	13	692
Pakistan	10	35 298.2	10	37.7	13	4 210	10	4.5	6	937

注：排序*不是所有国家的篇均排序，仅对综合影响力指标 I3 的 Top 10 国家进行篇均排序。

　　以综合影响力指标 I3 值 Top 10 的国家为对象，考察其年度 I3 总值变化趋势发现，从 2008 年开始，我国的 I3 值就超过了美国，之后不仅一直位居世界首位，而且增速远远高于其他国家（图 5）。但是，如果考察每个年度的 I3 平均值就会发现（表 5），10 年间我国的 I3 均值基本位于第 6 或第 7 之间，

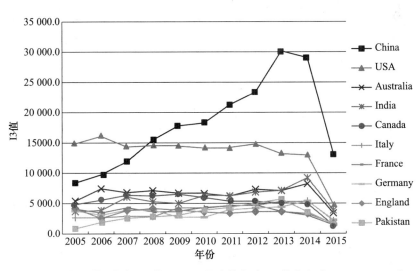

图 5　综合影响力指标 I3 值 Top 10 国家的年度 I3 值分布（2005—2015.6）

表 5　综合影响力指标 I3 Top 10 国家的 I3 均值年度排序（2005—2015.6）

2005 年	2006 年	2007 年	2008 年	2009 年	2010 年	2011 年	2012 年	2013 年	2014 年	2015 年
France	France	France	England	England	England	England	England	Australia	Italy	Australia
Australia	England	England	France	Australia	France	Australia	Australia	England	England	England
Germany	Australia	Italy	Australia	Italy	Italy	France	France	Germany	Australia	Canada
England	Germany	Canada	Italy	France	Australia	Italy	Italy	France	France	France
Italy	Italy	Australia	China	Germany	Germany	Germany	Germany	Italy	Germany	Germany
USA	China	China	USA	China	USA	USA	China	USA	China	USA
China	Canada	Germany	Canada	USA	Canada	China	USA	China	USA	China
Canada	USA	USA	Germany	Canada	China	Canada	Canada	Canada	Canada	Pakistan
Pakistan	India	India	Pakistan	Pakistan	India	India	Pakistan	Pakistan	India	Italy
India	Pakistan	Pakistan	India	India	Pakistan	Pakistan	India	India	Pakistan	India

从未进入过前4名，同美国不相上下。I3年度均值首位基本被英国和法国占据，最近澳大利亚和意大利超过了英法。我国的综合影响力指标I3主要以规模取胜，如果排除规模效应后，整体表现出科研质量尚有较大的提升空间。

3.2 我国机构占据综合影响力指标 I3 Top 10 机构的半数，篇均表现略低于总量

继续按通讯作者所属机构考察综合影响力指标 I3 发现，我国有中国科学院中国科学院、中国农业科学院、西北农林科技大学、中国农业大学以及南京农业大学上榜。与通讯作者论文量 Top 10 机构相比，增加了南京农业大学，并且五家机构中南京农业大学的篇均 I3 值表现最好，位居第 3。中国农业大学的篇均 I3 值表现与 I3 总值排序一致，其他 3 家机构的篇均 I3 值表现都略低于 I3 总值的排序（表 6）。

表 6　小麦研究领域论文综合影响力指标 I3 的 Top 10 机构

机构	I3 总值		篇均 I3 值		总被引频次		篇均被引频次		通讯作者论文量	
	排序	I3 值	排序 *	篇均 I3	排序	总频次	排序 *	篇均被引	排序	发文量
中国科学院	1	32 499	7	57.62	4	6 125	7	10.86	1	564
美国农业部农业研究局	2	29 520	6	57.66	1	7 213	3	14.09	2	512
法国农业科研所	3	24 970	2	64.52	3	6 203	2	16.03	5	387
中国农业科学院	4	24 332	5	59.06	5	4 691	5	11.39	4	412
澳大利亚联邦科学与工业研究组织	5	22 558	1	72.53	2	7 125	1	22.91	7	311
加拿大农业与农业食品部	6	21 825	10	51.60	6	4 371	8	10.33	3	423

续表6

机构	I3 总值		篇均 I3 值		总被引频次		篇均被引频次		通讯作者论文量	
	排序	I3 值	排序*	篇均 I3	排序	总频次	排序*	篇均被引	排序	发文量
西北农林科技大学	7	16 440	9	52.69	10	1 501	10	4.81	6	312
中国农业大学	**8**	**15 016**	**8**	**55.82**	**8**	**2 934**	**6**	**10.91**	**10**	**269**
南京农业大学	9	14 913	**3**	61.12	9	2 472	9	10.13	11	244
堪萨斯州立大学	10	13 647	4	60.38	7	3 145	4	13.92	12	226

注：排序*不是所有机构的篇均排序，仅对综合影响力指标 I3 的 Top 10 机构进行篇均排序。

与我国的机构相比，法国农业研究所和澳大利亚联邦科学与工业研究组织的 I3 总值、篇均 I3 值、总被引频次以及篇均被引频次都优于发文量排序。这两个国家的通讯作者平均发文量排序都低于通讯作者发文量和通讯作者数量的排序。

再看篇均 I3 的年度 Top 10 机构发现，澳大利亚联邦科学与工业研究组织基本稳居年度 Top 10 榜首，我国机构中南京农业大学表现较好，基本位居第 2 位或第 3 位，多数机构的表现忽高忽低、徘徊在 Top 5～10 之间（表 7）。

表 7　综合影响力指标 I3 Top 10 机构的 I3 均值年度排序（2005—2015.6）

2005 年	2006 年	2007 年	2008 年	2009 年	2010 年	2011 年	2012 年	2013 年	2014 年	2015 年
法国农业科研所	澳大利亚联邦科学与工业研究组织	堪萨斯州立大学	澳大利亚联邦科学与工业研究组织	澳大利亚联邦科学与工业研究组织	澳大利亚联邦科学与工业研究组织	澳大利亚联邦科学与工业研究组织	澳大利亚联邦科学与工业研究组织	澳大利亚联邦科学与工业研究组织	澳大利亚联邦科学与工业研究组织	澳大利亚联邦科学与工业研究组织

续表7

2005 年	2006 年	2007 年	2008 年	2009 年	2010 年	2011 年	2012 年	2013 年	2014 年	2015 年
澳大利亚联邦科学与工业研究组织	法国农业科研所	澳大利亚联邦科学与工业研究组织	南京农业大学	南京农业大学	南京农业大学	南京农业大学	西北农林科技大学	堪萨斯州立大学	中国农业科学院	加拿大农业与农业食品部
南京农业大学	中国农业大学	中国农业科学院	法国农业科研所	中国农业科学院	中国农业大学	法国农业科研所	法国农业科研所	中国科学院	南京农业大学	南京农业大学
美国农业部农业研究局	堪萨斯州立大学	法国农业科研所	堪萨斯州立大学	堪萨斯州立大学	法国农业科研所	中国农业大学	中国科学院	南京农业大学	法国农业科研所	法国农业科研所
中国科学院	美国农业部农业研究局	中国科学院	中国农业科学院	法国农业科研所	美国农业部农业研究局	美国农业部农业研究局	堪萨斯州立大学	中国农业科学院	中国科学院	堪萨斯州立大学
中国农业科学院	中国农业科学院	美国农业部农业研究局	中国农业大学	中国科学院	堪萨斯州立大学	中国农业科学院	加拿大农业与农业食品部	法国农业科研所	美国农业部农业研究局	美国农业部农业研究局
堪萨斯州立大学	中国科学院	南京农业大学	西北农林科技大学	美国农业部农业研究局	中国农业科学院	堪萨斯州立大学	南京农业大学	美国农业部农业研究局	西北农林科技大学	中国农业大学
加拿大农业与农业食品部	南京农业大学	中国农业大学	美国农业部农业研究局	中国农业大学	中国科学院	加拿大农业与农业食品部	中国农业科学院	中国农业大学	堪萨斯州立大学	中国科学院
中国农业大学	加拿大农业与农业食品部	加拿大农业与农业食品部	中国科学院	加拿大农业与农业食品部	西北农林科技大学	中国科学院	中国农业大学	西北农林科技大学	中国农业大学	中国农业科学院

续表7

2005 年	2006 年	2007 年	2008 年	2009 年	2010 年	2011 年	2012 年	2013 年	2014 年	2015 年
西北农林科技大学	西北农林科技大学	西北农林科技大学	加拿大农业与农业食品部	西北农林科技大学	加拿大农业与农业食品部	西北农林科技大学	美国农业部农业研究局	加拿大农业与农业食品部	加拿大农业与农业食品部	西北农林科技大学

3.3 我国机构进入单篇论文综合影响力指标 I3 前 10% 的高水平论文较少

采用雷德斯多夫的 I3 工具可以得到数据集合中每篇论文的综合影响力指标 I3 值，将 22 504 篇论文的 I3 值降序排列，删除重复值后得到 912 个 I3 值，取前 10% 获得临界值 99.52，然后得到 I3 值不低于临界值的 108 篇论文。统计 108 篇论文的通讯作者所属国家有 22 个、按论文数量以及 I3 总值排序得到 Top 10 国家，我国以 9 篇论文数量位居美国和澳大利亚之后（表 8）。同理得到 Top 10 机构的列表，我国仅有中国科学院、深圳华大基因和中国农业大学 3 家机构以 3 篇和 2 篇的论文数量进入榜单（表 9）。

表 8　单篇论文综合影响力指标 I3 前 10% 的论文数量 Top 10 国家

排序	国家	进入 I3 前 10% 的论文数量	前 10% 论文的 I3 总值	前 10% 论文的 I3 均值
1	USA	25	2 494.71	99.79
2	Australia	19	1 895.93	99.79
3	**China**	**9**	**897.92**	**99.77**
4	England	9	896.84	99.65
5	France	8	798.21	99.78
6	Germany	7	697.95	99.71
7	Mexico	5	498.49	99.70

续表 8

排序	国家	进入 I3 前 10% 的论文数量	前 10% 论文的 I3 总值	前 10% 论文的 I3 均值
8	Denmark	4	399.25	99.81
9	India	4	399.03	99.76
10	Netherlands	2	199.70	99.85
10	Canada	2	199.52	99.76
10	Turkey	2	199.34	99.67

表 9　单篇论文综合影响力指标 I3 前 10% 的论文数量 Top 10 机构

排序	机构	进入 I3 前 10% 的论文数量	前 10% 论文的 I3 总值	前 10% 论文的 I3 均值
1	澳大利亚联邦科学与工业研究组织	13	1 296.95	99.77
2	加州大学	7	698.53	99.79
3	国际玉米小麦改良中心	6	598.01	99.67
4	堪萨斯州立大学	5	498.22	99.64
5	美国农业部农业研究局	4	399.59	99.90
6	法国农业科学研究院	4	398.91	99.73
7	（法国）克莱蒙费朗大学	3	299.64	99.88
8	**中国科学院**	**3**	**299.40**	**99.80**
9	约翰英纳斯中心	3	299.30	99.77
10	**深圳华大基因**	**2**	**199.92**	**99.96**
11	丹麦技术大学	2	199.90	99.95
12	（澳大利亚）阿德莱德大学	2	199.83	99.91
13	华盛顿州立大学	2	199.63	99.82
14	（德国）莱布尼茨植物遗传学和作物研究所	2	199.48	99.74

续表 9

排序	机构	进入 I3 前 10% 的论文数量	前 10% 论文的 I3 总值	前 10% 论文的 I3 均值
15	中国农业大学	2	199.46	99.73
16	（英国）洛桑研究所	2	199.10	99.55

4　基于高水平期刊的论文整体水平比较

期刊影响因子是评价期刊水平的传统指标，目前最常用的主要指标是汤森路透的期刊引文报告数据库 JCR 推出期刊两年影响因子 JF、5 年影响因子、特征因子等一系列指标。JF 是基于期刊在过去两年发表的论文在当前 JCR 年的平均被引次数计算而得。特征因子是以过去五年期刊发表的论文在该 JCR 年被引总数为基础，同时考虑在期刊网络中引文较多的期刊的贡献等因素计算而得，不受期刊自引影响。

4.1　基于期刊影响因子的比较：我国在前 10% 高影响因子期刊的发文量绝对优势与篇均不同步

本研究中采集的 22 504 篇论文发表在 1 213 种期刊上，共有 973 种 JCR 期刊影响因子值，选取位于前 10% 的影响因子值得到临界值 4.221，获得 102 种影响因子不低于 4.221 的期刊上发表的小麦研究相关论文 1 343 篇。这些来自 102 种高影响因子期刊的 1 343 篇论文通讯作者来自 54 个国家、大约 464 个机构（虽然本研究中对机构名称进行了规范化处理，但也不排除个别机构仍然具有多种名称表达形式的情况）。

进行国家与机构层面的统计，发现我国作者在高影响因子期刊上发表的论文数量远高于位居第 2 的美国，但论文篇均期刊影响因子值低于澳大利亚和意大利（表 10）；虽然我国有中国科学院、中国农业科学院和山东大学进入了 Top 10 机构榜单，但论文篇均期刊影响因子值处于 Top 10 机构的后 3 位（表 11）。由于期刊影响因子仅考虑被引频次和载文量，它重点反映了期刊的流行状态，以上结果说明我国机构在引领小麦研究前沿方面尚有提升空间。

表 10　JCR 期刊影响因子前 10% 的论文数量 Top 10 国家

排序	国家	进入前 10% 的论文数量	前 10% 论文的影响因子总值	前 10% 论文的影响因子均值
1	China	3 651	8 280.46	2.43
2	USA	2 730	6 336.15	2.36
3	India	1 671	2 061.21	1.36
4	Australia	1 159	3 010.92	3.00
5	Canada	1 074	2 119.77	2.00
6	Pakistan	937	810.57	1.02
7	Japan	747	1 465.04	2.00
8	Germany	705	1 652.54	2.43
9	Turkey	697	801.75	1.40
10	Italy	692	1 672.52	2.48

表 11　JCR 期刊影响因子前 10% 的论文数量 Top 10 机构

排序	机　构	进入前 10% 的论文数量	前 10% 论文的影响因子总值	前 10% 论文的影响因子均值
1	澳大利亚联邦科学与工业研究组织	60	420.48	7.01
2	中国科学院	58	368.04	6.35
3	法国农业科学研究院	45	314.41	6.99
4	（英国）洛桑研究所	37	224.76	6.07
5	加州大学	33	324.16	9.82
6	中国农业科学院	33	200.17	6.07
7	山东大学	25	133.56	5.34
8	美国农业部农业研究局	24	133.36	5.56

续表 11

排序	机　构	进入前 10% 的 论文数量	前 10% 论文的 影响因子总值	前 10% 论文的 影响因子均值
9	（瑞士）苏黎世大学	23	168.25	7.32
10	（澳大利亚）阿德莱德大学	18	174.97	9.72

4.2　基于期刊特征因子的比较：我国在小麦研究领域的学术影响力位居核心地位

期刊特征因子是排除自引后、基于期刊近 5 年间的引文网络结构，评价期刊影响力的指标。本研究依据 JCR 数据库提供的期刊特征因子分值，标记出刊载 22 504 篇论文的 1 213 种期刊的 700 个特征因子，前 10% 特征因子值的临界值是 0.051 8，据此获得 71 种高水平期刊论文 2 171 篇。2 171 篇论文通讯作者来自 62 个国家、大约 808 家机构。

分别统计国家、机构层面的前 10% 期刊论文数发现，我国仍然位居首位，而且论文篇均期刊特征因子分值明显高于其他国家（表 12）；我国机构占据了 Top 10 机构数量的 2/3，并且四川农业大学的论文篇均期刊特征因子值显著高于其他机构、位居首位（表 13）。由于期刊特征因子实现了引文数量与质量的综合评价，依据以上统计结果可以判断，我国在小麦研究领域的核心学术影响力毋庸置疑。

表 12　JCR 期刊特征因子前 10% 的论文数量 Top 10 国家

排序	国家	进入前 10% 的论文数量	前 10% 论文的 特征因子总值	前 10% 论文的 特征因子均值
1	China	483	206.33	0.43
2	USA	280	91.95	0.33
3	France	130	21.59	0.17
4	Australia	122	39.42	0.32
5	England	120	22.56	0.19

续表 12

排序	国家	进入前 10% 的论文数量	前 10% 论文的 特征因子总值	前 10% 论文的 特征因子均值
6	Italy	104	19.07	0.18
7	Canada	93	18.96	0.20
8	Germany	92	24.16	0.26
9	Spain	78	16.90	0.22
10	Japan	74	16.81	0.23

表 13　JCR 期刊特征因子前 10% 的论文数量 Top 10 机构

排序	机构	进入前 10% 的论文数量	前 10% 论文的 特征因子总值	前 10% 论文的 特征因子均值
1	西北农林科技大学	41	35.60	0.87
2	中国农业科学院	53	28.66	0.54
3	中国科学院	86	24.11	0.28
4	华盛顿州立大学	22	17.27	0.79
5	澳大利亚联邦科学与工业研究组织	46	17.09	0.37
6	加州大学	38	15.77	0.42
7	法国农业科学研究院	71	14.26	0.20
8	南京农业大学	35	12.91	0.37
9	中国农业大学	26	12.62	0.49
10	四川农业大学	10	10.96	1.10

4.3　基于高影响力期刊论文的比较：我国高影响力期刊论文的多数指标位居世界第一，但篇均期刊影响因子低于均值

　　将 JCR 的期刊影响因子与特征因子两项指标均视为高影响力期刊选择依据，忽略不同影响力指标的差异，以上两种方法筛选结果就可以作为高影响

力期刊论文数据集。合并以上结果共有 3 514 篇论文，去除 915 篇（26%）重复论文后，获得 2 598 篇高影响力期刊论文。2 598 篇高影响力期刊论文的通讯作者来自 63 个国家、779 家机构。

再次以国家、机构为单位进行前 10% 高影响力期刊论文统计后发现，我国的高影响力期刊论文数位居第一、贡献度超过 21%，但篇均期刊影响因子 4.61 低于 63 个国家的平均值 4.85（表 14）。779 家机构按前 10% 高影响力期刊论文数量排序得到 Top 10 机构，我国有中国科学院、中国农业科学院、西北农林科技大学以及南京农业大学 4 家机构入围，并且中国科学院位居首位（表 15）。8 项比较特征指标中，论文数量 / 贡献度、期刊影响因子总值 / 贡献度、期刊特征因子总值 / 贡献度 / 篇均等 7 项指标都是我国机构位居首位，仅有篇均期刊影响因子一个指标表现不良，中国科学院的篇均期刊影响因子 5.25 高于平均值 4.85，其他 3 家机构均低于平均值。

表 14　高影响力期刊前 10% 的论文数量 Top 10 国家

排序	国家	通讯作者发文量		JCR 期刊影响因子			JCR 期刊特征因子		
		数量	贡献度	总值	贡献度	篇均	总值	贡献度	篇均
1	China	551	**21.21%**	2 531.28	**20.20%**	4.61	207.45	**33.59%**	**0.38**
2	USA	325	12.51%	1 794.26	14.32%	**5.59**	92.68	15.01%	0.29
3	Australia	177	6.81%	1 056.56	8.43%	**6.00**	40.26	6.52%	0.23
4	England	151	5.81%	849.47	6.78%	**5.63**	23.01	3.73%	0.15
5	France	151	5.81%	835.19	6.66%	**5.61**	22.04	3.57%	0.15
6	Italy	118	4.54%	459.10	3.66%	3.89	19.29	3.12%	0.16
7	Canada	117	4.50%	479.95	3.83%	4.10	19.28	3.12%	0.17
8	Germany	105	4.04%	511.29	4.08%	**4.96**	24.42	3.95%	0.23
9	Japan	95	3.66%	438.95	3.50%	**4.62**	17.10	2.77%	0.18
10	Spain	87	3.35%	377.40	3.01%	4.34	17.12	2.77%	0.20
	总计	2 598		12 533.31		4.85	617.63		0.24

表 15　高影响力期刊前 10% 的论文数量 Top 10 机构

排序	国家	通讯作者发文量		JCR 期刊影响因子			JCR 期刊特征因子		
		数量	贡献度	总值	贡献度	篇均	总值	贡献度	篇均
1	中国科学院	91	3.50%	**477.36**	**3.81%**	5.25	24.20	3.92%	0.27
2	法国农业科学研究院	81	3.12%	422.93	3.37%	5.35	14.45	2.34%	0.18
3	澳大利亚联邦科学与工业研究组织	70	2.69%	451.86	3.61%	6.46	17.50	2.83%	0.25
4	中国农业科学院	61	2.35%	288.90	2.31%	4.82	28.78	4.66%	0.47
5	美国农业部农业研究局	54	2.08%	230.58	1.84%	4.27	8.15	1.32%	0.15
6	（英国）洛桑研究所	51	1.96%	269.73	2.15%	5.29	6.09	0.99%	0.12
7	西北农林科技大学	48	1.85%	202.97	1.62%	4.23	**35.68**	**5.78%**	**0.76**
8	（比利时）鲁汶天主教大学	46	1.77%	172.68	1.38%	3.75	3.72	0.60%	0.08
9	加州大学	44	1.69%	359.48	2.87%	**8.36**	15.84	2.56%	0.36
10	南京农业大学	39	1.50%	169.09	1.35%	4.34	12.99	2.10%	0.33
	总计	2 598		12 533.31		4.85	617.63		0.24

5　基于论文被引频次的高水平论文比较

单篇论文的学术影响力比较目前是文献计量学研究中关注的新问题，虽然已有学者提出了一些算法和指标，由于计算中需要用到引文的引文分析数据，不适用于规模较大的数据集。因此本研究仍然采用传统的基于被引频次的 h 指数，以及通过百分位数统计方法确定前 10% 高被引频次后，进行高水平论文筛选。

5.1 基于 h 指数的比较：我国论文质量的整体水平远低于论文产量水平

h 指数是基于论文被引频次度量一个学者、期刊、机构乃至国家发表论文被引情况的一个传统指标。基于 h 指数可以把数据集合中的论文按被引频次分成≥h 指数的高被引论文，小于 h 指数的低被引论文，以及未引用的零被引论文（说明：基于 h 指数的被引频次分布是动态的，会因数据获取时间点的不同而存在差异）。零被引论文量是度量学术团体或个人论文整体水平的反向指标之一。

从表 16 的统计结果可见，我国的高被引论文数量位居第 3，但高被引论文占总发文量的比例却是十个国家中最低的、零被引论文数量占比却是最高；Top 10 国家中，英国的高被引论文数量排序虽然位居第 4、但占比最高，法国的高被引论文数量排序第 6，但零被引论文占比最低。再看机构层面的论

表 16　基于 h 指数的 Top 10 国家的论文被引频次分布

国家	被引频次≥h 指数的高被引论文		被引频次低于 h 指数的低被引论文		零被引论文	
	数量（国家 h 指数）	占比	数量	占比	数量	占比
USA	62	2.27%	2 288	83.81%	380	13.92%
Australia	57	4.92%	950	81.97%	152	13.11%
China	54	**1.48%**	2 781	76.17%	816	**22.35%**
England	50	**8.53%**	470	80.20%	66	11.26%
Canada	47	4.37%	868	80.74%	160	14.88%
France	44	6.85%	528	82.24%	70	**10.90%**
India	39	2.33%	1 020	61.04%	612	36.62%
Germany	38	5.38%	538	76.20%	130	18.41%
Italy	36	5.20%	549	79.34%	107	15.46%
Japan	34	4.55%	587	78.58%	126	16.87%

文被引频次分布（表 17），我国有四家机构进入 Top 10 之列，但高被引论文占比最低的机构（中国科学院）和零被引论文占比最高的机构（中国农业大学）都是我国机构。论文被引频次的分布状态从另一个维度说明，我国在小麦研究领域的学术论文质量的整体水平远低于论文产量水平。

表 17　基于 h 指数的 Top 10 机构的论文被引频次分布

机构	被引频次≥h 指数的高被引论文		被引频次小于 h 指数的低被引论文		零被引论文	
	数量（机构 h 指数）	占比	数量	占比	数量	占比
澳大利亚联邦科学与工业研究组织	47	15.11%	235	75.56%	29	9.32%
中国科学院	38	6.74%	439	77.84%	87	15.43%
法国农业科学研究院	38	9.82%	313	80.88%	36	**9.30%**
美国农业部农业研究局	37	7.23%	421	82.23%	54	10.55%
中国农业科学院	35	8.50%	316	76.70%	61	14.81%
国际玉米小麦改良中心	34	18.99%	116	64.80%	29	16.20%
加拿大农业与农业食品部	31	7.33%	334	78.96%	58	13.71%
堪萨斯州立大学	30	13.27%	169	74.78%	27	11.95%
中国农业大学	29	10.78%	192	71.38%	48	**17.84%**
南京农业大学	27	11.07%	175	71.72%	42	17.21%

5.2　基于 Top 10 被引频次基线的比较：我国缺乏具有顶尖影响力的论文

采用百分位法统计和每年度论文被引频次的前 10% 基线，筛选出被引频次位于 Top 10% 以内的 76 篇高被引论文。76 篇论文通讯作者来自 20 个国家的 51 家机构，统计国家层面与机构层面的被引频次位居每年度 Top

1%、Top 2%～5%、Top 6%～10% 等前 10% 论文数量，得到表 18 和表 19 的排序。

考察国家层面的高被引论文发现，美国以绝对优势位居第一；澳大利亚位居其次；英国和法国实力相当；我国没有进入 Top 5% 的论文、只有 4 篇进入 Top 6%～10% 的高被引论文；印度虽然只有 2 篇高被引论文，但其中 1 篇进入了 Top 1%。

在机构层面的高被引论文统计中，入围论文数量 Top 10 的机构有 11家，其中美国有 3 家、法国有 2 家，我国仅有深圳华大基因 1 家机构以 2 篇论文数量入围。获得国家自然科学基金资助最多的中国科学院和中国农业科学院都没有高被引论文出现，我国的另外 2 篇论文产自中国农业大学和郑州大学。

表 18　被引频次位居 Top 10% 的论文通讯作者所属国家分布

排序	国家	Top 1% 论文数	Top 2% ~ 5% 论文数	Top 6% ~ 10% 论文数	Top 10% 论文总量
1	USA	1	13	3	17
2	Australia	1	3	8	12
3	England		3	5	8
4	France		2	5	7
5	Denmark		2	2	4
6	Canada		2	2	4
7	China			4	4
8	Mexico			3	3
9	Italy			2	2
9	Austria		1	1	2
9	Netherlands		1	1	2
9	Germany			2	2
9	India	1		1	2

表 19　被引频次位居 Top 10% 论文的通讯作者所属机构（Top 10）分布

排序	国家	Top 1%	Top 2% ~ 5%	Top 6% ~ 10%	Top 10% 论文总量
1	澳大利亚联邦科学与工业研究组织	1	3	2	6
2	加州大学			6	6
3	美国农业部农业研究局	1	1	2	4
4	CIMMYT 国际玉米小麦改良中心		3		3
4	法国农业科学研究院		3		3
5	（澳大利亚）阿德莱德大学		2	1	3
6	（法国）克莱蒙费朗大学		1	2	3
7	华盛顿州立大学			3	3
8	深圳华大基因		2		2
8	诺丁汉大学		2		2
9	丹麦科技大学			2	2

6　结语

　　本研究得出如下结论：①我国在小麦研究领域已确立了核心学术影响力地位，但尚未出现表现稳定的核心学术影响力机构。②我国在高影响力期刊上的发文量处于绝对优势地位，入围高影响力期刊论文数量 Top 10 的我国机构也占据了 2/3，但未表现出与发文量相当的优势。③我国论文的整体质量水平尚未达到世界领先地位，缺乏引领小麦研究领域前沿的高水平论文，零引用论文数量占比过高。④经常出现在机构排行榜单上的中国科学院、中国农业科学院、西北农林科技大学、中国农业大学和南京农业大学是获得国家自然科学基金资助项目最多的前五位机构，5 家机构获得资助经费总额高达小麦所有研究项目的 52%，充分证明以国家自然科学基金项目为首的基础研究资助为提升我国小麦研究的国际影响力奠定了基础。

未来我国需要加强小麦研究领域的基础研究，注重提升论文质量，相关研究机构要注重培养具有可持续发展能力的研究团队。

参考文献

［1］ Food and Agriculture Organization of the united nations statistics division. FAO Statistical Database. [2015.12.25]. http://faostat3.fao.org/download/Q/QC/E.

［2］ 国家自然科学基金委. 科学基金共享服务网. [2015.12.2]. http://npd.nsfc.gov.cn/granttype1!index.action.

［3］ Loet Leydesdorff & Lutz Bornmann (2011), Integrated Impact Indicators (I3) compared with Impact Factors (IFs): An alternative design with policy implications. Journal of the American Society for Information Science and Technology, 62(11): 2133-2146.

［4］ 邱均平, 周春雷. 发文量和 h 指数结合的高影响力作者评选方法研究——以图书情报学为例的实证分析 [J]. 图书馆论坛, 2008(12): 44-49.

［5］ 陈福佑, 杨立英. 新科研影响力评价指标分析 [J]. 情报杂志, 2014(7): 81-85, 62.

［6］ Loet Leydesdorff & Lutz Bornmann (in press). Percentile Ranks and the Integrated Impact Indicator (I3). Journal of the American Society for Information Science and Technology; preprint available at http://arxiv.org/abs/1112.6281.

［7］ Loet Leydesdorff .The Integrated Impact Indicator I3[EB/OL]. Amsterdam, April 7, 2012 (revised). [2015-06-09]. http://www.leydesdorff.net/software/i3/.

全球主要水稻研究机构的国际学术影响力比较分析

李晨英　　魏一品

（中国农业大学图书馆情报研究中心）

摘要： 我国是世界最大水稻生产和消费国，同时也是水稻研究论文高产国。本研究采集了汤森路透 WOS 数据库中收录的、2005 年以来发表的 24 509 篇关于水稻研究的学术期刊论文，采用文献计量法，在发文量和被引频次两个基本指标基础上，计算了综合影响力指标 I3，依据期刊的多个影响因子指标筛选了各项指标均位居 Top 10% 高影响力期刊论文，分别以国家、机构为单位进行了国际学术影响力比较分析。研究发现：在发文量方面，十年来 1/3 的水稻研究论文产自我国，2006 年开始我国水稻研究论文数量稳居第一，并且中科院一直位居年度发文量榜首；在高被引论文、高影响力论文、高影响力期刊论文 3 个方面，我国都排在国家数量排行榜首位，中国科学院都排在机构数量排行榜首位，但是以均值排序时，二者都优势不再。结果表明：不管是论文总量，还是高影响力论文量，我国都是水稻研究论文的最大生产国，中国科学院是最大生产机构，但从篇均指标来看，我国机构的整体水平与美国、日本、英国等国的机构相比还有大幅度提升空间。

关键词： 水稻；学术论文；发文量；高被引论文；高影响力论文；高影响力期刊论文

我国是亚洲栽培稻的主要起源地之一，1996 年在湖南省澧县出土的距今 8 000 年以上的炭化稻证明，长江中游 - 淮河上游是我国稻作发祥地[1]。数千年来，我国从公元前四五千年的中国栽培稻东传，到 2012 年"杂交水稻"在

美国、印度、印度尼西亚、巴基斯坦等多个国家大面积种植、海外播种面积达到 7 800 万亩 [2]，我国为解决世界粮食问题做出了卓越贡献。

我国政府为了保障粮食安全，在水稻研究方面投入了大量科研经费，仅根据国家自然科学基金委负责的"科学基金共享服务网 [3]"提供的立项数据，其中项目名称中含有"水稻"的基金项目就有 1 669 项，涉及 7.8 亿元的研究经费，平均项目资助强度为 46.9 万元。自然科学基金等国家级项目的资助，为促进我国学者开展水稻基础科学研究、发表高水平学术论文发挥了重要作用。

再看我国学者发表的关于水稻的中英文学术论文情况，在维普期刊资源整合服务平台中，检索题名中含有"水稻"的学术论文，2005 年以来发表的论文就有 50 941 篇，每年发表的论文数量一直呈现稳定增长趋势，2015 年已超过 5 000 篇。同时，水稻研究也是全世界关注的重点领域之一，仅在 WOS 核心合集数据库中检索题名中含有"rice OR 'oryza sativa'"的学术论文就有 419 481 篇（检索日期：2016.1.22）。为了考察我国在水稻研究领域的国际竞争力，本研究以汤森路透的 WOS 核心合集数据库为基础数据源，采用文献计量法和多指标综合评价法，从发文量、论文被引频次以及高水平期刊论文、综合影响力指标 I3（Integrated Impact Indicator）[4] 等多个学术影响力评价维度，分别以国家和机构为单位，进行了国际学术影响力的比较分析，旨在为相关学者和管理部门在制订我国水稻科学研究发展规划、进行科研经费统筹安排时提供参考数据。

1 研究方法

1.1 研究论文数据的获取方法

以汤森路透的 WOS 核心合集中的 SCIE（Science Citation Index Expanded）

数据库为基础数据源，检索标题中含有 rice OR "oryza sativa" 等各种水稻名称形式的各种类型文献（检索时间：2015-06-17），命中 6.3 万多篇，筛选出 2005 年以来发表的与农业、生物、植物、生态、资源环境等密切相关的 31 个 JCR 学科分类领域的重要学术论文（Article+Review）24 509 篇。

1.2 数据整理与规范化处理

由于每种期刊对作者、机构、国家等名称形式的标记方法略有差异，数据库生产厂家很难做到对收录所有数据要素的一致化或规范化处理，本研究的文献计量指标统计和分析，建立在对 24 509 篇论文元数据内容进行修正（修正书写、校正、去重、合并、删除）、整理（拼写形式一致化处理、同义词和近义词一致化处理）等步骤的规范化处理基础之上。

1.3 评价学术影响力的指标与方法

本研究首先选用了发文量和被引频次两项常用学术论文评价指标，又计算了综合影响力指标 I3，以及在综合多种期刊影响因子指标基础上计算的期刊综合影响力百分位等两项衍生指标，即用两项基础指标和两项衍生指标四个维度来衡量和表征学术影响力。

发文量：主要是指一位作者及其所属团体、机构或国家在某一领域、或某个时期内产出学术论文的总量。文献计量领域往往以发文量的多少来评价作者的学术成就，发文量指标虽然并不能完全反映文章的质量及其对学科领域的影响力[5]，但它是考察一个团体学术影响力的基本指标之一，著名的世界大学排行榜都将其作为评价指标之一。

被引频次：一篇论文被其他论文引用的频次。它一般会随着数据库的数据更新而变化，因此常被限定在某个具体的数据检索时间内。一位作者及其所属团体、机构或国家产出论文的总被引频次是每篇论文的被引频次的总和。

ESI 高水平论文（Top Paper）：高被引论文和热点论文取并集后的论文集合。高被引论文（Highly Cited Paper）是指按照同一年同一个 ESI 学科发表论文的被引用次数按照由高到低进行排序，排在前 1% 的论文。热点论文（Hot Paper）是统计某一 ESI 学科最近两年发表的论文，按照最近两个月里被引用次数进入前 0.1% 的论文而给出。

综合影响力指标 I3：针对论文被引频次呈现的偏态分布现象，著名文献计量学家雷德斯多夫提出的采用非参数统计方法描述论文学术影响力的绝对值评价指标[6]。它是基于论文被引频次，将数据集合中论文的被引频次按百分位法划分成不同的等级，并给予每种等级以相应的权值，在综合考虑每种被引频次等级和该等级上出现的论文数量等因素的基础上，形成的新的测度指标[7]。本研究依据雷德斯多夫给出的 I3 计算工具[8]，得到数据集合中每篇论文的 I3 值，然后再按通讯作者所属国家或机构计算所有国家和机构的综合影响力指标 I3 值。

百分位法：采用统计学中的百分位数指标，是将一组观察值分割成 100 等分的一群数值，这些数值记作 P1，P2，P3，…，P99，分别表示 1% 的数据落在 P1 下，2% 的数据落在 P2 下……，99% 的数据落在 P99 下。本研究中将论文的期刊影响因子、5 年影响因子、期刊特征因子、论文影响力以及被引频次等指标进行反向百分位数统计，确定每篇论文在各项指标下的百分位等级。本研究将各种指标下前 10% 作为划分基线。

期刊影响力指标百分位数：汤森路透发布的 JCR 期刊引证报告中提供了多种表征期刊影响力的指标，本研究选取了期刊影响因子（Journal Impact Factor）、5 年影响因子（5 Year Journal Impact Factor）、特征因子（Eigen factor®）、论文影响力（Article Influence Score）等四项具有一定差异性、又有相关性的期刊评价指标，根据 24 509 篇论文的载文期刊，分别计算每篇论文 4 项指标的百分位数，然后以每项指标的 Top 10% 为基线，筛选各项指标均位于 Top 10% 的高影响力期刊。

国家或机构的计量方法：学科不断地交叉和融合，科研合作程度越来越高，论文作者的数量越来越多。本研究主要以通讯作者所属国家和机构为计量单位，通讯作者是对论文负有主要责任、并具有核心知识产权的作者。按通讯作者所属国家、机构进行计量，与按全部作者所属计量相比，能更准确地表达具有核心研究实力的国家或机构的状况。

2　发文量与研究团队规模比较

发文量是评价学术影响力的最基础指标之一，而研究团队规模是决定发文量的重要因素之一，同时也是影响未来可持续发展潜力的重要因素之一。从 24 509 篇论文作者的所属国家/地区、机构，可以得到发文量和通讯作者论文量的前 10 位国家/地区、机构，以及机构的通讯作者队伍规模。

2.1　近 10 年全球约 1/3 的水稻研究论文产自我国

从国家/地区层面来看，我国大陆和台湾地区合计发文 8 114 篇，占论文总量 24 509 篇的 33.1%，同时通讯作者论文量也位居第一，是第二位日本的 1.7 倍，可以说我国是水稻学术论文生产大国（表 1）。根据国家/地区的年度发文情况发现，我国在 2005 年的发文量还位居日本之后，排位第二；2006 年超过日本、发文量持续上升，特别是 2010 年以来的发文量和通讯作者论文量与其他国家相比都快速飙升、遥遥领先（图 1），2014 年我国作者发文量占当年水稻论文总量的 37.7%、通讯作者论文量占水稻论文总量的 34.8%。

论文总量位居第二的日本，年发文量基本稳定保持在 450 篇上下；位居第四的美国也稳定保持在 300 篇上下；位居第三的印度，在年度发文量方面增速也比较显著，由 2005 年的 190 篇增加到 2014 年的 401 篇；韩国与巴西也是年度发文量增速显著的国家。

表 1 水稻研究领域发文量和通讯作者发文量 Top 10 国家 / 地区的发文情况比较

国家 / 地区	论文总量			通讯作者论文量			
	排序	发文量	占论文总量比例	排序	发文量	占论文总量比例	占发文量比例
China	**1**	**7 534**	**30.7%**	**1**	**6 818**	**27.8%**	**90.5%**
Japan	2	4 542	18.5%	2	3 950	16.1%	87.0%
India	3	3 256	13.3%	3	2 921	11.9%	89.7%
USA	4	3 164	12.9%	4	1 859	7.6%	**58.8%**
South Korea	5	1 791	7.3%	5	1 544	6.3%	86.2%
Philippines	6	1 054	4.3%	9	525	2.1%	**49.8%**
Brazil	7	996	4.1%	6	921	3.8%	92.5%
Thailand	8	793	3.2%	7	630	2.6%	79.4%
Australia	9	680	2.8%	11	374	1.5%	**55.0%**
Germany	10	611	2.5%	14	332	1.4%	**54.3%**
Taiwan of China	11	580	2.4%	8	535	2.2%	92.2%
Pakistan	12	522	2.1%	10	409	1.7%	78.4%

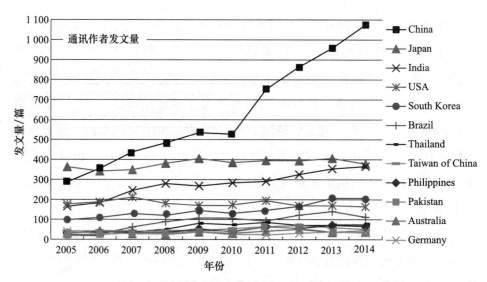

图 1 水稻研究领域发文总量和通讯作者论文量 Top 10 国家 /
地区的通讯作者论文年度发文量（2005—2014 年）

2.2　我国开展水稻研究的学者队伍规模最大

以每篇论文的通讯作者及其所属机构、所属国家为考察点进行统计，发现印度的研究机构数量最多，我国的通讯作者队伍人数最多。通讯作者队伍人数的排序与通讯作者论文数量排序多数一致（表2），通讯作者队伍人数与论文数量排序上升的国家主要有巴西、巴基斯坦和伊朗，这3个国家近年来发文量显著增加，预计它们将是未来水稻研究领域不可忽视的研究主力。

表2　水稻研究领域通讯作者论文量 Top 10 国家／地区的研究机构数量与通讯作者人数

序号	国家／地区	通讯作者论文数量／篇	通讯作者所属机构数量／个	通讯作者数量／人	通讯作者人均论文量／篇
1	China	6 818	405	3 975	1.7
2	Japan	3 950	379	3 253	1.2
3	India	2 921	607	3 236	0.9
4	USA	1 859	238	2 678	0.7
5	South Korea	1 544	150	2 311	0.7
6	Brazil	921	212	2 341 ↑	0.4
7	Thailand	630	62	2 108	0.3
8	Taiwan of China	535	94	2 037	0.3
9	Philippines	525	26	1 995	0.3
10	Pakistan	409	90	2 005 ↑	0.2
11	Australia	374	63	1 992	0.2
12	Malaysia	366	34	1 974	0.2
13	Iran	364	91	2 025 ↑	0.2
14	Germany	332	102	1 961	0.2

注：本数据中的机构名称和作者名称多数按照 WOS 数据库中的原始标记进行统计，不是所有机构名称都进行了一致化处理，未进行名称形式相同的不同作者甄别。

考察机构的通讯作者发文量发现，Top 10 中的 6 家机构都是我国机构，日本有 3 家机构，还有 1 家是菲律宾的国际水稻研究所。中国科学院是通讯作者发文量最多、通讯作者队伍规模最大的机构。多数机构的通讯作者论文数量排序与机构的通讯作者队伍规模排序一致，日本农业食品产业技术综合研究机构、菲律宾国际水稻所与中国农业大学的通讯作者人数排位目前高于论文数量排序（表 3）。基本可以证明对于一个国家或者机构来说，研究队伍规模是保证研究实力的基本条件。

表 3　水稻研究领域通讯作者论文量 Top 10 机构的论文数量与通讯作者人数

排序	机构	通讯作者论文数量 / 篇	通讯作者人数 / 人	通讯作者人均论文量 / 篇
1	中国科学院	1 181	379	3.1
2	浙江大学	779	212	3.7
3	南京农业大学	564	146	3.9
4	华中农业大学	469	104	**4.5**
5	国际水稻研究所（菲律宾）	429	131 ↑	3.3
6	农业食品产业技术综合研究机构（日本）	427	193 ↑	2.2
7	农业生物资源研究所（日本）	392	90	**4.4**
8	东京大学	337	96	3.5
9	中国农业大学	296	114 ↑	2.6
10	中国农业科学院	266	94	2.8

注：本数据中的机构名称和作者名称多数按照 WOS 数据库中的原始标记进行统计，不是所有机构名称都进行了一致化处理，未进行名称形式相同的不同作者甄别。

表 2 和表 3 中还分别给出了国家层面、机构层面的通讯作者人均论文数量，人均论文数量越多，说明在统计分析时段内具有较强研究实力的学者越多，同时也有可能存在一个机构的研究实力主要由少数几位学者承担的情况。这种情况下，如果存在学者年龄老化问题，那下一时段的统计结果可能就会是目前人均论文量表现并不突出，但作者队伍规模较大的机构或国家的舞台了。

2.3 通讯作者论文量年度 Top 10 机构中 52% 是我国机构

统计每一年度机构的通讯作者发文量，获得年度 Top 10 机构（表 4）。近 10 年，中国科学院以绝对优势一直位居首位，其次是浙江大学一直位居第二位，但 2015 年上半年被南京农业大学超越。华中农业大学的排位从 2006 年的第 10 位稳步增长，近 3 年已进入前三名行列。中国农科院 2011 年开始入围 Top 10，近两年排位由第 9 位陡升至第 5 位，表现突出。10 年来入围 Top 10 的 110 家机构中，52% 是我国机构，除表现突出的中科院、浙江大学、南京农业大学、华中农业大学和中国农科院之外，中国农业大学也有 5 次入围；入围的日本机构数量占比也高达 29%，"农业食品产业技术研究机构，简称日本农研机构"入围全部年度，"农业生物资源研究所，简称日本生物研"在 2011 年之前基本位于前五位，之后排位逐步下降，除研究机构外还有东京大学和名古屋大学两所高校入围，特别是东京大学入围 9 次、表现突出；美国机构只出现 8 次、并且 2011 年开始再未入围；印度虽然通讯作者发文量位居第三，但没有入围 Top 10 机构，仅有 2012 年和 2014 年两个年度入围年度 Top 10 第十位。菲律宾的国际水稻研究所也一直入围 Top 10，表明其具有很强的研究实力。

表 4 通讯作者论文量年度 Top 10 机构（2005—2015.6）

2005 年	2006 年	2007 年	2008 年	2009 年	2010 年	2011 年	2012 年	2013 年	2014 年	2015 年
中国科学院	中国科学院	中国科学院	中国科学院	中国科学院	中国科学院	中国科学院	中国科学院	中国科学院	中国科学院	中国科学院
浙江大学	浙江大学	浙江大学	浙江大学	浙江大学	浙江大学	浙江大学	浙江大学	浙江大学	浙江大学	南京农业大学
日本生物研	日本生物研	南京农业大学	南京农业大学	华中农业大学	日本生物研	南京农业大学	南京农业大学	华中农业大学	南京农业大学	浙江大学
日本农研机构	国际水稻研究所	东京大学	日本农研机构	南京农业大学	南京农业大学	日本农研机构	华中农业大学	南京农业大学	华中农业大学	华中农业大学

续表4

2005年	2006年	2007年	2008年	2009年	2010年	2011年	2012年	2013年	2014年	2015年
东京大学	东京大学	日本生物研	中国农业大学	日本农研机构	日本农研机构	华中农业大学	日本农研机构	国际水稻研究所	中国农业科学院	中国农业科学院
国际水稻研究所	日本农研机构	日本农研机构	日本生物研	国际水稻研究所	华中农业大学	国际水稻研究所	日本生物研	马来西亚博特拉大学	国际水稻研究所	国际水稻研究所
美国农业部农业研究局	阿肯色州大学	国际水稻研究所	东京大学	东京大学	国际水稻研究所	日本生物研	中国农业大学	日本农研机构	马来西亚博特拉大学	日本农研机构
阿肯色州大学	南京农业大学	美国农业部农业研究局	华中农业大学	日本生物研	东京大学	东京大学	国际水稻研究所	日本生物研	日本生物研	马来西亚博特拉大学
南京农业大学	名古屋大学	阿肯色州大学	国际水稻研究所	美国农业部农业研究局	印度农业研究所	中国农业科学院	中国农业科学院	中国农业科学院	日本农研机构	中国农业大学
名古屋大学	华中农业大学	中国农业大学	美国农业部农业研究局	中国农业大学	美国农业部农业研究局	中国农业大学	印度农业研究所	东京大学	印度农业研究所	东京大学

注：（1）【日本】农业食品产业技术综合研究机构，本文简称"日本农研机构"。
（2）【日本】农业生物资源研究所，本文简称"日本生物研"。

3　基于被引频次的高水平论文比较

被引频次是考察论文影响力的最基础指标，它会受到学科领域、文献类型、出版时间等因素的影响。本研究论文数据集虽然限定在农业、生物、植物、生态、资源环境等密切相关的 31 个 JCR 学科领域内，但由于许多期刊的跨学科性，实际涉及近百个 JCR 学科领域。直接采用论文的原始被引频次进行不同学科领域学术论文的学术影响力评价，不能消除学科间被引频次的差异；但以学科被引频次为参照标准的做法难度较大。因此，本研究直接采用百分位法对原始被引频次进行了标准化处理，用每篇论文的被引频次在水稻研究领域数据集内所处的百分位数值进行比较。

24 509 篇论文中被引频次位于 Top 10% 的高被引论文有 2 449 篇，统计论文通讯作者所属国家 / 地区或机构，得到被引频次百分位等级位于 Top 10% 的前 10 个国家 / 地区和机构。

3.1 我国高被引论文数量占绝对优势，英国高被引论文的整体水平最高

2 449 篇高被引论文的通讯作者来自 51 个国家，我国的高被引论文有 841 篇，占总量的 34.34%，与位居第 2 和第 3 的日本、美国相比，具有绝对的数量优势。取高被引论文数量位居前 20 位的国家，计算其篇均被引频次的百分位发现，英国的高被引论文整体水平最高，其次是比利时、美国。美国的高被引论文数量与篇均排序都是第 3，而我国篇均却跌至第 9，我国在高被引论文的整体水平方面与美国仍有显著差距（表 5）。

表 5　水稻研究领域前 10% 高被引论文通讯作者所属国家 Top 10（2005—2015.6）

国家 / 地区	论文数量	数量占比	数量排序	篇均被引频次百分位	篇均排序	数量与篇均位差
China	841	34.34%	1	4.94%	**9**	−8
Japan	458	18.70%	2	4.81%	6	−4
USA	284	11.60%	3	4.47%	**3**	0
India	155	6.33%	4	5.64%	17	−13
South Korea	121	4.94%	5	5.42%	12	−7
Philippines	74	3.02%	6	4.93%	8	−2

续表 5

国家 / 地区	论文数量	数量占比	数量排序	篇均被引频次百分位	篇均排序	数量与篇均位差
Germany	56	2.29%	7	5.53%	14	−7
Australia	53	2.16%	8	5.63%	16	−8
England	44	1.80%	9	3.84%	1	8
Spain	35	1.43%	10	5.53%	15	−5
Scotland	20	0.82%	15	4.53%	4	11
Malaysia	18	0.73%	17	4.60%	5	14
Netherlands	18	0.73%	18	4.87%	7	11
Switzerland	18	0.73%	19	5.02%	10	7
Belgium	17	0.69%	20	4.35%	2	18

3.2 中科院位居机构高被引论文数量榜首，康奈尔大学位居篇均榜首

2 449 篇高被引论文的通讯作者来自 614 家机构，中科院以 235 篇、占比高达 9.6% 的绝对优势位居榜首，华中农业大学、浙江大学位居二、三位，前 10 位机构中还有南京农业大学、上海交通大学和中国农业大学，我国共有 6 家机构入围。其余 4 家机构日本有农业生物资源研究所和东京大学 2 家机构，菲律宾有国际水稻研究所、美国有加州大学戴维斯分校（表 6）。

考察高被引论文数量位居前 20 机构的篇均被引频次百分位，论文数量位居 12 位的康奈尔大学的高被引论文篇均百分位排序位居第 1，我国入围论文数量前 10 位的 6 家机构中，仅有上海交通大学和中科院入围篇均被引频次百分位的机构前十位，其他 4 家机构都在十名之外，反而数量排名第 16 位的华南农业大学篇均入围前十、排第 5 位。日本有奈良先端科学技术研究所、冈山大学、农业生物资源研究所、名古屋大学等 4 家机构入围篇均 Top 10 之

列。美国的加州大学戴维斯分校篇均排位第 4，同康奈尔大学一样也优于数量位次。我国机构在高被引论文的整体水平方面与美国、日本的机构依然存在显著差距。

表 6　水稻研究领域 Top 10% 高被引论文通讯作者所属机构 Top 10（2005—2015.6）

机构	论文数	数量占比	数量排序	篇均被引频次百分位	篇均排序	数量与篇均位差
中国科学院	235	9.60%	1	4.62%	10	−9
华中农业大学	103	4.21%	2	4.67%	11	−9
浙江大学	83	3.39%	3	5.85%	19	−16
日本农业生物资源研究所	81	3.31%	4	4.23%	6	−2
国际水稻研究所	76	3.10%	5	4.95%	12	−7
东京大学	73	2.98%	6	5.10%	14	−8
南京农业大学	67	2.74%	7	5.12%	15	−8
加州大学戴维斯分校	32	1.31%	8	3.95%	4	4
上海交通大学	30	1.22%	9	4.60%	9	0
中国农业大学	30	1.22%	10	5.26%	17	−7
康奈尔大学	28	1.14%	12	3.43%	1	12
名古屋大学	28	1.14%	13	4.54%	8	4
奈良先端科学技术研究所	24	0.98%	15	3.72%	2	13
华南农业大学	23	0.94%	16	4.11%	5	11
冈山大学	21	0.86%	18	3.80%	3	15
阿伯丁大学	19	0.78%	20	4.26%	7	13

3.3 我国机构高水平论文占水稻研究领域 ESI 高水平论文的 36.3%

根据 WOS 检索结果中的高水平论文标记，24 509 篇水稻研究论文中，有 ESI 高水平论文 303 篇。其中包括 301 篇被引频次位于期刊所属 ESI 领域 Top 1% 的高被引论文、4 篇最近两个月里被引用次数进入期刊所属领域 Top 0.1% 的热点论文（Hot Paper）。

统计 303 篇 ESI 高水平论文的通讯作者所属国家和机构，获得论文数量 Top 10 的国家 / 地区（表 7）和机构（表 8）。我国以绝对优势位居第一，有 6 家机构入围 Top 10，中国科学院仍然位居机构第一。

表 7　水稻研究领域 ESI 高水平论文的通讯作者所属国家 / 地区 Top 10

国家 / 地区	ESI 高水平论文数量 / 篇	ESI 高水平论文占比
China	110	36.3%
Japan	41	13.5%
South Korea	23	7.6%
India	21	6.9%
USA	20	6.6%
Brazil/Taiwan of China	8	2.6%
Thailand/Malaysia	6	2.0%
France/Iran	5	1.7%

表 8　水稻研究领域 ESI 高被引与热点论文的通讯作者所属机构 Top 10

机构	ESI 高水平论文数量 / 篇	高水平论文占比
中国科学院	20	6.6%
浙江大学	14	4.6%
南京农业大学 /（日本）农业生物资源研究所	9	3.0%
华中农业大学	8	2.6%

续表 8

机构	ESI 高水平论文数量 / 篇	高水平论文占比
中国农业科学院 /（日本）农业食品产业技术综合研究机构	6	2.0%
加州戴维斯分校	5	1.7%
中国农业大学 / 首尔国立大学 / 印度理工学院 /（印度）国家植物基因组研究所	4	1.3%

4 基于综合影响力指标 I3 的高影响力论文比较

本研究首先采用雷德斯多夫的综合影响力指标 I3 工具，计算了 24 509 篇水稻研究论文的 I3 值，再按反向百分位法取 Top 10% 的论文，获得 2 389 篇高影响力论文。统计通讯作者所属国家和机构，得到以下结果。

4.1 我国高影响力论文数量最多，英国高影响力论文整体影响力更强

按通讯作者所属国家统计 2 389 篇综合影响力 I3 前 10% 的论文数量，得到每个国家进入 I3 前 10% 的论文量及其占 2 389 篇论文的比例，同时计算了每个国家入围 I3 前 10% 论文的篇均 I3 百分位值。按入围前 10% 论文数量选择 Top 10 国家，再按照论文数量和篇均 I3 百分位值进行排序得到表 9（由于数量排序 11～20 位国家的论文数量与前 10 位相比差距较大，所以此处只对前 10 位进行了篇均排序）。我国入围论文数量最多、占比超过 33%，但篇均 I3 百分位值的位次却是第 4 位，与论文数量排序位差为"–3"，美国入围论文数量位居第 3，但篇均 I3 百分位值的排位仅次于英国，入围 I3 前 10% 的论文影响力高于我国，英国前 10% 论文的篇均 I3 百分位值排位明显高于数量，德

国、澳大利亚、西班牙等国家论文的综合影响力也都要好于其论文数量。

表 9　综合影响力 I3 前 10% 论文的通讯作者所属国家 / 地区（Top 10）

国家 / 地区	I3 前 10% 论文数	论文数 占比	数量 排序	I3 百分位 均值	均值 排序	数量与均值的 位差
China	793	33.19%	1	**4.85%**	**4**	−3
Japan	456	19.09%	2	4.65%	3	−1
USA	**283**	11.85%	**3**	**4.44%**	**2**	**1**
India	154	6.45%	4	5.53%	10	−6
South Korea	111	4.65%	5	4.95%	5	0
Philippines	65	2.72%	6	5.22%	7	−1
Germany	54	2.26%	7	5.12%	6	1
Australia	53	2.22%	8	5.29%	8	0
England	46	1.93%	9	**3.93%**	**1**	**8**
Spain	38	1.59%	10	5.48%	9	1

4.2　中科院位居高影响力论文数量榜首，康奈尔大学位居篇均榜首

　　统计 2 389 篇入围 I3 前 10% 论文的通讯作者所属机构，发现我国有中国科学院、华中农业大学、浙江大学、南京农业大学、上海交通大学和中国农业大学 6 家机构入围发文量 Top 10 机构。由于入围 Top 10 机构的论文量与 Top 20 机构的论文量最小值差距仅有 10 篇，因此本研究计算了入围论文量 Top 20 机构的篇均 I3 百分位值，发现一半 Top 10 机构的篇均 I3 百分位值排序都跌至 10 位以后，日本的名古屋大学、奈良先端科学技术研究所、冈山大学等三家机构，以及美国康奈尔大学和我国华南农业大学的篇均 I3 百分位值排序都好于论文数量、在 Top 10 之列（表 10）。从论文数量与篇均 I3 百分位值的两个排序位次差值可见，我国入围 Top 10 的机构篇均 I3 百分位值整体表现欠佳，反而未入围的华南农业大学的篇均 I3 百分位值表现优于论文数量的表现。

表 10　综合影响力 I3 前 10% 论文的通讯作者所属机构（Top 10）

机　　构	I3 前 10% 论文数	论文数 占比	数量 排序	篇均 I3 百 分位值	均值 排序	数量与均值的 位差
中国科学院	218	9.13%	1	4.42%	7	−6
华中农业大学	94	3.93%	2	4.53%	8	−6
浙江大学	80	3.35%	3	5.75%	18	−15
日本农业生物资源 研究所	79	3.31%	4	3.97%	4	0
东京大学	72	3.01%	5	4.88%	12	−7
国际水稻研究所	65	2.72%	7	5.22%	15	−8
南京农业大学	65	2.72%	6	5.22%	16	−10
上海交通大学	31	1.30%	8	4.80%	10	−2
加州大学戴维斯分校	29	1.21%	9	3.84%	3	6
中国农业大学	29	1.21%	10	5.15%	14	−4
名古屋大学	28	1.17%	11	4.64%	9	2
康奈尔大学	27	1.13%	12	3.46%	1	11
奈良先端科学技术 研究所	24	1.00%	14	3.98%	5	9
冈山大学	22	0.92%	16	3.81%	2	14
华南农业大学	22	0.92%	17	4.09%	6	11

5　基于期刊多个影响因子指标的高影响力期刊论文比较

　　24 509 篇论文刊载在 1 379 种期刊上，表征每种期刊的影响因子有多个指标，每个指标评价的侧重点有所不同，例如：期刊影响因子是基于期刊在过去 2 年内被引频次和载文量计算而得，主要表现了期刊的流行状态；期刊特征因子是基于期刊近 5 年间的引文网络结构，综合考虑了引文数量与质量的因素，重点表达了期刊的影响力。另外，由于每个研究主题下每种期刊的相关论文数量也不相同，根据期刊影响因子计算时考虑的发文量和被引频次两项主要因素，在评价某一研究主题下的期刊影响力时，需要针对具体的论文数据集进行综合性评价。因此，本研究尝试着采用百分位法计算了 24 509 篇论文载文期刊四种影响力指标的百分位数，并以百分位数 Top 10% 为基线，筛选出 4 项指标均位于 Top 10% 的 831 篇高影响力期刊论文。

如果以单个期刊影响因子指标筛选 Top 10% 的高影响力期刊论文，每项指标都能筛选出 2 450 篇上下的论文。位居 4 项指标中任意一项 Top 10% 基线内的论文有 4 316 篇，但 4 项指标同时都位居 Top 10% 的论文仅有 831 篇，这些论文应该是水稻研究领域当之无愧的高水平期刊论文。

5.1　我国在高影响力期刊上的发文量最多，韩国的影响力更大

831 篇高影响力期刊论文的通讯作者来自 28 个国家 / 地区，我国在高影响力期刊上发表的论文数量最多，其次是美国和日本（表 11）。以论文数量在 10 篇以上的 11 个国家为对象，从期刊的 4 项影响力指标百分位、被引频次百分位以及综合影响力指标 I3 百分位等 6 项评价值，继续考察 11 个国家论文的平均影响力发现，美国论文在期刊的 4 项影响力指标方面都好于 831 篇论文的平均水平，说明美国的高水平期刊论文整体水平较高；韩国的论文数量虽然远远少于我国，但载文期刊的影响力指标有 2 项都高于平均水平，我国仅有 1 项特征因子百分位高于均值，并且韩国在被引频次和综合影响力指标 I3 方面都位居第 4 位，好于数量排序位居前三的中国、美国、日本 3 国。法国的论文数量虽然不多，但载文期刊的 3 项指标位居榜首，1 项指标排位第 3，证明其载文期刊的水平最高，但基于单篇论文被引频次和综合影响力 I3 指标的影响力表现并不佳。澳大利亚在论文数量、载文期刊水平等方面较弱，但单篇论文的影响力表现与英国旗鼓相当，都是最好。

表 11 水稻研究领域发表 10 篇以上高影响力期刊论文的国家（2005—2015.6）

国家/地区	论文数量		影响因子百分位		5年影响因子百分位		特征因子百分位		论文平均影响力百分位		被引频次百分位		I3百分位	
	数量	排序	均值	排序	均值	排序	均值	排序	均值	排序	均值	排序	均值	排序
China	278	1	3.81%	6	3.23%	6	4.92%	6	3.43%	6	15.23%	6	15.45%	8
USA	180	2	3.06%	2	2.56%	2	4.72%	5	2.61%	2	15.36%	8	15.16%	6
Japan	171	3	3.61%	5	3.17%	5	5.09%	7	3.13%	4	16.41%	9	15.79%	9
South Korea	36	4	3.69%	4	3.12%	4	6.00%	11	3.38%	5	10.29%	4	11.19%	4
England	23	5	4.06%	7	3.26%	7	3.56%	2	3.88%	7	8.38%	1	8.00%	2
Scotland	16	6	8.85%	11	6.86%	11	3.35%	1	8.68%	11	9.92%	3	9.80%	3
Germany	14	7	3.36%	3	2.66%	3	5.10%	8	3.10%	3	15.33%	7	15.26%	7
India	14	7	4.94%	9	4.07%	9	5.58%	9	4.14%	8	16.72%	10	16.30%	10
France	14	7	2.52%	1	2.25%	1	4.17%	3	2.08%	1	21.59%	11	21.17%	11
Switzerland	13	10	5.72%	10	4.60%	10	4.19%	4	5.46%	10	13.79%	5	12.69%	5
Australia	12	11	4.91%	8	4.02%	8	5.88%	10	4.40%	9	8.81%	2	7.97%	1
总计/均值	831		3.79%		3.19%		4.92%		3.38%		15.31%		15.14%	

5.2 中科院高影响力期刊论文数量第一，加州大学戴维斯分校影响力更大

831 篇高影响力期刊论文的通讯作者来自 238 家机构，发文量在 10 篇以上的机构有 13 家，其中我国有中科院等 5 家机构、日本有 4 家机构、美国有 3 家机构（表 12）。考察 13 家机构论文的 6 项指标均值发现，加州大学戴维斯分校和名古屋大学、东京大学的 6 项指标都高于均值，并且加州大学戴维斯分校的各项指标都优于名古屋大学和东京大学。华中农业大学、上海交通大学和日本冈山大学、美国康奈尔大学四家机构的论文都有 5 项指标好于均值。我国的 5 家机构中，上海交通大学的 6 项指标综合表现最好。日本的 4 家机构综合表现优于我国，美国 3 家机构的综合表现最好。

表 12　水稻研究领域发表 10 篇以上高影响力期刊论文的机构（2005—2015.6）

机构	论文数量		影响因子百分位		5 年影响因子百分位		特征因子百分位		论文平均影响力百分位		被引频次百分位		I3百分位	
	数量	排序	均值	排序	均值	排序	均值	排序	均值	排序	均值	排序	均值	排序
中国科学院	111	1	4.05%	10	3.29%	10	4.67%	7	3.62%	10	12.54%	7	12.78%	7
华中农业大学	43	2	3.06%	5	2.72%	5	5.07%	9	2.72%	4	14.02%	9	13.97%	9
日本农业生物资源研究所	43	2	3.44%	8	3.20%	9	4.98%	8	2.92%	7	16.00%	10	15.37%	10
浙江大学	20	4	4.65%	12	4.00%	12	5.76%	13	4.27%	12	24.75%	13	24.85%	13
东京大学	17	5	3.15%	6	3.15%	8	4.42%	5	2.80%	6	10.74%	5	10.39%	5
阿伯丁大学	16	6	8.85%	13	6.86%	13	3.35%	1	8.68%	13	9.92%	3	9.80%	3

续表 12

机构	论文数量		影响因子百分位		5 年影响因子百分位		特征因子百分位		论文平均影响力百分位		被引频次百分位		I3百分位	
	数量	排序	均值	排序	均值	排序	均值	排序	均值	排序	均值	排序	均值	排序
南京农业大学	16	6	4.17%	11	3.51%	11	5.56%	11	3.75%	11	18.94%	11	19.33%	11
冈山大学	15	8	2.97%	4	2.43%	4	5.48%	10	2.76%	5	6.76%	1	6.12%	1
上海交通大学	14	9	3.35%	7	2.92%	6	5.76%	12	2.92%	8	9.61%	2	9.61%	2
加州大学戴维斯分校	14	9	2.26%	2	1.86%	2	4.38%	4	1.65%	2	11.88%	6	11.84%	6
名古屋大学	14	9	2.51%	3	2.10%	3	4.64%	6	2.21%	3	12.88%	8	12.37%	8
佐治亚大学	13	12	1.59%	1	1.42%	1	3.50%	2	1.38%	1	19.08%	12	19.88%	12
康奈尔大学	11	13	3.73%	9	3.01%	7	4.35%	3	3.07%	9	10.05%	4	9.64%	4
总计 /均值	831		3.79%		3.19%		4.92%		3.38%		15.31%		15.14%	

6 结语

悠久的水稻栽培历史和世界最大的水稻栽培面积，以及世界著名的"杂交水稻""袁隆平"，这些信息很容易让国人认为：水稻研究我国最强。真的最强吗？

本研究采集了汤森路透 WOS 的 SCIE 数据库中收录的、2005 年以来发表的 24 509 篇关于水稻研究的学术期刊论文，采用文献计量法，在发文量和被引频次两个基本指标基础上，计算了综合影响力指标 I3，依据期刊的多个影响因子指标筛选了各项指标均位居 Top 10% 高影响力期刊论文，分别以国家或机构为单位进行了国际学术影响力比较分析。结果表明：

（1）10 年来 1/3 的水稻研究论文产自我国，2006 年开始我国水稻研究论文数量稳居第一，并且中科院一直位居年度发文量榜首；

（2）Top 10% 高被引论文中，我国位居数量榜首、英国位居篇均榜首，中科院位居机构排行榜首位、康奈尔大学位居篇均首位，同时 ESI 高水平论文中我国机构论文占比高达 36.3%；

（3）Top 10% 综合影响力指标 I3 论文中，我国论文数量最多、英国整体影响力最强，中科院论文数量最多，康奈尔大学篇均最强；

（4）Top 10% 高影响力期刊论文中，我国仍是论文数量最多，但韩国整体影响力最佳，中科院位居数量排行榜首位、加州大学戴维斯分校的影响力更大。

简言之，不管是论文总量，还是高影响力论文量，我国都是水稻研究论文的最大生产国，中国科学院是最大生产机构，但从篇均指标来看，我国机构的整体水平与美国、日本、英国等国的机构相比还有大幅度提升空间。

学术论文仅仅是科学研究产出的一个方面，专利也是科研成果的重要表现形式之一，并且是推动产业技术发展的重要学术成果。本研究仅关注了水稻相关研究论文，未来需要继续关注相关研究专利，需要从更多视角考察我国在水稻研究领域的国际影响力。

附表为我国获得国家自然科学基金资助水稻研究项目经费 Top 10 机构。

参考文献

[1] 王象坤，孙传清 . 中国栽培稻起源与演化研究专集 [M]. 北京：中国农业大学出版社，1996.

[2] 魏梦佳, 毛伟豪. 袁隆平: 中国杂交水稻技术在国际上有 "绝对优势" [J]. 科技致富向导, 2014, 15: 9.

[3] 国家自然科学基金委. 科学基金共享服务网. [2016-02-13]. http://npd.nsfc.gov.cn/granttype1!index.action.

[4] LoetLeydesdorff& Lutz Bornmann, Integrated Impact Indicators compared with Impact Factors: An alternative design with policy implications [J]. Journal of the American Society for Information Science and Technology, 2011, 62(11): 2133-2146.DOI: 10.1002/asi.21609.

[5] 邱均平, 周春雷. 发文量和 h 指数结合的高影响力作者评选方法研究——以图书情报学为例的实证分析 [J]. 图书馆论坛, 2008(12): 44-49.

[6] 陈福佑, 杨立英. 新科研影响力评价指标分析 [J]. 情报杂志, 2014(7): 81-85, 62.

[7] Loet Leydesdorff & Lutz Bornmann. Percentile Ranks and the Integrated Impact Indicator (I3) [J]. Journal of the American Society for Information Science and Technology, 2012, 63(9): 1901-1902. DOI: 10.1002/asi. 22641.

[8] Loet Leydesdorff.The Integrated Impact Indicator I3[EB/OL]. Amsterdam, April 7, 2012 (revised). [2015-06-09]. http://www.leydesdorff.net/software/i3/.

附表：我国获得国家自然科学基金资助水稻研究项目经费 Top 10 机构

机构	项目数量	项目数排序	合计资助经费 / 万元	经费排序
中国科学院	253	1	15 361	1
华中农业大学	83	5	6 345	2
南京农业大学	93	3	4 792	3
浙江大学	119	2	4 779	4
中国农业科学院	84	4	3 877	5
华南农业大学	71	6	3 410	6
扬州大学	67	7	2 710	7
中国水稻研究所	61	8	2 432	8
中国农业大学	45	9	2 367	9
上海交通大学	20	10	2 258	10

注：基础数据来源于国家自然科学基金委的 "科学基金共享服务网"，检索时间：2016-02-13.

基于专利的禾谷类作物种子技术创新分布结构研究 *

崔遵康[1] 赵　星[2] 郜向荣[1] 李丹阳[3] 左文革[1]

（1 中国农业大学图书馆；2 北京奥凯知识产权服务有限公司；

3 中国农业大学经济管理学院）

摘要：［目的/意义］当前，我国种业面临严峻挑战，探析种子技术创新分布结构的需求日益迫切。［方法/过程］本文基于 Innography 专利数据库获取的专利数据，利用专利计量和专利地图等方法，对禾谷类作物种子技术发展趋势和技术创新地域分布、技术研发热点与创新分布特征、创新机构竞争态势和核心专利布局等进行研究。［结果/结论］研究发现，禾谷类作物种子技术正处于快速成长期，基因工程技术是该领域内的"主导—成长型"技术，美国占据行业技术创新的主导地位，我国缺少位居全球前列的技术创新机构，核心技术能力距世界水平尚有较大差距。国际种业和农化科技巨头纷纷在中国进行核心技术布局，我国在禾谷类作物种子技术领域面临着极大的市场压力和巨大的技术壁垒，急需建立相关的专利预警机制。

关键词：禾谷类作物；种子技术；专利情报；技术创新；专利布局

种子技术是种业科学的核心内容[1]。禾谷类作物作为最重要的粮食作物，对其种子技术进行有效管理和保护对于提高我国种业发展水平、保障国家粮食安全具有重要意义。专利作为科研创新成果主要的表现形式之一，包含着丰富的技术信息、市场信息和法律信息，已成为各国提升竞争力的核心资源之一。当前，我国种业面临严峻挑战，对禾谷类作物种子技术创新分布结构进行研究，有助于了解不同国家和机构的技术布局特征，定位自身优势领域、

回避竞争陷阱、缩小技术差距，最终实现技术赶超。

关于种子具体技术的研究多有报道，但鲜见从专利角度研究种子技术创新的文献。既有研究集中关注转基因农作物育种技术的专利分析：任欣欣等（2012）[2] 从年度申请变化、专利法律状态情况、申请人情况以及专利集中技术领域等方面对中国转基因小麦的专利情况进行了分析；吴学彦等（2013）[3] 利用 DII 的数据信息分析了转基因玉米领域技术的研发现状与态势、研发热点和技术分布；赵霞等（2014）[4] 从专利整体趋势、核心专利申请国和机构分布、专利技术生命周期以及技术热点等方面研究了转基因农作物的技术布局；刘萍萍等（2015）[5] 从年度申请态势、区域分布、专利申请人、技术热点领域等方面对比了国内外转基因小麦的研究现状；王戴尊等（2016）[6] 对转基因大豆的专利信息进行了分析。未见从专利角度整体分析禾谷类作物种子技术创新分布结构的研究。本文综合运用专利计量和专利地图的研究方法，对禾谷类作物种子技术发展趋势和技术创新地域分布、技术研发热点与创新分布特征、创新机构竞争态势和核心专利布局等进行多维分析，旨在为该领域的技术创新和科学决策提供有价值的参考。

1　研究对象和数据来源

1.1　研究对象

本文以禾谷类作物的种子技术专利作为研究对象。种子技术是指以种子为对象的各类技术，本文将其归纳 3 个大类：种子选育与生产技术、种子加工与处理技术和种子贮藏与检验技术。其中，种子选育与生产技术是育种者利用农作物种质资源，培育筛选具有符合需要特征特性的品种，并进行播种繁殖和再生产以满足规模化推广的过程中的各类技术；种子加工与处理技术是包含种子脱粒、干燥、清选分级、浸种、拌种、催芽、药物处理、肥料处理和包衣技术等在内的综合性种子处理技术；种子贮藏与检验技术是指从种子成熟到播种的过程中，在收获、运输、贮藏和播种前检验种子纯度、净度、发芽率、水分、健籽率、千粒重和病虫害等并进行有效贮藏以保证种子生活力的各类技术。

1.2　数据来源

本文选取 Innography 专利数据库作为数据来源，对全球禾谷类作物种子技术专利进行检索。检索时间为 2017 年 12 月 31 日，专利数据范围为 2000—2017 年公开的全球专利文献。检索策略为关键词和 IPC 分类号（国际专利分类）相结合进行限定。经过专利检索和数据清洗，得到相关专利总量为67 290 件（专利申请量为 40 957 件），专利同族 46 343 项。（注：由于专利审查公开前有 18 个月的保密期，且数据库更新存在时滞，因此 2016 年和 2017年的数据存在较大缺漏，仅作参考，不予分析。）

2　结果与分析

2.1　禾谷类作物种子技术发展趋势

专利技术生命周期是指在专利技术发展的不同阶段中，专利申请量与专利申请人数量的一般性的周期性规律，能够反映出当前技术所处的技术发展阶段。通过专利技术生命周期分析发现（图 1），2000—2017 年的禾谷类作物种子技术的发展大致分为 3 个阶段：2000—2003 年，专利总量及参与研发的机构不多，此时的专利多是领域内基础性专利，技术市场尚不明确，处于初步发展期；2004—2010 年，技术进一步发展，专利申请量逐年增加，进入机构增多，处于由初步发展到快速成长的过渡期；2011 年以后，相关专利申请持续大幅增加，专利申请人激增，介入的企业和研发机构增多，技术市场活跃。目前，禾谷类作物种子技术正处于技术活跃期。

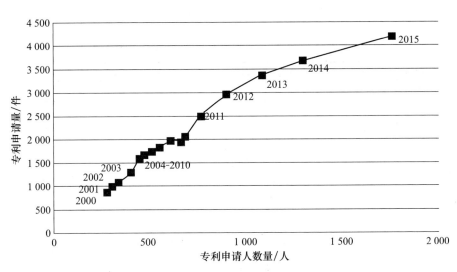

图 1　禾谷类作物种子技术专利技术生命周期图

2.2　禾谷类作物种子技术创新地域分布

专利应用国家或地区的分布，反映地区技术市场的重要性，专利布局较多的国家和地区，通常在该技术领域的市场活动较多[7]。专利来源国家或地区可以根据专利第一发明人的国别信息进行判断，它反映技术创新和研发的产出地信息。从表 1 可知，中国和美国既是禾谷类作物种子技术专利的主要技术应用国，也是主要的技术来源国，两国均拥有规模庞大的种子技术市场，专利布局数量远高于其他国家或地区。日本、德国、韩国、法国、英国和中国台湾均处在专利应用和来源国家或地区的前 10 名。

图 2 是主要技术来源国的专利布局情况，从中可以看出，中国、美国、日本和韩国在本国进行的专利申请量所占份额分别高达 92.3%、75.8%、80.4% 和 63.9%，本国市场仍然是上述各国专利布局的重点。美国在其他国家的专利申请也占有较大比例，其在德国、韩国、日本和中国占比分别为

35.9%、12.7%、10.0% 和 3.4%;中国、韩国、德国 3 国在其他国家的布局相对较少,特别是中国,在美国、日本、德国、韩国的专利申请占比分别仅为0.75%、0.55%、1.1% 和 1.0%。

表 1　禾谷类作物种子技术专利主要应用和来源国家 / 地区

排名	技术应用国家 / 地区	专利总量 / 件	排名	技术来源国家 / 地区	专利总量 / 件
1	中国	35 449	1	中国	33 086
2	美国	11 113	2	美国	15 751
3	日本	5 418	3	日本	6 472
4	德国	2 267	4	德国	2 413
5	韩国	2 223	5	韩国	1 841
6	法国	2 206	6	法国	945
7	英国	1 920	7	中国台湾	819
8	中国台湾	1 826	8	加拿大	745
9	意大利	1 702	9	英国	513
10	西班牙	1 685	10	澳大利亚	425

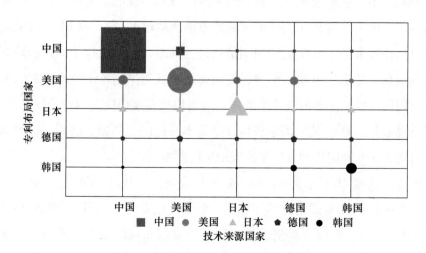

图 2　主要技术来源国的专利布局情况

2.3 禾谷类作物种子技术研发热点与创新分布特征

2.3.1 技术研发热点

国际专利分类法是国际上通用的专利文献分类法，它将科学发明和专利的技术主题作为整体进行技术主题归类。通过分析禾谷类作物种子技术的 IPC 分布可以发现该技术领域的研发热点（表 2），研究最多的是突变或遗传工程（C12N15），占比 16.1%；其次为播种技术（A01C7），占比 12.4%；占比 5% 以上的技术主题还包括改良基因型的方法（A01H1）、移栽机械（A01C11）、杀虫剂或植物生长调节剂（A01N43）、在播种或种植前测试或处

表 2　禾谷类作物种子技术的研发热点

IPC 大组	技术内涵	专利总量 / 件	占比 / %
C12N 15	突变或遗传工程	5 440	16.1
A01C 07	播种	4 193	12.4
A01H 01	改良基因型的方法	4 012	11.9
A01C 11	移栽机械	3 765	11.1
A01N 43	杀虫剂、植物生长调节剂	3 710	11.0
A01C 01	测试或处理种子根茎或类似物的设备或方法	2 521	7.5
A01G 09	容器、温室栽培	1 709	5.1
A01N 25	杀生剂、植物生长调节剂	1 279	3.8
A01G 31	水培、无土栽培	1 102	3.3
A01N 47	杀虫剂	972	2.9
A01H 04	组织培养再生技术	932	2.8
A01B 49	联合作业机械	830	2.5
A01N 63	杀虫剂、植物生长剂	766	2.3
A01G 16	稻的种植	605	1.8
A01D 41	脱粒、联合收割机	558	1.7

理种子或根茎或类似物的设备或方法（A01C1）以及在容器、促成温床或温室里的栽培技术（A01G9）等。少量研究关注水培和无土栽培（A01G31）、通过组织培养技术的植物再生（A01H4）、联合作业机械（A01B49）、稻的种植（A01G16）以及与脱粒装置联合的收割机（A01D41）等主题。

根据禾谷类作物种子技术主要研发热点所属技术领域的时间变化趋势（图3），可以发现主要研究领域为变异或遗传工程（C12N）、植物获得新方法及组织培养技术（A01H）、种植播种和施肥技术（A01C）、栽培技术（A01G）、农药制剂（A01N）、农业机械或农具部件（A01B）、收获或收割技术（A01D）和脱粒技术（A01F）等。这些领域的技术研发和专利申请自2004年前后开始进入波动上升期，除技术积累因素外，可能与各国的政策变化有关，如中国于2000年末开始施行《种子法》，彻底打破了计划经济时代国有种子公司垄断经营的局面；于2001年末加入世界贸易组织，放开种子市场，确立品种权的法律地位，开创了种业市场竞争和产业发展的新局面[8]。2015年个别技术领域专利数量虽然有所回落，但依然居于高位，相关研究处于活跃期。

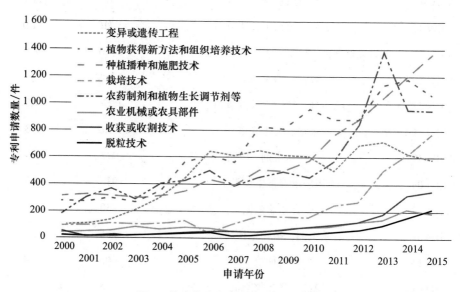

图3　技术热点领域的时间变化趋势

2.3.2 创新分布特征

通过专利总量 - 相对增长率和相对增长率 - 变异系数的指标组合分析，可以研究各技术的创新能力分布特点[9]。相对增长率是考察期内某技术领域专利数量复合增长率与所有技术领域专利数量复合增长率的比值，反映技术领域相对于技术整体创新成长的情况，相对增长率大于 1，说明这一技术领域创新能力增长快于技术整体创新能力的增长；反之，说明这一领域相对于技术整体创新能力发展处于落后状态。复合增长率（CAGR）通过总增长率百分比的 n 次方根求得，具体公式如下：

$$CAGR=(现值 / 起始值)^{(1/n)}–1$$

现值为所计算指标的本年度数目（即 2015 年专利量），起始值为所计算指标起始年的数目（即 2000 年专利量），n 为计算期内的年数。

变异系数是标准差与平均数的比值，用于表示技术领域各年份专利数量之间的偏差，表征技术成长在时间维度上的稳定性。变异系数越大，说明该领域的技术成长越不稳定，反之，说明该领域越稳定。

根据禾谷类作物种子技术热点的专利数据绘制专利总量 - 相对增长率组合散点图（图 4），以专利总量和相对增长率的平均值作为坐标轴中线，将散点图分为四个象限。其中，变异或遗传工程是唯一位于高总量 - 高增长象限的技术，该技术领域具有丰富的专利积累，并且能够持续研发创新，是领域内的"主导 - 成长型"技术。脱粒技术、栽培技术和收获或收割技术位于低总量 - 高增长象限，此类技术虽然专利量较少，但是技术创新的速度高于领域整体水平，属于"新兴 - 成长型"技术，具有较大的成长空间，可能成为领域内技术研发的主导方向；农业机械或农具部件技术位于低总量 - 低增长象限，技术创新成果较少，且滞后于技术领域的整体发展水平。一方面可能因为此类技术的研发创新处于初步发展阶段，专利成果少，有待进一步的技术突破；另一方面可能因为技术已趋于成熟，属于领域内的"夕阳技术"，居于从属地位。农药制剂和植物生长调节剂技术，种植播种和施肥技术以及新植物获得方法和组织培养技术均位于高总量 - 低增长象限，可视为"主导 - 成熟型"技术，技术趋于成熟，但是由于没有出现变革型的重大技术，所以技术增长速度稍显不足。

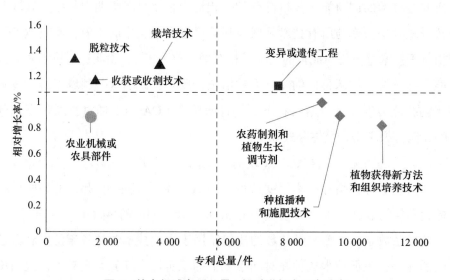

图 4　热点领域专利总量 - 相对增长率组合分布

利用相对增长率 - 变异系数的组合分析可以进一步研究禾谷类作物种子技术各分支技术领域的创新分布特征（图 5）。可以看到，脱粒技术、栽培技术和收获或收割技术位于高增长 - 不稳定象限，这 3 类技术的专利总量相对较少，说明"新兴 - 成长型"技术的发展速度虽然较快，但面临着不确定性，技术的波动起伏较大；变异或遗传工程技术是位于高增长 - 稳定象限的"主导 - 成长型"技术，表现出技术的稳定性，是引导领域整体技术创新的坚实力量；农药制剂和植物生长调节剂技术、种植播种和施肥技术以及植物获得新方法和组织培养技术均位于低增长 - 稳定象限，这些技术趋于成熟，由于缺乏技术创新，增长动力不足，这与其"主导 - 成熟型"技术的分析也相吻合；农业机械或农具部件相关技术也位于低增长 - 稳定象限，结合上文其位于低总量 - 低增长象限的分析，可知该领域的技术积累相对较少，成果产出缓慢，研发创新不足。

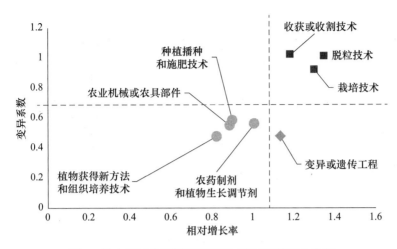

图 5　热点领域专利相对增长率-变异系数组合分布

2.4　禾谷类作物种子技术的全球创新机构竞争态势

通过对专利申请人（创新机构）进行统计分析得到的全球创新机构竞争态势气泡图（图 6）和全球创新机构专利布局气泡图（图 7），可以了解创新机构之间的竞争态势。竞争者气泡图的横坐标代表创新机构的技术实力（包含专利数量、专利分类情况和专利引证情况等），纵坐标代表创新机构的综合实力（包含财务实力、诉讼情况、位置因素等）。气泡在横轴上位置越靠右，机构的技术创新能力越强；在纵轴上位置越高，机构的综合实力越强，利用专利的能力越强。图 8 中的中线将气泡图分为 ABCD 4 个象限，A 象限机构的综合实力和技术创新实力雄厚，是领域内的领导者；B 象限机构的综合实力强大，但技术创新实力稍显不足，是潜在的技术收购方；C 象限机构的技术创新实力强大，具备潜在的高盈利能力，但综合实力稍弱，存在被收购的风险；D 象限机构的综合实力和技术创新实力都相对较弱，处于竞争劣势，是技术领域内的跟踪效仿者。

根据对图 6 和图 7 的综合分析可以得出，杜邦是禾谷类作物种子技术领域内的领导者，综合实力和技术创新实力雄厚，在全球范围内广泛布局，除

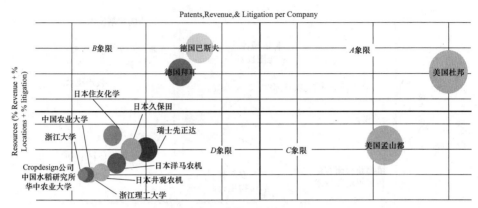

Patents,Revenue,& Litigation per Company

图6　主要创新机构竞争态势

专利布局数量

图7　主要创新机构专利布局

本国之外，在中国、澳大利亚、加拿大、日本和印度等国有较多的专利申请；孟山都是世界上最大的种子生产企业之一，技术创新能力强大，但在经济危机之后企业效益欠佳，综合实力不足[10]；拜耳作为世界第二大作物保护产品生产公司，在2016年开始发起对孟山都公司的660亿美元的收购[10]，充分反映了其强大的综合实力；巴斯夫及其子公司Cropdesign也占据重要地位，综合实力尤为突出，技术创新实力也相对较强，在中国的专利布局量超过了美国，反映了它对中国市场的关注；先正达、久保田、住友化学和洋马公司以及以中国农业大学为代表的中国机构技术创新实力和综合实力都相对较弱，是该技术领域内的跟踪效仿者。

从国家间的对比来看，美国占据技术创新的绝对优势地位，杜邦和孟山都是领域内的技术领导者；德国的技术创新实力相对美国稍逊一筹，但其综合实力雄厚，拜耳收购孟山都的行为，可能重塑行业的技术竞争格局；日本相对美国、德国无论综合实力还是技术创新实力都处于劣势，但其技术创新实力与德国差距不大；瑞士先正达是全球第一大农药、第三大种子农化高科技公司，农药和种子分别占全球市场份额的 20% 和 8%，其技术创新实力仅次于美国和德国，但公司债务高企、综合实力受损，2015 年、2016 年孟山都和中国化工曾先后向先正达发起收购案[11]；中国在竞争中明显处于劣势，海外市场布局十分欠缺，且机构实力弱，类型多为高校和科研院所，如中国农业大学、浙江理工大学、浙江大学、中国水稻研究所和华中农业大学等，企业在技术创新中存在缺位，尚未成为技术创新的主导。

结合上文技术创新分布特征的分析不难发现，主要创新机构在全球竞争中所处的地位受到技术创新类型的影响。美国杜邦、孟山都作为世界种子巨头，其在农化技术、转基因技术领域的创新实力占据绝对的优势地位，业务布局集中在"主导 - 成长型"技术方面；德国巴斯夫和拜耳的业务构成则更趋多元化，基因生物技术在公司的业务构成中所占比例相对美国公司较小；住友化学、洋马和井关农机等日本公司的业务重心分别在农药原料和制剂、农业机械领域，而这些领域的技术多属于"成熟型"或"从属型"技术，研发创新较少；中国机构在整体技术领域内的创新能力有待进一步提升。

2.5 禾谷类作物种子技术核心专利布局

本文利用 Innography 的专利强度（Patent Strength）数据进行核心专利的布局分析。专利强度是一个包含十余个专利价值相关参数的复合指标，通常认为专利强度在 80th 以上的专利为核心专利。

根据统计，在禾谷类作物种子技术领域专利强度在 80th～100th 区间的专利共有 1 474 件，占总量的 2.2%。其中，根据核心专利的布局国家统计情况，美国核心专利（1 194 件）占美国专利布局总量的 10.9%，中国核心专利（122 件）占比 0.3%，德国核心专利（35 件）占比 1.6%，法国核心专利（30 件）占比 1.4%，英国核心专利（24 件）占比 1.3%，日本核心专利（21 件）占比 0.4% 等。可见美国是核心专利的集中布局地，核心专利占比远高于世界其他国家；中国虽然专利布局总量远高于其他国家，但是核心专利布局占比极低，高水平技术占比不高。

通过对核心专利第一发明人的国别统计发现，美国研发的数量高达 1 164 件，占据本国核心专利布局总量的 97.5%，在核心技术领域几乎处于垄断地位；加拿大拥有 4.6% 的自主研发的核心专利；德国、日本和中国自主研发的核心专利占比均为 3.0% 左右；法国和英国两国占比稍低，均在 1.0% 上下。根据图 8 中创新机构核心专利的全球布局情况，可以发现，核心专利大多掌握在孟山都、杜邦、先正达、拜耳、巴斯夫、利马格兰和迪尔等跨国公司手中，其中又以美国公司掌握的数量为最多，充分说明了美国在该技术领域内的主导地位；同时德国、法国、瑞士以及日本的大型企业集团也掌握着部分核心专利；中国欠缺位居全球前列的核心技术创新机构，在该技术领域的核心技术创新能力距世界水平尚有较大差距，但巴斯夫、孟山都、杜邦、拜耳

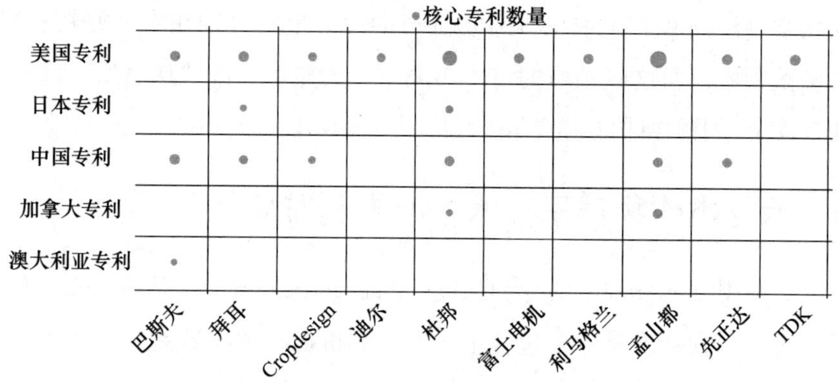

图 8　创新机构核心专利的全球布局情况

以及先正达等国际种业和农化科技巨头已经纷纷在中国进行核心技术布局，我国在禾谷类作物种子技术领域面临着极大的市场压力和巨大的技术壁垒。

3 结论与建议

通过对禾谷类作物种子技术发展趋势和技术创新地域分布、技术研发热点与创新分布特征、创新机构竞争态势和核心专利布局，得出以下结论和建议：

（1）2000 年以来的禾谷类作物种子技术的发展大致可以分为 3 个阶段：2000—2003 年，技术处在初步发展期；2004—2010 年，技术处在由初步发展到快速成长的过渡期；2011 年以后，技术进入活跃期，研发机构大幅增多。我国应该因势利导，加大政策扶持和研发投入，推动技术创新升级。

（2）美国在禾谷类作物种子技术领域内的专利布局和市场活动具有鲜明的全球化特征，技术实力强大；中国的专利规模庞大，自主技术主要布局在国内，参与国际技术市场竞争的程度不高。我国应该加大对国际市场的关注，积极参与国际竞争，在竞争中找差距，谋发展，促保护。

（3）禾谷类作物种子技术的研发主题多元，但多集中在生产和选育环节。基因工程是该领域内技术创新的主导方向；脱粒、栽培和收获收割技术具有较大成长空间；农业机械或农具部件技术研发创新活动较少，处于从属地位；农药制剂和植物生长调节剂技术、种植播种和施肥技术以及植物获得方法和组织培养技术趋于成熟，增长动力不足。我国应该制定科学的种子技术发展规划，瞄准新兴成长型技术，培育优势技术，规避"夕阳技术"。

（4）美国在全球技术创新竞争中处于绝对优势地位，杜邦和孟山都是领域内的技术领导者；德国公司技术创新实力相对美国稍逊一筹，但财力雄厚，拜耳收购孟山都可能重塑行业技术竞争格局。我国处于明显竞争劣势，创新

机构多为高校和科研院所，欲追赶国际先进水平，需要大力推动技术创新，练好"内功"；同时要采取措施护航本土企业成长，推动产研结合，培育龙头企业，让企业成为开展技术创新和国际市场竞争的主导力量。

（5）美国在核心技术领域处于主导地位。我国核心专利布局占比较低，缺少位居全球前列的技术创新机构，核心技术能力距世界水平尚有较大差距。同时巴斯夫、孟山都、杜邦、拜耳以及先正达等国际种业和农化科技巨头纷纷在中国进行核心技术布局，我国在禾谷类作物种子技术领域面临着极大的市场压力和巨大的技术壁垒，急需建立相关的专利预警机制，保护种业安全，导航种业技术发展。

参考文献

[1] 钱虎君，丁丹，梅彭新，等. 种业科学的核心内容是种子科学与技术 [J]. 种子科技，2012, 0(5): 3-5.

[2] 任欣欣，宋敏，刘丽军. 中国转基因小麦的专利保护状况分析 [J]. 中国农学通报，2012, 28(32): 300-305.

[3] 吴学彦，韩雪冰，孙琳，等. 基于 DII 的转基因玉米领域专利计量分析 [J]. 情报杂志，2013, 32(5): 83, 99-102.

[4] 赵霞，王玉光，胡瑞法. 基于专利分析的转基因农作物技术布局态势研究 [J]. 情报杂志，2014, 33(9): 51-55, 92.

[5] 刘萍萍，吕彬. 基于专利图谱的国内外转基因小麦研究现状分析 [J]. 农业图书情报学刊，2015, 27(3): 69-74.

[6] 王戴尊，魏阙，单美玉，等. 基于 Innography 的转基因大豆专利分析 [J]. 农业图书情报学刊，2016, 28(9): 40-45.

[7] 吕一博，康宇航. 基于可视化的专利布局研究及其应用 [J]. 情报学报，2010, 29(2): 300-304.

[8] 佟屏亚. 简述 1949 年以来中国种子产业发展历程 [J]. 古今农业，2009(1): 41-50.

[9] 刘凤朝，傅瑶，孙玉涛. 基于专利的美国技术创新领域分布结构演变 [J]. 科学学研究，2013, 31(7): 1086-1092.

[10] 财新网. 拜耳 660 亿美元收购孟山都，全球农化市场或洗牌 [EB/OL]. [2016-9-15]. http://companies.caixin.com/2016-09-15/100988697.html.

[11] 第一财经. 中国最大海外并购今日完成，中国化工完成先正达股份交割 [EB/OL]. [2017-6-8]. http://www.yicai.com/news/5297481.html.

[12] 刘云，闫哲，程旖婕. 基于专利计量的集成电路制造技术创新能力分布研究 [J]. 研究与发展管理，2016, 28(3): 47-54.

[13] 张曙，张甫，许惠青，等. 基于 Innography 平台的核心专利挖掘、竞争预警、战略布局研究 [J]. 图书情报工作，2013, 57(19): 127-133.

[14] 郭倩倩. 国内外种子企业竞争力比较研究 [D]. 北京：中国农业科学院，2015.

[15] 李向辉，李艳茹，金福兰. 美国孟山都公司在华专利布局战略分析 [J]. 江苏农业科学，2015, 43(5): 462-468.

[16] 许家宁. 商业全球化背景下孟山都公司转基因种子专利布局分析——从专利家族规模角度 [J]. 知识经济，2017(11): 92-93.

[17] 任静. 跨国种业公司在我国的技术垄断策略分析 [D]. 北京：中国农业科学院，2011.

[18] 张哲. 企业技术创新行为的演化博弈及对种业创新困境的解释 [J]. 科技管理研究，2015, 35(24): 158-164.

[19] Mark Neff, Elizabeth Corley. 35 years and 16 000 articles: a bibliometric exploration of the evolution of ecology[J]. Scientometrics, 2009, 80(3): 657-682.

[20] Furman L J, Porter E M, Stern S. The determinants of national innovative capacity[J]. Research Policy, 2002, 31(6): 899-933.

[21] Hu M, Mathews A J. China's national innovative capacity[J].Research Policy, 2008, 37(9): 1465-1479.

[22] 党晓捷. 我国高铁技术专利预警分析 [D]. 北京：北京理工大学，2016.

[23] 杨曦，余翔，刘鑫. 基于专利情报的石墨烯产业技术竞争态势研究 [J]. 情报杂志，2017, 36(12): 75-81, 89.

[24] 刘云，刘璐，闫哲，等. 基于专利计量的全球碳纳米管领域技术创新特征分析 [J]. 科研管理，2016(s1): 337-345.

[25] Pavitt K. Patent statistics as indicators of innovative activities: possibilities and problems[J]. Scientometrics, 1985, 7(1-2): 77-99.

[26] Xiao Zhou,Yi Zhang, Alan L.Porter,et al. A patent analysis method to trace technology evolutionary pathways[J]. Scientometrics, 2014, 100(3): 705-721.

[27] Khanal N P, Maharjan K L.Institutionalization of community seed production//Khanal P N, Maharjan L K. Community Seed Production Sustainability in Rice-Wheat Farming. Springer, 2015: 163-172.

[28]　Araus J L, Cairns J E. Field high-throughput phenotyping: The new crop breeding frontier. Trends in Plant Science, 2014, 19(1): 52-61.

　　＊本文系中央高校基本科研业务专项研究项目"基于专利分析的中国农业大学科技创新能力研究"（编号：150570004）研究成果之一。

　　作者简介：崔遵康（ORCID：0000-0002-2567-8278），男，1992 年生，硕士研究生，研究方向：专利情报、情报研究与信息咨询；

　　赵星（ORCID：0000-0002-5689-3261），男，1983 年生，硕士，项目总监，研究方向：专利分析；

　　郜向荣（ORCID：0000-0002-0631-0574），女，1979 年生，硕士，馆员，研究方向：信息服务与专利分析；

　　李丹阳（ORCID：0000-0003-1220-357X），女，1995 年生，硕士，研究方向：农业经济理论与政策；

　　左文革（ORCID：0000-0002-9685-0629），女，1966 年生，硕士，研究馆员，副馆长，研究方向：信息计量与科学评价。

　　通讯作者：左文革。

高影响力园艺学科论文状况的
国际比较研究

李晨英　夏天鹏　赵　勇　韩明杰

（中国农业大学图书馆）

摘要： 本研究采用科学计量学方法，以 SCI 收录的 32 种园艺学期刊登载的 71 634 篇论文为事实数据，以论文产出和总被引频次排列前十位的国家作为主要比较对象，对高影响力园艺学论文进行了国际比较研究。研究结果表明：2010—2013 年 4 年间，我国园艺学科 SCI 论文的数量和被引频次跃居世界第二，论文整体水平有所提升，尤其是国家自然科学基金资助的研究论文水平相对较高，但与欧美国家相比，高被引论文的数量相对较少。

关键词： 园艺学科；SCI 收录论文；论文影响力；国家自然科学基金

0　引言

农业科学研究是农业发展和技术进步的必要支撑。园艺是农业产业的重要组成部分，我国是世界园艺生产大国，发展园艺科学研究是提升我国园艺产业国际竞争力的基础。把握全球园艺科学研究发展状况和特征，是制定园艺科学发展战略规划的基础。学术期刊论文是科学研究的重要成果之一，利用情报学方法对学术期刊论文进行计量分析，可以发现科学研究的发展趋势和特征，为用户提供决策支持和参考。

园艺学是一门理论与生产紧密结合的应用基础和应用性研究学科。由于园艺作物种类繁多、园艺产品多样，导致园艺学研究对象众多、难于限定边界。园艺学科的研究内容以农业生物学理论为基础，重点关注园艺作物的生长发育和遗传规律，以及园艺作物起源和分类、种植资源、遗传育种、栽培、病虫害防治、采后处理、贮藏加工等应用技术与原理，是跨植物科学、遗传科学、农业科学、食品科学、林业科学等多学科的交叉学科。因此，无特定主题限定的园艺学科论文获取方法一直以来都是园艺学科文献计量的难点之一。目前国内外相关研究都是按照期刊的学科属性分类来获取。虽然这种数据获取方式并不能完全覆盖以园艺作物为研究对象的所有研究论文，漏掉发表在植物科学、生物技术等其他基础学科领域的论文，但能够覆盖以解决园艺学问题为主要研究内容的绝大多数论文，因此根据园艺学期刊登载论文来把握园艺学研究概况是可行的。

汤姆森路透旗下的 Web of Science™（以下简称 WOS）核心合集数据库在自然科学领域是国际公认的权威性文献数据源。Journal Citation Reports®（以下简称 JCR）也是汤姆森路透的产品，是唯一提供基于引文数据的统计信息的期刊评价资源，不仅是多学科期刊评价工具同时也是一种期刊分类体系。本研究在 WOS 数据库中获取了 JCR 期刊分类体系下的 32 种高影响力园艺学科期刊论文的 71 634 条元数据，利用本研究小组自主开发的学术论文元数据分析工具 BibStats[1] 在对数据进行规范化处理基础上，采用基础统计学和科学计量学方法，进行园艺学科论文状况的国际比较，旨在准确反映我国园艺学科在全球的地位及其国际竞争力，希望为我国园艺学科研究人员和管理者提供宏观战略性参考。

1 SCI 收录园艺学科期刊概况以及论文产出年代分布

WOS 数据库中虽然对每篇论文都给予了学科分类，但它并不是根据每篇论文内容涉及的主要学科赋值，而是根据刊载论文的期刊所属学科领域进行的分类。JCR 对 WOS 收录的 12 000 多种期刊都进行了学科分类，园艺学类目下有 32 种期刊（表 1），其中 14 种是跨学科期刊，有 18 种仅属于园艺学。为了全面把握园艺学科论文的状况，本研究对 32 种期刊论文数据全部进行分析，由于排除跨学科论文数据的难度较大，因此数据中会出现一些以农作物为研究对象的数据。

表 1　SCI 收录园艺学期刊及其影响因子和载文量

期刊名称	收录年代	JCR 学科分类	影响因子	载文量	占比
THEORETICAL AND APPLIED GENETICS	1969—2012	农学；植物科学；园艺学；遗传学	**3.66**	10 115	14.1%
HORTSCIENCE	1976—2012	园艺学	0.94	10 028	14.0%
EUPHYTICA	1961—2012	农学；植物科学；园艺学	1.64	8 065	11.3%
JOURNAL OF THE AMERICAN SOCIETY FOR HORTICULTURAL SCIENCE	1969—2012	园艺学	**1.12**	7 791	10.9%
SCIENTIA HORTICULTURAE	1976—2012	园艺学	**1.40**	6 069	8.5%
JOURNAL OF THE JAPANESE SOCIETY FOR HORTICULTURAL SCIENCE	1976—2012	园艺学	0.96	3 186	4.4%
SEED SCIENCE AND TECHNOLOGY	1977—2012	农学；植物科学；园艺学	**0.70**	2 696	3.8%
JOURNAL OF HORTICULTURAL SCIENCE & BIOTECHNOLOGY	1965—2012	园艺学	0.51	2 549	3.6%
EUROPEAN JOURNAL OF PLANT PATHOLOGY	1994—2012	农学；植物科学；园艺学	1.61	2 420	3.4%

续表1

期刊名称	收录年代	JCR 学科分类	影响因子	载文量	占比
POSTHARVEST BIOLOGY AND TECHNOLOGY	1995—2012	农学；食品科技；园艺学	2.45	2 442	3.4%
AMERICAN JOURNAL OF ENOLOGY AND VITICULTURE	1968—2012	生物技术和应用微生物学；食品科技；园艺学	1.86	2 317	3.2%
MOLECULAR BREEDING	1995—2012	农学；植物科学；园艺学；遗传学	3.25	1 533	2.1%
HORTTECHNOLOGY	2001—2012	园艺学	0.60	1 477	2.1%
VITIS	1976—2012	园艺学	0.86	1 291	1.8%
REVISTA BRASILEIRA DE FRUTICULTURA	2007—2012	园艺学	0.30	1 232	1.7%
FRUITS	1976—2012	园艺学	0.78	981	1.4%
NEW ZEALAND JOURNAL OF CROP AND HORTICULTURAL SCIENCE	1989—2012	农学；园艺学	0.48	1 024	1.4%
INDIAN JOURNAL OF HORTICULTURE	2007—2012	园艺学	0.13	779	1.1%
HORTICULTURA BRASILEIRA	2007—2012	园艺学	0.51	716	1.0%
KOREAN JOURNAL OF HORTICULTURAL SCIENCE & TECHNOLOGY	2007—2012	园艺学	0.33	741	1.0%
BIOLOGICAL AGRICULTURE & HORTICULTURE	1985—2012	农学；园艺学	0.38	654	0.9%
TREE GENETICS & GENOMES	2005—2012	林学；遗传学；园艺学	2.40	631	0.9%

续表1

期刊名称	收录年代	JCR 学科分类	影响因子	载文量	占比
AUSTRALIAN JOURNAL OF GRAPE AND WINE RESEARCH	2001—2012	食品科技；园艺学	2.96	405	0.6%
EUROPEAN JOURNAL OF HORTICULTURAL SCIENCE	2003—2012	园艺学	0.38	428	0.6%
ACTA SCIENTIARUM POLONORUM-HORTORUM CULTUS	2007—2012	园艺学	0.69	435	0.6%
JOURNAL INTERNATIONAL DES SCIENCES DE LA VIGNE ET DU VIN	2001—2012	食品科技；园艺学	0.83	324	0.5%
HORTICULTURE ENVIRONMENT AND BIOTECHNOLOGY	2010—2012	园艺学	0.32	331	0.5%
PROPAGATION OF ORNAMENTAL PLANTS	2005—2012	园艺学	0.49	292	0.4%
JOURNAL OF THE AMERICAN POMOLOGICAL SOCIETY	2000, 2004—2012	农学；园艺学	0.31	216	0.3%
MITTEILUNGEN KLOSTERNEUBURG	2009—2012	食品科技；园艺学	0.03	195	0.3%
HORTICULTURAL SCIENCE	2007—2012	园艺学	0.79	168	0.2%
ERWERBS-OBSTBAU	2007—2012	园艺学	0.19	103	0.1%

由表1可见，跨学科期刊的影响因子明显高于只属于园艺学的期刊影响因子，收录论文数量最多的期刊是 THEORETICAL AND APPLIED GENETICS

（理论与应用遗传学）和 HORTSCIENCE（园艺科学）、收录论文量都占总量的 14%，显著高于其他 30 种期刊。

WOS 数据库中收录的园艺学期刊论文数据最早始于 1961 年，分析论文出版年度发现，园艺学论文数量一直呈现直线增长趋势（图 1），71 634 篇论文中有 13 174 篇出版于 2010—2013 年的 4 年间、占总量的 18.4%。2013 年论文数量略有下降的原因可能是在检索当时（2014.6.1）数据库仍未收齐 2013年数据。

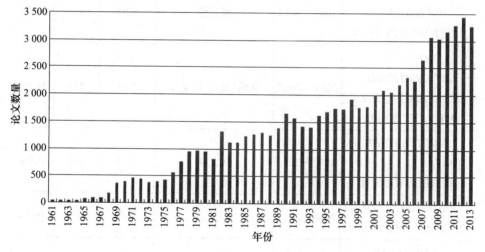

图 1　SCI 收录园艺学期刊论文的出版年代分布

2　世界主要国家的园艺学科论文产出比较

整理论文元数据发现，仅有 61 145 篇（占总量的 85%）的论文元数据中标记了作者所属国家，统计通讯作者或第一作者的所属国家，有 7 个国家的发文量在 2 000 条以上（表 2），其中美国最多，其次是日本、印度，我国位居第四。再看 2010 年以来的国家发文量，我国迅速攀升至第 2 位，4 年发文近 1 500 篇；巴西也由第 6 位跃至第 3 位；总量排名位居 16 位的韩国和 17 位的波兰分别大幅度提升到第 5 位和第 9 位；而日本则由总量第 2 位降至近 3 年的第 6 位。

表 2　在 SCI 收录园艺学科期刊中发文量前十位的国家

序号	国家	总发文量	RPI	序号	国家	2010—2013 年发文量	RPI
1	U.S.A.	17 996	0.89	1	U.S.A.	2 284	0.66
2	Japan	5 328	1.10	2	China	1 469	0.78
3	India	2 915	1.64	3	Brazil	1 294	3.43
4	China	2 898	0.79	4	India	879	1.72
5	Brazil	2 563	2.66	5	South Korea	863	1.75
6	Spain	2 460	1.49	6	Japan	634	0.77
7	France	2 223	0.60	7	Spain	610	1.20
8	Australia	2 036	1.22	8	Italy	476	0.81
9	Canada	1 942	0.70	9	Poland	396	1.72
10	Italy	1 937	0.81	10	Germany	356	0.36

　　总量指标只能体现各国在园艺学领域产出论文的总体规模，未考虑学科间差异。为了更科学地进行不同国家之间的横向对比，综合考虑到所有学科的发展状况，本研究采用相对产出指标（Relative Publication Index，RPI）[2]对各国的园艺学科论文产出进行比较。RPI 指标表示某国家在某学科领域发表的论文数量占该国家全部学科领域发表论文总量的比例与全世界所有国家在该学科领域发表论文数量占全世界全部学科领域发表论文总数量的比例之比。其计算公式为：

$$\mathrm{RPI} = (p_{ij} / p_i) / (wp_j / WP) \tag{1}$$

其中，p_{ij} 表示国家 i 在学科领域 j 发表论文数量，p_i 表示国家 i 在所有学科领域发表论文数量，wp_j 表示全世界所有国家在学科领域 j 发表论文的总量，WP 表示全世界所有国家在所有学科领域的论文总量。RPI=1 表示全世界所有国家在学科领域 j 产出论文的平均水平。即当 RPI 值大于 1 时，表示国家 i 在

学科领域 j 发表论文数量高于全世界所有国家在 j 领域发表论文的平均水平；当 RPI 值小于 1 时，说明国家 i 在学科领域 j 发表论文数量低于全世界所有国家在 j 领域发表论文的平均水平。

计算前 10 位国家的 RPI 值可见，巴西的 RPI 值最高为 2.66，其次是印度 1.64 和西班牙 1.49，澳大利亚和日本的 RPI 值也都大于 1，显著高于世界平均水平。而发文量最高的美国却低于世界平均水平，为 0.89，我国的 RPI 值仅有 0.79。再计算 2010—2013 年的发文量和 RPI 值发现，巴西的相对产出大幅度提高到 3.43。总发文量未进入前十位的韩国、波兰和德国，2010 年以来发文量进入前十位，代替了法国、澳大利亚和加拿大，并且韩国和波兰的 RPI 值分别为 1.75 和 1.72，显著高于平均水平。

我国园艺学科论文产出总量的国际排名快速上升，但综合考虑世界各国园艺学科论文产出总量以及我国所有学科的 SCI 收录论文产出在国际中的地位后发现，我国园艺学科论文的相对产出水平与世界平均水平还有差距。

3 世界主要国家园艺学科论文影响力比较

3.1 论文总被引比较

统计论文被引频次发现，1961—2013 年间发表的 71 634 篇论文总计被引用了 882 743 次，平均引用次数为 12.3 次；2010—2013 年 4 年间发表的 13 174 篇论文的引用频次为 23 089 次，平均被引 1.75 次。

按通讯作者所属国家统计各国论文的引用频次发现，美国论文的引用频次最高，其次是日本和法国，我国位居第十位（表 3），高发文量的印度和巴西产出论文的被引频次未进入前十位，而未进入发文量前十位的英国与荷兰产出论文的被引频次却分别位居第六、第九。再统计 2010—2013 年间各国发表的论文被引频次，美国仍然位居第一，我国跃居第二，高发文量的韩国与波兰产出论文的被引频次未进入前十位，被巴西和印度取代，发文量不高的澳大利亚和法国产出论文的被引频次跃居第4和第8。

表3　SCI 收录园艺学期刊论文被引频次前十位国家

序号	国家	总被引频次	RCI	序号	国家	2010—2013 被引频次	RCI
1	USA	234 911	1.06	1	USA	4 312	1.08
2	Japan	42 986	0.65	2	China	2 904	1.13
3	France	38 689	1.41	3	Spain	1 636	1.53
4	Australia	35 515	1.42	**4**	**Australia**	**1 245**	**2.01**
5	Spain	30 321	1.00	5	Italy	1 230	1.47
6	**England**	**30 020**	**1.65**	6	Germany	1 229	1.97
7	Italy	26 067	1.09	7	Japan	1 152	1.04
8	Canada	25 862	1.08	8	France	913	1.80
9	Netherlands	24 656	1.44	9	Brazil	875	0.39
10	China	23 949	0.67	10	India	871	0.57

同样论文的影响力评价也需要考虑学科间的均衡性问题。本研究选用了相对引文影响指标（Relative Citation Impact，RCI）对各国产出的园艺学科论文影响力进行比较。RCI 表示某国家在某学科领域发表论文的篇均被引次数与全世界所有国家在该学科领域发表论文的篇均被引次数之比。其计算公式为：

$$RCI = (c_{ij}/p_{ij})/(wc_j/wp_j) \qquad （2）$$

其中，c_{ij} 表示国家 i 在学科领域 j 的论文被引次数，p_{ij} 表示国家 i 在学科领域 j 的论文数量，wc_j 表示全世界所有国家在学科领域 j 的论文被引次数，wp_j 表示全世界所有国家在学科领域 j 的论文数量。

同 RPI 一样，RCI 值为 1 表示该领域论文质量的世界平均水平，RCI 值大于 1 表示高于世界平均水平，RCI 值小于 1 表示低于世界平均水平。总体来说，英国的论文质量最高（RCI=1.65），在总被引频次排位前十的国家中，仅有日本和我国的 RCI 值低于平均水平。分析中国和日本两国论文数据发现，SCI 收录了许多用日语撰写的论文，这些论文的引用率都不高。再统计 2010—2013 年 4 年间的论文被引频次发现，澳大利亚的 RCI 值最高为 2.01；我国和日本都进入高于世界平均水平之列，并且我国的 RCI 值略高于日本；新晋前 10 位的巴西和印度的 RCI 值都显著低于世界平均水平。

3.2 高被引论文比较

高被引论文是体现学术论文影响力的重要指标之一，本研究分别统计了全部 71 634 篇论文和 2010 年以来的 13 174 篇论文的被引频次分布，又根据百分位数统计法，将被引频次分布按降序排列，得到表 4 和表 5 所示的被引频次分别位于前 5%、10%、20%、50% 的论文数量与论文数量占比，以及前 10% 高被引论文的出产国家分布。

表 4　SCI 收录园艺学期刊论文的平均被引频次以及高被引论文出产国分布（1961—2013 年）

被引频次范围	论文数量 / 篇	论文数量占比	高被引论文出产国	该国论文数量 / 篇
前 1%（≥913 次）	3	0.004%	USA	2
			Australia	1
前 5%（≥455 次）	15	0.02%	USA	9
			Australia	2
			France/Canada/England/Germany	1
前 10%（≥355 次）	30	0.04%	USA	17
			Australia	3
			Germany	3
			Netherlands	2
			Philippines/England	1
前 20%（≥267 次）	69	0.10%	China	1
前 50%（≥148 次）	268	0.37%	China	2

续表 4

被引频次范围	论文数量 / 篇	论文数量占比	高被引论文出产国	该国论文数量 / 篇
前 80%（≥58 次）	2 251	3.14%	China	46
1～57 次	58 128	81.14%	China	2 110
0 次	11 255	15.71%	China	742

表 5　SCI 收录园艺学期刊论文的平均被引频次分布（2010—2013 年）

被引频次范围	论文数量 / 篇	论文数量占比	高被引论文出产国	该国论文数量 / 篇
前 2.5%（≥53 次）	1	0.01%	Mexico/China	0.5
前 5%（≥51 次）	2	0.02%	USA	1
			Mexico/China	0.5
前 10%（≥41 次）	4	0.03%	USA	2
			Germany	1
			Mexico/China	0.5
前 20%（≥35 次）	9	0.07%	China	0.5
前 50%（≥20 次）	70	0.53%	China	8
前 80%（≥8 次）	691	5.25%	China	103
1～7 次	6 030	45.77%	China	712
0 次	6 453	48.98%	China	654

全部论文中被引频次位于前 1% 的论文仅有 3 篇，第一篇产自澳大利亚，第二和第三篇都出自美国。美国进入前 10% 的高被引论文数量最多为 17 篇，其次是澳大利亚和德国各有 3 篇，荷兰有 2 篇，菲律宾和英国各有 1 篇。2010—2013 年 4 年间排列第一位的高被引论文通讯作者有墨西哥和中国两个国家属性，前 5% 高被引论文有 2 篇，前 10% 高被引论文中美国占 2 篇、德国 1 篇、墨西哥和中国各 0.5 篇。

我国全部论文中，仅有 46 篇进入前 80%，占我国论文总量的 1.6%。而 2010 年以来的论文中有 8 篇进入前 50%、占四年间论文总量的 0.54%；有 103 篇进入前 80%、占总量的 7%，论文质量显著提高。

3.3 零引用论文比较

与寥寥无几的高被引论文相比，零引用论文占比更加醒目。全部论文中有 11 225 篇论文"零引用"、占论文总量的 16%；2010—2013 年间的零引用论文 6 453 篇，占比高达 49%。表 6 是按零引用论文量排序的国家，以及这些国家的零引用论文数量及其占该国论文总量的比重。全部论文和 2010 年以来，前 10 位国家的零引用论文数量占总量比重的平均值分别为 18% 和 50%。我国全部论文的零引用论文占比高于平均值 7.6 个百分点，但 2010 年以来的零引用论文量低于平均值 5.5 个百分点，说明近年来我国园艺学科论文的零引用论文数量在大幅度减少。

表 6　SCI 收录园艺学期刊论文中的零引用论文量前十位国家

序号	国家	1961—2013 年间论文		国家	2010—2013 年间论文	
		0 引用论文量 / 篇	占比		0 引用论文量 / 篇	占比
1	USA	2 105	11.70%	USA	984	43.08%
2	Japan	860	16.14%	China	654	44.52%
3	India	937	32.14%	Brazil	911	70.40%
4	China	742	25.60%	India	596	67.80%
5	Brazil	1 217	47.48%	South Korea	581	67.32%
6	Spain	272	11.06%	Japan	286	45.11%
7	France	264	11.88%	Spain	204	33.44%
8	Australia	152	7.47%	Italy	170	35.71%
9	Canada	177	9.11%	Poland	252	63.64%
10	Italy	229	11.82%	Germany	112	31.46%

从园艺学科论文的总被引频次、高被引论文量、零引用论文量 3 个不同角度的比较，可见我国园艺学科论文的被引频次总体水平显著提高，零引用论文量也在显著降低，但缺乏引领园艺学科发展前沿的高被引论文。

4 世界主要国家园艺学科论文的基金资助情况比较

71 634 篇论文元数据中，1990 年以前的数据中都未标记基金相关信息，仅有 9 857 篇、不足 13.8% 的论文标记了基金资助信息，这些论文出自 107 个国家。2010 年以来的 7 732 篇论文标记了基金资助信息，占 2010—2013 年论文总量的 58.7%，占基金资助论文总量的 78.4%。

按通讯作者所属国家分别统计 9 857 篇、7 732 篇基金资助论文信息，获得表 7 展示的 SCI 收录园艺学期刊论文中基金资助论文数量前十位的国家以及基金资助论文的平均被引频次。

表 7　SCI 收录园艺学期刊论文中基金资助论文数量前十位国家

序号	国家	基金资助论文量	平均被引频次	序号	国家	2010—2013 年基金资助论文量	平均被引频次
1	USA	1 737	3.32	1	China	1 390	1.97
2	China	1 709	3.08	2	USA	1 336	2.06
3	Spain	699	4.03	3	Spain	535	2.78
4	South Korea	461	1.45	4	South Korea	401	0.94
5	Japan	418	3.10	5	Japan	332	2.03
6	Italy	376	4.48	6	Brazil	304	1.26
7	Brazil	373	1.79	7	India	301	2.09
8	India	373	3.19	8	Australia	286	3.65
9	Australia	365	5.05	9	Italy	281	3.07
10	Germany	286	5.36	10	Germany	228	3.89

在全部论文中，我国的基金资助论文数量仅次于美国，显著多于之后的八个国家。但是中美两国基金资助论文的平均被引频次都低于德国、澳

大利亚等国，特别是我国仅高于韩国和巴西。韩国和巴西的基金资助论文数量虽然进入了前十位，但质量不如未进入前十位的法国和加拿大。法国有 263 篇基金资助论文被引 1 334 次，平均被引 5.07 次，加拿大有 250 篇基金资助论文被引 857 次、平均被引 3.43。2010 年以来 7 732 篇基金资助论文数量位列前十的国家没有变化，只是排序发生了细微变化，我国的基金资助论文数量超过美国、位列第一，遗憾的是平均被引频次仍然是只高于韩国和巴西，同时还低于基金资助论文数量未进入前十的法国和加拿大。

统计论文的基金资助机构，发现我国基金资助机构数量最多，其次是美国和西班牙。在基金资助机构中，我国的自然科学基金出现频次最高，出现在 690 篇论文中，不仅出现在我国学者的论文中，而且出现在美国、英国和德国等国学者的论文中。论文中出现的与我国自然科学基金相似的机构有美国自然科学基金 NSF、伊朗自然科学基金 INSF。美国 NSF 资助论文 88 篇，伊朗 INSF 资助论文 11 篇。

美国 NSF 资助的 88 篇论文中 2010 年以来论文 61 篇、占 69.3%，61 篇论文合计被引 255 次，平均被引 4.2 次。我国自然科学基金资助的 690 篇论文中 2010 年以来的论文 569 篇、占 82.5%，这些论文合计被引 1 125 次，平均被引 2 次，高于 4 年间所有论文的平均被引值 1.1。伊朗 INSF 资助的 16 篇论文中有 8 篇发表于 2010—2013 的 4 年间，8 篇论文合计被引 11 次，平均被引 1.4 次（表 8）。显然美国 NSF 资助的论文影响力远远过于我国和伊朗。

表 8　SCI 收录园艺学期刊中各国自然科学基金资助论文情况（2010—2013 年）

国家	资助论文数量 / 篇	最高被引频次	平均被引频次	0 引用论文数 / 篇
中国	569	26	2	235
美国	61	20	4.2	13
伊朗	8	4	1.4	4

5 主要研究结论与建议

SCI 收录园艺学期刊论文的数据分析结果表明：①我国园艺学科论文总体产出量位于世界第四，2010—2013 年 4 年间论文产量提升至世界第二，但综合考虑世界园艺学科论文产出以及我国和世界所有学科论文产出因素后，发现我国园艺学科论文相对产出水平低于世界平均水平；②我国园艺学科论文总计被引频次位于世界第十，2010—2013 年 4 年间论文被引频次跃居世界第二，采用综合考虑世界园艺学科论文被引频次以及我国和世界所有学科论文的被引频次的相对影响力指标 RCI 进行计量，发现最近四年间我国园艺学科产出论文的相对影响力已高于世界平均水平；③我国园艺学科高被引论文数量寥寥无几、零引用论文数量逐步减少，从另一个角度证明我国园艺学科论文的整体水平处于上升趋势；④国家自然科学基金是我国园艺学科论文的主要资助基金，并且资助论文的影响力显著好于平均水平。

由于本研究仅获取了 WOS 数据库中的园艺学期刊论文数据，因此研究结果首先受到了数据库的局限，不能体现全部园艺学期刊的状况，只能反映高水平园艺学期刊的现状；其次园艺学期刊论文并不能完全覆盖发表在植物科学、农学等学科的以园艺产品为研究对象的学术论文，所以研究结果也有一定的局限性。

另外，研究中发现我国论文中出现的同一机构名称、同一基金名称的英文名称多样、缺乏规范性，不仅给数据分析带来许多障碍，更严重地影响了我国机构和基金的显示度，不利于提升我国论文的影响力。希望我国学者在作者所属机构、基金名称等标记中注意采用规范性名称。

参考文献

［1］ 韩明杰 , 李晨英 , 赵勇 , 等 . 学术论文元数据分析工具 [CP]. 2012.1. [2014-06-10] http://
www.lib.cau.edu.cn/Bibstats/.

［2］ 易勇 . 我国与世界主要国家科研论文产出的计量比较分析——基于学科专业化和标准
引文影响二维视角 [J]. 中国科技论坛 ,2012,01:155-160.

基于主题共现的土壤学研究态势分析

周丽英　　左文革

（中国农业大学图书馆）

摘要： 为全面了解国际土壤学界研究动态，把握学科发展方向，以 SCIE 中收录的 3 种土壤学综合类国际期刊 2003—2012 年刊载的论文为数据源，采用 CAB 农学与生物学叙词表，通过高频主题词共现聚类确定了近 10 年来土壤学的 15 个研究领域，利用战略坐标图揭示了各研究领域的学科地位，采用文献计量方法和社会网络分析方法对比了前 10 个（Top 10）国家、前 10 名（Top 10）研究机构的实力和布局情况，并特别针对我国的核心研究机构和主题聚焦情况展开讨论，提出我国未来土壤学研究应加强的方面和重点布局的主题领域。

关键词： 土壤学；态势分析；主题共现

"民以食为天，食以土为本"，这句古谚精辟地概括了土壤对人类生存和发展的重要性[1]。土壤学从传统的土壤发生和农业化学（植物营养）研究起步，经过一个多世纪的发展，形成了完整的研究体系、丰富的学科分支和系统的研究方法，已经成为自然科学的一门独立学科，是农业、资源环境和工程领域的基础学科。各国的土壤学家从基础研究、应用基础研究和应用研究等多个角度积极开展研究。当前世界正面临着资源、农业、生态、环境及人类文明进步的不断变化与挑战，土壤成为寻找解决这一系列问题的重要切入点，土壤科学的发展肩负着人类生存的重大现实任务[2]。目前开展土壤学文献分析以了解土壤学科研究现状及前沿领域，对于把握学科的整体发展趋势、规划学科布局，调整学科方向，促进学科发展具有重要的意义。文献计量学基于大量文献事实，可从多方面多角度揭示学科的整体布局、发展方向和学科优势，目前已广泛应用于多个学科的发展分析。冯筠等[3]将其应用于国际遥感学科发展态势的分析；张波等[4]将其用于国际生态学研究发展态势的分析；邬亚文等[5]将其用于国内外水稻研究发展态势的分析。土壤学方面，有学者从土壤学特定期刊的论文入手探索土壤学发展状况和趋势[6-8]，但是基于文献计量方法对土壤学态势进行较为全面系统的定量分析还未见报道。本研究拟用共词聚类、战略坐标和社会网络分析等方法，以国际上土壤学综合类代表期刊为基础，分析国内外土壤学研究现状，揭示其发展趋势，集中有限力量在重点领域有所突破，促进土壤科研工作的可持续发展，旨在为国内外土壤学科研工作者和决策者提供参考。

1 数据与方法

1.1 数据来源

国际土壤学会刊（Geoderma）、欧洲土壤学会刊（European Journal of Soil Science）、美国土壤学会刊（Soil Science Society of America Journal）是 3 种综合性土壤学期刊，其研究内容全面覆盖土壤学的各研究领域；根据 JCR 期刊引证报告对期刊的评价，这 3 种期刊在土壤学领域的影响力较大；此外，经调查，大多数土壤学研究者认为这 3 种期刊在学科内，国际公认度高，其分析结果能反映整个土壤学科的概况。综合上述几方面的因素，选取这 3 种期刊作为土壤学态势分析的数据源，期刊的具体情况见表 1。

美国科学信息研究所（Institute for Scientific Information，ISI）出版的科学引文索引（Science Citation Index Expanded，SCIE）是一个综合性科学文献数据库，其作者、机构的规范做得较好，且其每条记录均包含参考文献信息，是目前情报分析中最全面、优质的数据源。作为综合性数据库，SCIE 并不对

表 1　3 种综合性土壤学期刊概况

刊名	ISSN	主办单位	5 年影响因子[*]	2003—2012 年载文总量[**]
国际土壤学会刊	1 351-0 754	国际土壤学联合会	2.904	2 211
欧洲土壤学会刊	0 016-7 061	欧洲土壤学联合会	2.837	886
美国土壤学会刊	0 361-5 995	美国土壤学会	2.232	2 218
合计				5 315

注：* 期刊的 5 年影响因子取自 2012 年 JCR 期刊引用报告；** 载文总量的统计仅限 article 类型文献。

收录其中的论文进行专业的主题标引，因此一般使用其数据进行主题识别时，只能借助其提供的关键词、标题和摘要等自然语言。然而自然语言有随意性大、规范性差的特点，使得主题识别的难度较大且准确性较差，词语的同形异义、异形同义、单复数变化、时态语态的变化及词语切分长度等是自然语言处理中不得不面对的一系列困难和障碍。

农业与生物学文摘数据库（CAB Abstract）是国际农业与生物科学中心（Centre for Agriculture and Bioscience International，CABI）出版的农业专业数据库，收录全世界农业科学文献的 80%，包含专业的农学与生物学叙词表，有专人对收录其中的论文进行主题标引[9]。主题标引将文献涉及的核心概念转换成规范化的叙词型主题检索语言，从而实现对文献内容更加准确的揭示；主题词的规范化和受控性也使得对文献的主题分析变得简单易行。

本研究使用 SCIE 引文结合 CAB 主题词对土壤学近 10 年的研究主题进行剖析，以期更准确地把握学科发展态势，发现学科未来发展方向。以刊名为检索途径，在 Web of Knowledge 平台下的 SCIE 数据库和 CABI 数据库分别检索 2003—2012 年发表在 3 种土壤学期刊上的论文（文献类型限定为 Article；SCIE 数据库检索时间为 2013-07-12；CAB 数据库检索时间为 2013-07-13。），利用 Excel VBA 程序将两部分数据整合到一起，共获得有效记录

5 315 条，作为本研究的分析数据源。数据分析主要使用 Excel、SPSS 18.0 和社会网络分析软件 Ucinet。

1.2　分析方法

采用聚类和战略坐标对分析数据集进行分析。

经统计，数据集中词频高于 100 的主题词分布在 5 272 篇文献中，占总文献量的 99.19%，因此选取词频高于 100 的主题词（共计 212 个）作为研究对象，对其进行聚类。

由于本研究构建的数据集中，主题词间的关系主要包括共现和引文耦合 2 个方面。其中，共现是指 2 个主题词同时出现在一篇文献中，引文耦合是指 2 个主题词拥有共同的参考文献。因此接下来生成了 2 个矩阵，一个是主题词共现矩阵，另一个是主题词引文耦合矩阵。为消除词频对相关性的影响，采用等价指数[10] 将共现矩阵和引文耦合矩阵分别转化为共现相关矩阵和引文耦合矩阵相关矩阵。共现等价指数通过计算共现矩阵中每 2 个主题词共现频次的平方除以这 2 个主题词各自词频的乘积得到；引文耦合等价指数通过计算引文耦合矩阵中每 2 个主题词的引文耦合频次的平方除以这 2 个主题词各自引文量的乘积得到。将共现相关矩阵和引文耦合矩阵相关矩阵求和得到主题词相关矩阵。

将主题词相关矩阵导入 SPSS 18.0 进行聚类分析，以平方欧式距离作为度量标准，采用组间连接方法进行层次聚类，将选出的 212 个主题词聚为 15 个类，并将每一个类团视为土壤学的一个研究领域。为进一步揭示这些土壤学研究领域的内涵，选取粘合力指标对各研究领域的核心主题进行识别，并采用密度指标和向心度指标对研究领域的成熟度和中心性进行描述[11]。

粘合力指标衡量的是类团内各主题词对聚类成团的贡献程度，表征每个主题在类团聚集过程中所起的作用。由于本研究采用相关矩阵对主题词进行聚类，因此粘合力通过计算主题词与同一类团中其他主题词相关系数的平均值得到；选取每个类团中粘合力最大的 3 个主题词作为该研究领域的核心主题。密度指标用于衡量类团内部的关联强度，它表示类团维持自己和发展自己的能力，以及在领域中发展的过程；向心度指标用于衡量一个类团

和其他类团之间相互联系的程度，向心度越大，表示一个类团和其他类团之间联系越紧密，则该类团在整个学科领域中越趋于中心位置。密度（Density）和向心度（Centrality）的计算有多种方法，本研究采用如下公式：

$$\text{Density} = \frac{\sum\limits_{i,j \in \varphi_s} E_{ij}}{n-1} \quad (i \neq j)$$

$$\text{Centrality} = \frac{\sum\limits_{i \in \varphi_s, j \in (\varphi - \varphi_s)} E_{ij}}{N - n}$$

式中，E_{ij} 是关键词相关系数，n 是某一类团中的关键词的数量，N 是相关矩阵中所有关键词的数量，φ_s 指一个类团，φ 指学科领域的整体。

2　土壤学研究态势

2.1　土壤学研究主题识别

表 2 列出了聚类得到的 15 个土壤学研究领域的概况。从中可以看出，土壤学最主要的研究领域是 g01（碳、土壤有机质和土壤类型），与之相关的论文占全部论文的 74.34%；g06（锌、重金属和土壤污染）的密度为 1.777 7，是学科中内部关联强度最强的领域，研究主题最为集中，属于学科中最成熟的领域；g08（微生物、生物量和土壤化学）的向心度为 0.914 4，是学科中与其他领域联系最紧密的，处于整个土壤学研究的中心位置。

表 2　15 个土壤学研究领域及其特征描述

类团编号	相关文献量 / 篇	占全部论文的百分比 /%	核心主题	密度	向心度
g01	3 951	74.34	碳（Carbon），土壤有机质（Soil organic matter），土壤类型（Soil types）	1.051 8	0.384 2
g02	2 655	49.95	导水率（Hydraulic conductivity），土壤水（Soil water），模型（Models）	0.885 9	0.412 7
g03	2 567	48.30	光谱学（Spectroscopy），土层（Horizons），化学组成（Chemical Composition）	0.716 1	0.792 6
g04	2 045	38.48	Iron（铁），Sorption（吸附），土壤 pH（Soil pH）	0.724 9	0.526 7
g05	1 873	35.24	玉米（Maize），轮作（Rotations），免耕（no-tillage）	1.157 2	0.606 5
g06	708	13.32	锌（Zinc），重金属（Heavy Metals），土壤污染（Soil Pollution）	1.777 7	0.156 4
g07	2 152	40.49	淋溶土（Alfisols），黏粒含量（Clay Fraction），土壤质地（Soil Texture）	0.778 0	0.682 3
g08	2 570	48.35	微生物（Microorganisms），生物量（Biomass），土壤化学（Soil Chemistry）	1.012 5	0.914 4
g09	1 311	24.67	容重（Bulk Density），土壤结构（Soil Structure），密度（Density）	0.657 7	0.356 5
g10	1 266	23.82	制图（Mapping），空间变异（Spatial Variation），土壤调查（Soil Surveys）	0.588 2	0.264 0
g11	2 253	42.39	径流（Runoff），降雨（Rain），侵蚀（Erosion）	0.305 0	0.457 7
g12	1 166	21.94	矿物学（Mineralogy），黏土矿物（Clay Minerals），风化（Weathering）	0.760 9	0.301 2

续表2

类团编号	相关文献量 / 篇	占全部论文的百分比 /%	核心主题	密度	向心度
g13	439	8.26	镁（Magnesium），钙（Calcium），钾（Potassium）	0.907 5	0.106 8
g14	243	4.57	农业土壤（Agricultural Soils），土壤类型（栽培）[Soil Types（Cultural）]，碳（Carbon）	0.673 7	0.072 2
g15	528	9.93	排放（Emission），氧化亚氮（Nitrous Oxide），二氧化碳（Carbon Dioxide）	0.413 7	0.107 2

以向心度为横坐标、密度为纵坐标、向心度和密度的平均值为原点，绘制战略坐标图[12-14]，以可视化形式揭示研究领域在学科领域中的价值，结果如图1所示。战略坐标图中所有类团分布于4个象限，落入每个象限的类团都有不同的含义：第一象限，密度和向心度都较高，表明领域内部关联度较强，且处于土壤学研究网络的中心，是整个土壤学科的核心领域，并在较长时间内得到研究者的青睐，这类研究领域包括g02（导水率、土壤水和模型）、g05（玉米、轮作和免耕）和g08（微生物、生物量和土壤化学）3个；第二象限，密度较高但向心度较低，表明领域内部关联度较强，属于成熟主题，但研究内容已非核心，可能代表那些已经得到很好开发，曾经是研发中心、但现在已经不是中心的领域，这类研究领域包括g01（碳、土壤有机质和土壤类型）、g06（锌、重金属和土壤污染）和g13（镁、钙和钾）3个；第三象限，密度和向心度都较低，表明领域内部联系比较松散，尚未形成体系，且研究内容与其他领域差别较大，需通过进一步分析才能判定他们在学科中的作用，这类研究领域 包括g09（容重、土壤结构和密度）、g10（制图、空间变异和土壤调查）、g12（矿物学、黏土矿物和风化）、g14 [农业土壤、土壤类型（栽培）和碳]和g15（排放、氧化亚氮、二氧化碳）5个；第四象限，密度较低但向心度较高，表明领域内部关联度较弱，但与其他领域联系紧密，其战略地位不容忽视，很有可能是正在兴起、即将成为未来研究中心的领域，具有进一步发展的

空间，这类研究领域包括 g03（光谱学、土层和化学组成）、g04（铁、吸附和土壤 pH）、g07（淋溶土、黏粒含量和土壤质地）和 g11（径流、降雨和侵蚀）4 个。

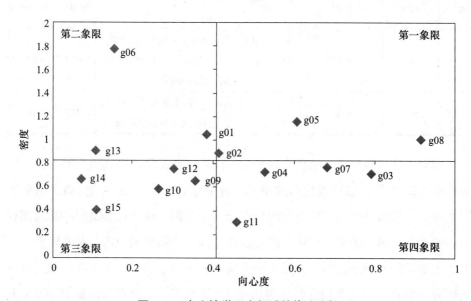

图 1 15 个土壤学研究领域的战略坐标

2.2 Top 10 国家的研究布局

按作者国家统计，得出发文量排名前 10 的国家见表 3。美国的发文量居全球之首，共计 1 968 篇，约占论文总量的 37.03%，总被引次数 27 016，篇均被引频次 13.73，高于全球平均水平 12.86，在土壤学领域布局最多、综合实力最强；德国的发文量 500 篇，排名第二，总被引次数 8 461，篇均被引频次 16.92，排名第一，影响力最大；中国的发文量 469 篇，居全球第三位，但篇均被引频次 9.67，低于世界平均水平，排名最后，表明我国在土壤学研究领域布局虽多，但影响力亟待提高。

为直观描述 Top 10 国家在上文 2.1 部分分析所得的 15 个土壤学研究领域的布局情况，利用社会网络分析软件 Ucinet 生成了 Top 10 国家 - 研究领域

表 3 发文量排名前 10 国家的发文情况

国家	发文量 / 篇	占全部论文的百分比/%	总被引次数	篇均被引频次（排名）
美国	1 968	37.03	27 016	13.73（4）
德国	500	9.41	8 461	16.92（1）
中国	469	8.82	4 537	9.67（10）
法国	439	8.26	5 358	12.21（7）
英国	412	7.75	6 080	14.76（2）
西班牙	354	6.66	3 886	10.98（8）
加拿大	349	6.57	4 624	13.25（5）
澳大利亚	285	5.36	3 695	12.96（6）
意大利	205	3.86	2 049	10.00（9）
比利时	191	3.59	2 680	14.03（3）
总体水平*	5 315	100	68 363	12.86（6.5）

注：* 为分析数据集的总体情况。

二模网络图，结果如图 2 所示。网络中的圆形节点表示 15 个土壤学研究领域，方形节点表示 Top 10 国家，连线表示国家与研究领域相关性较强，即大于 Top 10 国家与研究领域相关系数的中值，国家与研究领域的相关系数通过计算该国在该领域发文量的平方除以该国发文总量与该领域发文总量的乘积获得。通过网络中心性分析，可以看出：从主题方面来讲，g01（碳、土壤有机质和土壤类型）和 g03（光谱学、土层和化学组成）是国家层面上最核心的研究主题，Top 10 国家与这 2 个主题均有较强的相关性；从国家角度来讲，美国是土壤学研究中布局最全、研究力度最大的国家，与 14/15 个主题有着较强的相关性，英国虽然发文较多，但主题比较集中，仅与 6/15 个主题有较强的相关性，德国和法国的研究相似度较高，中国和西班牙的研究相似度较高。

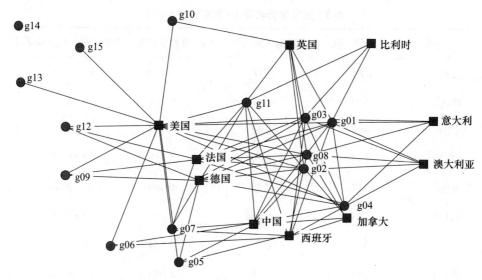

图 2　Top 10 国家 - 研究领域二模网络图

2.3　Top 10 机构的研究布局

按作者单位统计，发文量排名前 10 的机构见表 4。从中可以看出，土壤学发文最多的 10 个机构中，美国占 4 个，说明美国在该学科领域有布局且实力较强的机构最多；美国农业部农业科学研究院发文量居全球之首，共计 486 篇，约占论文总量的 9.14%，篇均被引频次 15.36，影响力高于全球平均水平 12.86，排名第四，综合实力最强；中国科学院发文量很大，排名第二，共计 267 篇，约占论文总量的 9.14%，篇均被引频次仅为 10.47，低于全球平均水平，排名最后，这与我国总体的研究情况相符，表明我国急需在科研影响力提升方面下功夫；美国加州大学的发文量排名第三，共计 225 篇，约占论文总量的 4.23%，篇均被引频次 18.79，排名第一，影响力最大；荷兰的瓦赫宁根大学与研究中心发文虽然不多，在 Top 10 机构中排名最后，仅 81 篇，占论文总量的 4.23%，但其篇均被引频次 17.77，高于全球平均水平，排名第二。

表 4　发文量排名前 10 机构的发文情况

机　构	发文量 / 篇	占全部论文的百分比/%	总被引次数	篇均被引频次（排名）
美国农业部农业科学研究院	486	9.14	7 466	15.36（4）
中国科学院	267	5.02	2 795	10.47（10）
美国加州大学	225	4.23	4 228	18.79（1）
法国国家农科院	211	3.97	2 786	13.20（5）
西班牙研究理事会	127	2.39	1 598	12.58（7）
加拿大农业与农产食品部	119	2.24	1 926	16.18（3）
英国洛桑研究所	96	1.81	1 026	10.69（9）
美国佛罗里达大学	94	1.77	1 057	11.24（8）
美国爱荷华州立大学	86	1.62	1 099	12.78（6）
荷兰瓦赫宁根大学与研究中心	81	1.52	1 439	17.77（2）
总体水平 *	5 315	100	68 363	12.86（5.5）

注：* 为分析数据集的总体情况。

　　利用社会网络分析软件 Ucinet 生成了 Top 10 机构 - 研究领域二模网络图，结果如图 3 所示。网络中的圆形节点表示 15 个土壤学研究领域，方形节点表示 Top 10 机构，连线表示机构与研究领域相关性较强，即大于 Top 10 机构与研究领域相关系数的中值，机构与研究领域的相关系数通过计算该机构在该领域发文量的平方除以该机构发文总量与该领域发文总量的乘积获得。通过网络中心性分析，可以看出 g01（碳、土壤有机质和土壤类型）、g02（导水率、土壤水和模型）、g11（径流、降雨和侵蚀）、g05（玉米、轮作和免耕）是核心研究机构最关注的主题，Top 10 机构与这几个主题均有较强的相关性；法国农业部、中国科学院和美国农业部农业科学研究院是土壤学研究领域中布局最全、研究力度最大的机构，其中法国农业部和中国科学院分别与12 个研究领域有着较强的相关性，美国农业部农业科学研究院与 11 个研究领域有着较强的相关性。

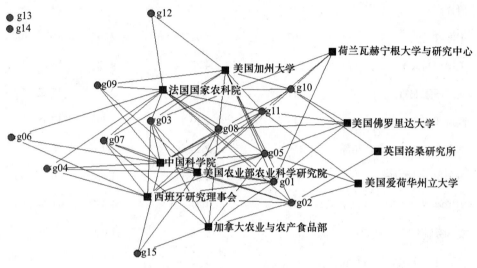

图 3   Top 10 机构 - 研究领域二模网络图

2.4   我国土壤学研究现状

按作者单位统计，我国在土壤学领域发文量 469 篇，占全部论文量的8.82%。表 5 列出了国内土壤学领域发文量最多的 10 个机构，其中：中国科学院发文量最多，共计 331 篇，占国内发文总量的 70.58%，明显高于其他机构，表明中国科学院在该领域布局最多，研究力度最大，篇均被引频次10.47，高于国内平均水平 9.67，国内排名第六；中国农业大学发文量排名第二，共计 331 篇，占国内发文总量的 13.86%，篇均被引频次 6.42，低于国内平均水平，国内排名第九；水利部发文虽然不多，共计 18 篇，排名第六，占国内发文总量的 4.05%，但其篇均被引频次 15.63，远高于国内平均水平。

表 5　国内发文量排名前 10 机构的论文情况

机　　构	发文量 / 篇	占国内发文总量的百分比 /%	总被引频次	篇均被引频次（排名）
中国科学院	331	70.58	2 795	10.47（6）
中国农业大学	65	13.86	417	6.42（9）
西北农林科技大学	27	5.76	332	12.77（4）
南京农业大学	24	5.12	253	10.54（5）
浙江大学	23	4.90	328	14.26（3）
中国农业科学院	20	4.26	176	8.80（7）
水利部	19	4.05	297	15.63（1）
北京师范大学	15	3.20	125	8.33（8）
华中农业大学	14	2.99	64	4.57（10）
南京大学	10	2.13	145	14.50（2）
中国*	469	100	4 537	9.67（6.5）

注：* 为分析数据集中中国论文的总体情况。

国内在 15 个土壤学研究领域的布局情况见表 6。从中可以看出，国内在土壤学研究中布局最多的领域是 g01（碳、土壤有机质和土壤类型），该领域位于战略坐标图的第二象限，曾经是土壤学研究的热点，但现在已经不是中心，相关科研人员或机构应尽快调整研究方向，布局当前或未来具有较大发展潜力的领域。

土壤学研究中，g08（微生物、生物量和土壤化学）、g02（导水率、土壤水和模型）和 g05（玉米、轮作和免耕）位于战略坐标图的第一象限，是目前土壤学研究的热点和核心，国内在这 3 个领域布局比较多，相关研究所占比重在国内分别排名第 2、4 和 5 名，表明国内对土壤学的研究重点把握的比较准确，相关研究机构可继续加强这方面的研究，保持自身在本学科的国际影响力；g03（光谱学、土层和化学组成）、g11（径流、降雨和侵蚀）、g04（铁、吸附和土壤 pH）和 g07（淋溶土、黏粒含量和土壤质地）位于战略坐标图的第四象限，可能是土壤学的新兴研究热点，国内在这 4 个领域的布局也比较多，相关研究所占比重在国内分别排名 3、6、7 和 8 名，表明国内对土壤学的潜在热点已有较多研究，相关研究机构应加强对这些领域的态势分析和演化趋势预测，以便提前布局，占据该领域研究的先机。

表 6　国内在 15 个土壤学研究领域的布局情况

类团编号	包含文献量 / 篇	占国内论文的百分比 /%	国内研究比重排名
g01	337	71.86	1
g02	235	50.11	4
g03	237	50.53	3
g04	188	40.09	7
g05	192	40.94	5
g06	87	18.55	11
g07	163	34.75	8
g08	249	53.09	2
g09	108	23.03	10
g10	109	23.24	9
g11	189	40.30	6
g12	77	16.42	12
g13	32	6.82	14
g14	27	5.76	15
g15	55	11.73	13

3　结论

以 SCIE 中收录的 Geoderma（国际土壤学会刊）、European Journal of Soil Science（欧洲土壤学会刊）和 Soil Science Society of America Journal（美国土壤学会刊）等 3 种土壤学国际期刊近 10 年来（2003—2012）年刊载的论文

为数据源，采用 CAB 农学与生物学叙词表，通过主题聚类确定了土壤学的 15 个研究领域；利用战略坐标图探讨了各研究领域的学科地位；采用文献计量方法分析了 Top 10 国家、Top 10 研究机构的实力和布局情况，并特别针对国内 Top 10 研究机构和主题聚焦情况展开讨论。通过分析可以得出以下结论：

（1）国际土壤学研究可划分为 15 个研究领域，其中最主要的研究领域是 g01（碳、土壤有机质和土壤类型），内部关联强度最强、最成熟的是 g06（锌、重金属和土壤污染），与其他领域联系最紧密、处于中心位置的是 g08（微生物、生物量和土壤化学）。

（2）国际土壤学的 15 个研究领域中，g02（导水率、土壤水和模型）、g05（玉米、轮作和免耕）和 g08（微生物、生物量和土壤化学）3 个领域内部关联度较强，且处于土壤学研究网络的中心，是整个土壤学科的核心领域。

（3）国际土壤学研究最核心的国家是美国和德国，其中美国发文最多、综合实力最强，德国论文影响力最大。

（4）国际土壤学领域发文最多的机构是美国农业部农业科学研究院，论文影响力最大的是美国加州大学，综合实力美国农业部农业科学研究院最强，荷兰的瓦赫宁根大学与研究中心发文虽不多，但质量好。

（5）我国在土壤学领域的研究已经国际化。发文量位居第三，但影响力还需要提高。研究内容上，与世界土壤学研究的热点和核心领域一致，也能紧随土壤学潜在的研究方向。

参考文献

[1] 李保国，黄元仿，吕贻忠．绿色的根基：21 世纪学科发展丛书：土壤学 [M]．济南：山东科学技术出版社，2001：2．

[2] 赵其国，周健民，沈仁芳，等 . 面向不断变化世界，创新未来土壤科学：第 19 届世界土壤学大会综合报道 [J]. 土壤，2010(05): 681-695.

[3] 冯筠，郑军卫 . 基于文献计量学的国际遥感学科发展态势分析 [J]. 遥感技术与应用，2005(05): 70-74.

[4] 张波，曲建升，王金平 . 国际生态学研究发展态势文献计量分析 [J]. 生态环境学报，2011(04): 786-792.

[5] 邬亚文，夏小东，职桂叶，等 . 基于文献的国内外水稻研究发展态势分析 [J]. 中国农业科学，2011(20): 4129-4141.

[6] Hartemink A E, Mcbratney A B, Cattle J A. Developments and trends in soil science: 100 volumes of Geoderma (1967—2001)[J]. Geoderma, 2001, 100(3/4): 217-268.

[7] Baveye P C, Rangel D, Jacobson A R, et al. From dust bowl to dust bowl: Soils are still very much a frontier of science[J]. Soil Sci Soc Am J,2011, 75(6): 2037-2048.

[8] Kirkham M B. Internationalization of soil physics from an American perspective[J]. Int Agrophys, 2012, 26(2): 181-185.

[9] 白建华 . CABI 数据库检索字段的探究与解读 [J]. 现代情报，2008(05): 192-195.

[10] 曹志杰，冷伏海 . 共词分析法用于文献隐性关联知识发现研究 [J]. 情报理论与实践，2009(10): 99-103.

[11] 钟伟金，李佳 . 共词分析法研究（二）: 类团分析 [J]. 情报杂志，2008(06): 141-143.

[12] 王莉亚，张志强 . 近十年国外图书情报学专业研究领域可视化分析：基于社会网络分析和战略坐标图 [J]. 情报杂志，2012(02): 56-61.

[13] 邵作运，李秀霞 . 国内图书馆 PIS 研究计量分析及其发展路线图：基于战略坐标图的共词分析 [J]. 情报科学，2012(06): 885-889.

[14] 韩红旗，安小米，朱东华，等 . 专利技术术语共现的战略图分析方法 [J]. 计算机应用研究，2011(02): 576-579.

基金项目： 中国农业大学图书馆研究项目（2013001）。

第一作者： 周丽英，馆员，博士研究生，主要从事科技信息分析和学科情报研究，E-mail：zhouly@cau.edu.cn。

通讯作者： 左文革，研究馆员，主要从事信息咨询与情报研究，E-mail：zuowg@cau.edu.cn。

欧美发达国家农业工程学科
发展规律与趋势

师丽娟 [1,2]　杨敏丽 [1,3]

（1 中国农业大学工学院；2 中国农业大学图书馆；

3 中国农业大学中国农业机械化发展研究中心）

摘要： 农业工程学科的发展最终会走向农业／生物系统工程，探究与跟踪发达国家农业工程学科发展规律及趋势可有效推动我国农业工程学科发展。本文以 3 次工业技术革命为主线，总结出欧美农业工程学科发展的 3 个规律性特征：以个人实践经验为主的前科学时期、科学与技术紧密结合的常态科学时期及农业现代化引发的学科危机与革命期，并从学科名称调整、专业结构重构、跨学科教育与管理、核心课程体系平台建设等方面对进入革命期后的学科发展趋势加以归纳与总结。研究可为加快我国农业工程学科发展、促进学科知识与技术创新提供指导和借鉴。

关键词： 发达国家；农业工程；学科；发展规律；趋势

0　引言

1907 年，美国农业工程师学会（简称 ASAE）成立，农业工程作为一门工程学科开始被广为认识 [1]。伴随着社会经济和科技水平的发展，欧美发达国家相继全面实现了农业机械化与现代化，社会对农业工程学科提出了更高需求：一是技术需求向生物科学技术领域拓展；二是人才需求要求全面掌握生物科学、机电工程、信息工程及管理科学等多学科交叉理论，能适应生物系统及其相关领域的复合型高级人才。学科发展是一个由量变到质变、在继承中发展创新的过程。美国著名哲学家 Thomas S. Kuhn 认为[2]，科学发展动态模式包括前科学时期、常态科学时期、危机时期和革命时期，接着再进入新的常态科学时期。对于学科的发展，首先是学科理论的积累与继承（学科的前科学阶段）；其次，学科理论积累到一定程度后就会出现质变（学科发展的转折点）并进入常态时期；学科发展遇到越来越多难题，产生学科理论危机，从而导致学科理论的革命；在继承的基础上新理论出现并进入新的常态时期。

1　欧美农业工程学科发展规律

1.1　以个人实践经验为主的前科学时期

18 世纪自英国发起的工业技术革命是世界技术发展史上的一次巨大革命，它开创了以机器代替手工工具的时代。

早在工业革命初期，欧美各国的农业生产还处于非常落后的状态。当时英国各地使用的犁，犁头是木头做的，仅仅装上一点金属薄片。拉犁要使用 10 或 12 头牛[3]。随着工业革命的深入，冶铁工业和机器制造工业得以迅速发展，各式农机具日益增多。1701 年，英国人 Jethro Tull 发明了谷物条播机，1723 年，Michael Menzies 又发明了水力脱谷机。自 18 世纪末开始，马拉的铁犁逐渐代替了牛拉的木犁。至 19 世纪初，用于耕种环节的耕犁机与条播机在英国已普遍使用。1825—1830 年，打禾机在英国已被广泛推广使用[4]。

1797 年 Charles Newbold 申请并获得美国首件铸铁犁专利，其犁壁、犁铧和犁侧板被铸造为一个整块，任何一部分破裂，整个犁就报废，该犁未得到广泛使用。1814 年，Jethro Wood 发明了一种犁壁、犁铧和犁侧板是活动的铁犁，部件可交替使用，但泥土容易附着在犁面上的难题一直未有解决。1833

年，John Lane 制造了一种表面抛光度较高的犁壁，黏土不容易附着，并尝试将锯条带钢安装在木犁壁上，但没有申请专利。1837 年，John Deer 采用锯齿钢和熟铁打制，遂使上述难题得到解决。在收获环节，1833 年 Obed Hussey 发明了世界上首台马拉收割机，而 Cyrus H. McCormick 设计的收割机于 1834 年获得专利，并随后成为美国主要的收割机制造商。1837 年，皮特兄弟发明了世界上第一台以蒸汽机为动力的脱粒机。19 世纪 40～50 年代，美国冶铁技术显著提高且产品价格下降，钢铁在犁、耙、播种机、收割机和拖拉机等耕作农具得到成功应用[5]。1874 年，蒸汽拖拉机在法国首次出现，开始以绳索牵引进行耕地作业。

从欧美国家早期农机具的发展不难看出，19 世纪中叶之前，多数农机具在使用材料、设计及制造等方面都得到了改进，但大部分发明创造是具有生产经历的能工巧匠经验的总结与创新，科学活动处于无组织状态，与农业工程学科相关的知识尚处于酝酿时期，还未形成体系。

1.2 科学与技术紧密结合的常态科学期

19 世纪 70 年代，第二次工业技术革命开始并且自英国向西欧和北美蔓延。发电机、发动机和内燃机等电力技术相继问世，为农业机械制造技术的创新提供了可能。

1876 年，德国工程师 Nikolaus Otto 获得四缸内燃机的专利权。1901 年，美国人 Charles W. Hart 和 Charles H. Parr 成功制造了首台内燃机驱动拖拉机，即哈特—帕尔拖拉机，并于 1903 年在爱荷华的查尔斯城创办了首家拖拉机公司。同期，瑞典、德国、匈牙利和英国等欧洲国家几乎同时制造出以柴油内燃机为动力的拖拉机。动力机械特别是内燃机驱动拖拉机和其他机动农具的推广使用标志着现代农业工程的开始。

19 世纪与 20 世纪之交，美国农业以空前的速度发展，农机产品技术含量不断提高，这一切主要得益于其三位一体的教学、科研和推广体系。1862 年，美国总统林肯签署"农业部组织法"建立农业部并负责农业研究与指导工作。同年，国会通过"莫里尔赠地学院法"，为各州创建与发展农业院校提供了条件。1887 年，国会通过"哈奇法"，支持并资助各州政府成立农业试验站（隶属于农业院校管理），为农业科研成果的试验和推广提供了极大方便。1914年，国会通过"史密斯 - 利佛尔法"，由联邦政府资助各州，在州立农业院校下设立专门的农业推广站，负责农业科学知识、新发明、新技术及先进方法等的推广与传播 [6]。农业院校、农业实验站和农业技术推广站组成了一个集教育、科研和普及实践三位一体的科技创新体系，三者紧密结合，使最新的农业工程技术以最快的速度进入生产领域。上述措施不仅改变了过去以个人经验为主的农业工程技术改良的局面，而且形成了教学、研究和推广三位一体服务网络，从而在很大程度上加速了自然科学与农业工程技术的密切结合，为学科理论的形成创造了必备的条件。

伴随着工业化进程的快速前进，1850 年以后，许多工程技术人员的学术团体相继成立，越来越多的工程技术人员参与到农业工程领域中来。如，乡村道路与桥梁设计、畜力或机械牵引农机的设计，灌溉、排水及农用电力工程的研究，但没有哪一个学术团体能够同时涵盖农业工程技术的全部内容 [7]。1905 年，Jay Brownlee Davidson 教授在爱荷华州立学院创建了四年制农业工程课程体系。1907 年 12 月，在威斯康星大学召开的农业工程研讨会上，18 名与会成员一致同意成立美国农业工程师学会，并推选 Davidson 为首任主席 [8]。自此，农业工程学科理论与研究方法逐步趋向成熟并得到一定科学群体的认同，学科发展开始进入常态时期。

1.3　农业现代化引发的学科危机与革命期

第一、二次世界大战的相继爆发使欧洲农业受到重创，但第二次世界大战之前世界农业危机的爆发加剧了对农业工程技术的需求。1930 年，在比利时 Liège 由欧洲农业工程科学家发起成立了国际农业工程学会（简称 CIGR ）。

Oscar van Pelt Stout 认为，与土木、机械及电气等工程以设计制造为重点不同，农业工程学科的重点是工程技术在农业领域的应用。因此，农业工程学科早期研究主要以农业机械、机械学、农业机械测试和标准化问题为主要内容[9-10]。

20 世纪 40 年代以后，欧美各国相继实现农业机械化与现代化，传统农业工程学科理论已不能够满足社会发展需求，农业工程专业学生就业机会减少，入学人数显著下降，学科发展陷入危机。而在同一时期，以原子能、电子计算机、空间技术和生物工程为主要标志的第三次工业革命开始。在第三次工业革命的推动下，农业工程领域开始孕育一场新的科技革命。这场革命以现代分子生物学为理论基础，以信息技术、生物技术、空间技术、新能源和新材料为手段，衍生出诸如人体工程学、农业系统工程、计算机辅助设计、生物工程、生物能源等许多新的研究领域，为学科发展带来新的机遇。20 世纪 90 年代，美国农业工程界将农业工程学科从原来基于应用的工程类学科向基于生物科学的工程类学科转变的改革方向达成普遍的共识[1]。北美高校农工系纷纷更名为农业与生物工程系或生物系统工程系，具有生物科学知识的农业与生物系统工程师们获得了大量就业机会，学科向生物工程发展的趋势变得愈发明显。历经多年的探索，2005 年，美国农业工程师学会与加拿大农业工程学会相继更名为美国农业与生物工程师学会（简称 ASABE）和加拿大生物工程学会（简称 CSBE）。2008 年，欧洲农业工程大学研究联盟（简称 USAEE-TN）也正式更名为欧洲农业与生物工程教育和研究联盟（简称 ERABEE-TN），标志着欧美发达国家农业工程学科实现了传统农业工程学科向农业 / 生物系统工程学科的跨越，学科发展由危机时期进入了全新的创新与革命期。

跨入 21 世纪后，欧美发达国家的农业工程学科更加强调可持续发展与经济、社会、环境相协调的理念，学科间交叉与融合更加广泛，研究领域向生物工程技术拓展趋势更为显著。

纵观欧美农业工程学科发展史不难看出，第一次工业革命首先出现在英国，钢铁冶炼技术的发展为欧美各国农机具的革新提供了必要的原材料，而蒸汽机的发明及应用为动力型农机具的出现提供了可能。但农业工程理论体系尚未成型，学科发展处于前科学时期。第二次工业革命则几乎在欧美先进国家同时发生，尤以美国和德国为主。美国农业院校中三位一体式教学、科研和推广体系在很大程度上加速了自然科学与农业工程技术的密切结合，而欧美更多工程师加入农业工程研究领域促进了农业工程学科的诞生，学科理论体系形成并进入了常态发展时期。欧美各国相继实现农业机械化与现代化之后，传统农业工程学科发展陷入了危机。第三次工业革命使自然科学和应用技术结合更为紧密，学科之间相互促进、相互渗透，新领域层出不穷，工程技术与生物科学的结合令学科找到新的契机，学科发展摆脱危机进入新的创新与革命期。

2 欧美农业工程学科发展趋势

2.1 名称调整明确学科研究新方向

北美院校学科名称变更起步较早，1966 年北卡罗来纳州立大学农业工程系首个更名为"生物工程系"。1969 年，加拿大圭尔夫大学农业工程系首开生物工程专业[11]。至 20 世纪 90 年代，为适应学科内涵的变化，欧美国家高校纷纷调整农业工程院、系或专业名称，以反映其学科领域内各自不同的研究方向和教学重点[12]。

至今，全美 48 所相关院校（专科院校及社区学院除外）全部实现了农业工程系名的调整（表 1），共有 22 种不同的表达。除瓦利堡州立大学与威斯康星大学河瀑校区仍保留有农业工程系与农业工程技术系名称外，其他院校系名称主要包括生物与农业工程、农业与生物工程、农业与生物系统工程、生物系统工程、化学与生物工程、生物系统与农业工程及生物工程，剩余 13 所院校名称各异。尽管系名表面看来各异，但仔细分析不难发现，这些名称多集中在几个主要字段：生物、农业工程、生物工程、生物系统工程、环境工程及资源。48 所院校中，包含有"农业工程"一词的系名多达 14 所，表明美国的农业工程学科尽管已经转型，但传统的农业工程领域的研究仍然没有消失，而是借由学科交叉在向新的方向拓展。2006 年以来，除阿尔伯塔大学之外，经加拿大工程认证委员会（CEAB）认证的 6 所院校的农业工程专业名称已全部调整为与生物相关[13]，学科发展方向得到进一步明确。

表 1　美国院校农业工程系调整后的名称

名　称	数量	名　称	数量
Biological & Agricultural Engineering	8	Biological and Ecological Engineering 1	1
Agricultural and Biological Engineering	5	Biological and Environmental Engineering	1
Agricultural and Biosystems Engineering	5	Bioproducts and Biosystems Engineering	1
Biological Systems Engineering	5	Bioresource & Agricultural Engineering	1
Chemical and Biological Engineering	4	Biosystems Engineering & Soil Science	1
Biosystems and Agricultural Engineering	3	Environmental Engineering & Earth Sciences	1
Bioengineering/Biological Engineering	3	Environmental Resources Engineering	1
Agricultural Engineering	1	Food, Agricultural and Biological Engineering	1
Agricultural Engineering Technology	1	Molecular Biosciences & Bioengineering	1
Chemical, Biological and Bio Engineering	1	Environmental Sciences	1
Biological and Agricultural Systems Engineering	1	Plant,Soil,and Agricultural Systems	1

资料来源：整理自美国工程与技术鉴定委员会（ABET）网站、ASABE 网站及相关院校主页。

与北美相比，欧洲农业工程学科向生物系统工程实践起步要稍晚[14]。在亚特兰提斯计划（EU-US Atlantis Programme）的推动下，欧盟借鉴美国生物系统工程学科发展经验，引导欧盟各国农业工程学科向生物系统工程进行转变。到目前为止，尽管农业工程学科最终会走向生物工程学科已得到多数欧盟国家的共识，但仍有相当一部分国家并不认可农业工程学科已经到了必需改变的阶段。欧洲农业与生物工程教育和研究联盟 33 所大学成员中，法国图卢兹农业高等教育学院、德国霍恩海姆大学、葡萄牙埃武拉大学、英国哈珀亚当斯大学学院、西班牙莱昂大学和马德里理工大学6 所大学仍保留有传统农业工程系或农业工程专业，33 所系名中仅有 4 所院校包含生物系统字段，有 10 所院校开展生物系统工程领域的研究[15]，生态与环境工程字样等未有体现，欧盟农业工程学科的调整仍处在探索阶段。

2.2　专业结构重构呈现多元化新特色

农业工程学科的变革应社会需求而改变，学科通过及时而灵活地调整教学和研究内容来主动适应由农业生产新发展而引起人才市场需求的变化[16]。学科调整前美国大学多数农业工程系一般设有"农业工程"和"农业机械化"两个专业。传统农业工程调整后多更名为生物工程，农业与生物工程，食品、农业与生物工程，生物系统工程，生物系统与农业工程，生物环境工程，生物资源与农业工程，化学与生物工程及环境工程等。农业机械化多更名为农业作业管理，农业系统管理，农业系统技术，农业及环境技术，农业技术管理，农业技术与系统管理，生物资源工程技术，机械化系统管理及技术系统管理等[17]。

学科名称变革的同时引发了专业结构的调整。美国高校专业结构的调整主要包括两种类型：①保持传统专业结构模式，调整相关专业名称与专业方向。如伊利诺伊大学香槟分校，原农业工程调整为农业与生物工程专业，设置包括农业工程与生物工程两个方向;农业机械化调整为技术系统管理,保留传统的农业机械化、市场与技术系统管理及农用建筑管理,增设了环境系统及可再生能源系统等新方向。俄亥俄州立大学原农业工程调整为食品、农业与生物工程专业,设置农业工程、食品工程、生物工程与生态工程四个方向;农业机械化调整为农业系统管理,保留传统水土工程、结构与设施、动力与机器专业基础上,增设精准农业一个新方向。②新增专业,重构专业结构与方向。如宾夕法尼亚州立大学新增食品与生物工程、自然资源工程两专业,农业工程涵盖原农业机械化专业方向,食品与生物工程专业下设食品工程、微生物工程与生物能源(包括药物微生物系统、可再生能源、生物质转换、维生素与保健品、食品安全)3个专业方向,自然资源工程设非点源污染环境保护一个专业方向。爱达荷州立大学保持农业工程与农业系统管理(原农业机械化)两专业的基础上,增设生物能源工程、生物系统工程、生态水文学工程与环境工程四个专业。

与我国高校学科专业设置机制不同,欧美高校专业设置具有较大自主权,专业设置的弹性和发展空间较大[18-20]。在美国,一方面,受"赠地大学"特殊身份影响,不同院校需立足于自身条件和特色,从竞争优势角度出发,发展自身特色专业,形成区域错位竞争;另一方面,不同院校专业设置的宽窄与该校教师研究领域的专长直接相关。由于不同院校专业设置各有侧重,有效避免了高校专业的趋同和单一现象,多元化的专业特色,充分满足了社会对不同类型人才的需求。

2.3 跨学科教育与管理推动学科知识创新

伴随着科学的快速发展,不同学科间传统的界限逐渐被打破,知识呈现出更多的流动性和渗透性,跨学科教育已成为知识融合与创新的一种新趋势。欧美高校跨学科教育一般通过院、系甚至不同学校、地区的合作,共同提供跨学科、跨领域知识平台,让学生有更多机会学习不同学科知识,拓宽学生

研究领域，使学生具备更多竞争力。

以美国为例，农业与生物工程学科归属学院管理有两种格局，一种是学院单独管理运行，另一种是跨学院共同管理。学院单独运行管理主要集中在各大学的农学院或工学院中，其中农学院（包括以农学为主的学院）占近32%，工学院26%，农学院仍占主导地位，还有2所与环境科学相关的学院；跨院共同管理主要以农学院与工学院合作管理为主。与高良润早在1980年提到的农业工程学科归属工学院、农学院管理各占36%相比[21]，跨学院合作管理增长10%。跨院合作有效促进了学科新研究领域与研究方法的产生，顺应了社会对新型农业工程人才的需求。以加州大学戴维斯分校为例，生物与农业工程系隶属于工学院和农业与环境学院，生物系统工程专业将生命科学与工程学科有效联系在了一起，使小到分子、大到生态系统，范围广泛的生物系统基础理论及其发展前沿与工程技术得到了有机融合。工程学与生物学教师之间的有效合作，使教师对学科前沿以及自身研究专长的定位有了更为清晰的认识，合作研究领域广泛涉涵盖农业生产、自然资源、生物工程及食品工程，促进了跨学科研究方法的形成。

1999年《博洛尼亚宣言》签署，欧共体国家宣布统一教育结构和学位体制，包括创新学科课程体系，促进了欧洲农业工程学科的发展。2002年成立的USAEE-TN就欧洲各国农业工程学科学位教育、核心课程设置情况与学科质量评估等内容进行了探索性研究[22-23]。2008年更名为ERABEE-TN后，一直致力于欧洲传统农业工程学科的调整及调整后生物系统学科教育及课程体系的构建及推进工作[24]。受博洛尼亚进程影响，欧洲各国传统的封闭型人才培养（学徒式）模式正在改变，不少欧洲大学在尝试跨专业教师合作授课、跨专业合作办学、应用其他专业领域的理论与方法进行教学等，从封闭走向开放的人才培养方式正在影响着农业工程跨学科教育的创新。

2.4 核心课程设置工程与生物学兼顾并重

课程体系的重构是学科变革的重要环节，合理的课程体系不仅是人才培

养的有效载体与实践途径，更能有效促进学科的发展。

早在1990年ASAE年会上，北美36个高校农业工程系的代表就农业工程学科转型后如何构建生物工程核心课程平台及其重点领域的设计提出了建议。以Roger E. Garrett为首的小组，在美国农业部资助下展开了生物工程学科核心课程平台研究，并在1991年召开的ASAE冬季会议上，提出了生物工程专业核心课程（表2），该课程平台突出强调了生物与工程两个核心主题。Arthur T. Johnson等研究指出，尽管美国不同高校生物工程学科课程的设置不尽相同，但课程体系都应包括工程与生物科学两个主题[25]。

表2 生物工程核心课程[26]

课程名称	开课学年	先修课程	课程内容
工程生物学 I	第一学年	无	影响细胞、生物有机体及生物群体水平的生物系统的结构、功能及能量转换等相关领域的工程解决方案
生物系统仪表及控制	第二学年	物理、数学、计算机程序设计	仪表及控制系统基础，着重于传感器及转换器在农业、生物及环境领域的应用
生物系统传输工程	第三学年	热力学、流体力学、生物工程	适用于工程领域的流体力学、热力学及工程生物
生物物料工程特性	第三学年	物理、生物、普通化学、微分方程、流体力学	生物材料在工程系统中的重要性，生物材料工程特性的术语及定义，生物系统中生物与非生物之间的交互作用
工程生物学 II	第三学年	物理、热力学、工程生物学，生物系统传输工程	生物有机体与其周围的热、空气、电磁及化学环境之间的交互作用
生物系统模拟	第四学年	计算机程序设计，微分方程，生物系统传输工程，工程生物学	用于生物系统识别、设计及测试的计算机仿真技术

1989年，时任CIGR主席的Giuseppe Pellizzi等就欧盟各国农业工程课程体系发起比较研究[27]。此后，受生源减少、科研经费降低及众多新兴研究领

域出现的影响，部分院校在专业、课程及研究领域名称前赋予"生物学"的尝试性改革，并进一步由"生物工程"替代农业工程。在此背景下，2005 年，USAEE-TN 起草并发布了农业/生物系统工程核心课程草案。与传统农业工程课程体系相比，该课程体系加强了工程学课程内容，以满足欧洲工程师协会联盟（FEANI）对工程专业的基本要求，显著减少与农学专业相关的农业/生物学方面的课程。总体来看，课程体系中基础知识（含数学、物理、化学、计算机与信息技术）及人文和经济等基础理论占约 35.0% 比重，工程学（包括核心课程与选修课）占 42.0%，农业/生物学课程占 22.5%[28]。2006 年，欧盟与美国共同发起的"美欧支持农业系统工程研究的政策导向措施"（简称 POMSEBES）项目启动，项目为欧美系统交流生物系统工程课程建设搭建了一个理想的平台。但到目前为止，鉴于欧洲各国教育系统设置、管理机制及课程需求等多种因素影响，还没有形成新的统一的核心课程平台[29]，仍以 USAEE-TN 提出的课程体系为基本标准，该体系 2007 年通过了 FEANI-EMC 认证。

3　结语

农业工程技术是发展现代农业的重要保障。从农业可持续发展的角度来看，无论是解决食品安全、能源短缺，还是实现生态环境保护，都亟须拓展传统农业工程学科研究领域，加速农业工程与生物科学技术的有机融合。近年来，跨学科教育已成为学科知识融合与科技创新的重要趋势。为了更好地探索我国农业工程学科未来发展趋势，学科教育应打破传统学科与专业界限，改革跨学科培养机制，构建形式多样的跨学科学术交流平台，促进学科知识创新，以满足现代农业发展对新型知识领域的需求。在坚持发展传统农业工程学科的同时，积极探索农业与生物工程相关新领域、新方向及新的课程体系平台，提前做好学科变革准备，以有利于未来学科的顺利过渡。

参考文献

[1] 应义斌. 农业工程学科应尽快转向基于科学的工程教育 [N]. 科学时报, 2009-02-17(B4).

[2] T S 库恩. 科学革命的结构 [M]. 上海:上海科学技术出版社, 1980: 8.

[3] 保尔·芒图. 十八世纪产业革命 [M]. 杨人鞭, 等译. 北京:商务印书馆, 1983: 124.

[4] 克拉沿. 现代英国经济史(上卷)[M]. 姚曾奥, 译. 北京:商务印书馆, 1964: 570.

[5] 施莱贝克尔. 美国农业史 1607—1972 年——我们是怎样兴旺起来的 [M]. 高田, 等译. 北京:农业出版社, 1981.

[6] 成玉林. 美国农业发展的历程及对我们的启示 [J]. 理论导刊, 2005(8): 69-71.

[7] Stewart R E. 7 decades that changed America (a history of the American Society of Agricultural Engineers, 1907—1977)[M]. The American Society of Agricultural Engineers,1979.

[8] Iowa State University.History of Iowa State: Time Line, 1900-1924[EB/OL]. http://www.add.lib.iastate.edu/, 2013-05-21.

[9] The International Commission of Agricultural Engineering. CIGR Newsletters No71[N], 2005-07-01.

[10] Stewart R E. 7 decades that changed America (a history of the American Society of Agricultural Engineers, 1907—1977)[M]. The American Society of Agricultural Engineers, 1979.

[11] Irwin R W. Engineering at Guelph : a History, 1874—1987[R], 1988.

[12] 李成华, 石宏, 张淑玲. 美国农业工程学科发展及人才培养模式分析 [J]. 高等农业教育, 2005(5) :89-91.

[13] Engineers Canada. Accredited Engineering Programs[EB/OL]. http://www. engineers-canada. ca/, 2013-05-21.

[14] 中国科学技术协会, 中国农业工程学会. 2010—2011 农业工程学科发展报告 [M]. 北京:中国科学技术出版社, 2011.

[15] Aguado P, Ayuga F, BriassouliS D, et al. The transition from Agricultural to Biosystems Engineering University Studies in Europe[EB/OL]. http://www.iiis.org/, 2013-03-21.

[16] 程序. 发展变革中的美国农业工程学科 [J]. 农业工程学报, 1994, 10(3): 164.

[17] Henry ZA, Dixon JE, Turnquist PK, et al. Status of Agricultural Engineering Educational Programs in the USA [C], Agricultural Engineering International:the CIGR Journal of Scientific Research and Development, 2000.

[18] 仇鸿伟, 王报平. 美国公立研究型高校学科专业设置与认证探析 [J]. 继续教育研究,

2011(7): 156-158.

[19] 胡春春, 李兰, 萧蕴诗, 等. 德国高等学校学位制度及学科专业设置——传统、现状和启示 [J]. 同济大学学报 (社会科学版), 2007, 18(1): 112-124.

[20] 张国昌, 林伟连, 许为民, 等 . 英国高等教育学科专业设置及其启示 [J]. 学位与研究生教育 , 2007, 173(6): 68-73.

[21] 高良润 . 美国农业工程高等教育剖析 (之二)[J]. 农业工程 , 1980(6): 1-4.

[22] USAEE-TN. Proceedings of the 1st USAEE Workshop[C]. Madrid, 2003.

[23] USAEE-TN. Overview of the Tuning Template Regarding the First Two Lines in the Subject Area of Agricultural Engineering in Europe [C]. Bonn, 2006.

[24] ERABEE-TN. Third Cycle University studies in Europe: Current schemes and possible structured programs of studies in Agricultural Engineering and in the emerging discipline of Biosystems Engineering [C]. Uppsala, 2009.

[25] Johnson AT, Phillips WM. Philosophical Foundations of Biological Engineering [J] Journal of Engineering Education, 1995, 84(4): 311-320.

[26] Tao B Y. Biological Engineering: A New Discipline for the Next Century[J]. Journal of Natural Resources and Life Sciences Education, 1993, 22(1): 34-38

[27] FEBO P,. A. Biosystems Engineering Curricula in Europe[A]. XVIIth World Congress of the International Commission of Agricultural and Biosystems Engineering[C]. Québec, 2010.

[28] USAEE-TN. Core Curricula of Agricultural/Biosystems Engineering for the First Cycle Pivot Point Degrees of the Integrated M. Sc. or Long Cycle Academic Orientation[R]. Greece, 2005.

[29] Briassoulis D, Mostaghimi S, Panagakis P, et al. Develop a Uniform Structure (framework) for CompatiblePrograms of the Biosystems Engineering Discipline [A]. Develop policy measures to enhance thequality and the linkage of Education and Research in Biosystems Engineering,promote bilateral research cooperation and establish common recognition procedures for the EU and the US relevant programs of studies [C]. Greece, 2008: 5-17.

美国农业工程教育百年嬗变与启示
——以课程／学时为中心的考察

师丽娟

（中国农业大学图书馆情报研究中心）

摘要： 美国大学社会服务功能的产生始自"赠地学院"，由农业领域开始。中国农业工程教育及学科发展，从师法美国起步，在发展路径上先后经历师美 - 师苏联 - 借鉴欧美的变化。不同国情决定，农业工程在今天的美国虽已不占重要地位，而中国则正重任在肩。在一流大学和一流学科建设的视野下，美国百年农业工程发展轨迹对当代中国具有重要借鉴和启示意义。课程是教育运行的基本单元，其安排反映了学科发展变化如何进入科学知识体系，体现为教育和学科发展的结合点。本文在考察美国农业工程教育发展基础上，着眼课程／学时变化，并进一步探讨背后的教育发展的逻辑，对我国农业工程人才培养提出若干见解。

关键词： 美国；农业工程；课程；合作教育；顶石课程；CDIO 工程教育模式

0 引言

美国高等教育始自 17 世纪，而其高等工程教育则起步于 19 世纪。为满足建国后国家对军事防御、公共工程及制造业发展的现实需求，国家开始创建相关院校，如 1802 年创建西点军校、1819 年创建诺维奇学院以及 1824 年成立伦斯勒理学院。美国早期工程教育发展较为缓慢，至 1862 年，全美开展工程课程的院校仅为 12 所 [1]。1862 年颁布《莫里尔赠地法案》，法案以促进工程教育更好地服务于社会为目的，规定联邦政府在每个州至少资助一所高等院校从事农业与机械技术教育，即农工学院（Agricultural & Mechanics College），亦称"赠地学院"，从而确立了工程教育在大学教育中的地位。自此，以农工教育为特征的赠地大学得到迅猛发展。高等工程教育的繁荣首先表现在数量上，由 1862 年时的 12 所，发展到 1880 年的 82 所 [2]。

一改以培养绅士、神职人员或纯学术人员为主的传统大学教育，实用主义被赠地学院奉为农工教育的办学宗旨。除物理、数学和其他自然科学课程外，制图、设计、结构、生产工艺和经济分析等课程设置成为工程教育的固定模式，工程实践与技能培养备受重视。第二次世界大战后，美国高等工程教育开始了强调基础理论研究的调整，课程内容以基础教育为主，通识教育兴起，工艺设计和制造等工程实践教育被削弱至辅助地位，工程教育目标开始转向培养基础研究人才。由于教育严重脱离实际，过分倚重基础理论的工程教育培养出来的学生既缺乏广博的知识，又缺乏解决实际问题的能力。20世纪 80 年代，从科学回归工程教育的呼声响起，美国高等工程教育被迫进入新一轮的调整，回归工程实践能力的培养之路。进入 21 世纪后，美国高等工程教育将目标锁定在培养工程型人才 [3]。

美国高等工程教育是在传统教育基础上，伴随着工业化进程而产生的，是工业革命的产物。与美国不同，19 世纪末，洋务运动结束后中国高等工程教育在无奈中起步，20 世纪上半叶连续不断的战争，令中国工业化进程举步维艰，错失了第一、二次工业技术革命的机遇，高等工程教育一直以仿效移植为主。1947 年，美国农业工程委员会委派 J. B. Davidson（被称为农业工程之父）等 4 名专家来华指导金陵大学与国立中央大学创建农业工程系，开启了学科教育师美模式，但历时非常短暂。新中国成立之后，中国高等教育从师美转向师苏，全盘复制苏联高等教育模式，大学的功能与性质发生了显著变异，高等工程教育整体进入了单科性过度专门化时期，人才培养中严重出现重理论轻应用，重知识轻能力的现象。大学教学与科研相互脱离，导致高校与社会、理论与实际的相互脱节。改革开放以后，中国高等教育开始新的反思，借鉴欧美之路再度开启。

1 农业工程教育的百年嬗变

1.1 赠地学院推动工程学科整体发展，从课程看农业工业获得的"优先关注度"

《莫里尔赠地法案》一经颁布，各州纷纷建立赠地学院。其中28个州单独设置了农工学院，宾夕法尼亚、密歇根、马里兰等州则把土地拨给原已设置的农业学校，伊利诺伊州则成立工业大学后不久改为州立大学，另有15个州在州立大学内增设农工学院[4]。到1922年，全美共创建69所赠地学院[5]。农工学院的成立推动了土木、冶金、采矿、机械与电气工程等学科的创建，吸引越来越多的土木、机械及电气工程技术人员参与到农业领域中来，如，乡村道路与桥梁设计、畜力或机械牵引农机的设计，灌溉、排水及农用电力工程的研究[6]。至1871年，爱荷华州立大学已开设农业工程、乡村道路建设、水供应、农业机械、乡村建筑5门农业工程类课程[7]。1910年，农业工程教育史上首个4年制农业工程课程计划正式出现在爱荷华州立大学农学院招生目录中[8]。

如表1所示，相比以宗教与神学为核心的传统教育，该课程体系主要呈现几个重要的特点：一是以神学和古典语言与文学为特征的传统课程已被数学、物理与化学等基础科学所取代，以基础科学为核心的教育理念得到充分体现；二是基于农业的工程学科特征显著，农业科学广泛涵盖土壤学、作物学、园艺学、畜牧生产等领域；三是农业工程理论与方法初成体系，农业机械、农用动力、农用建筑设计以及农田给排水各自形成独立的研究领域，制图、工厂实习、农业机械、农用发动机、田间工程、乡村建筑6门课程被设

置为核心课程；四是语言与写作在学科创建初期就受到重视。该课程体系的创建为后来其他院校建设农业工程课程体系提供了参考与借鉴，具有重要的历史意义。

表1　爱荷华州立大学农学院 1910 年农业工程四年制本科课程计划[9]

课程类别	课程内容	占比
数学，基础科学	微积分、代数、三角学、解析几何、几何学、物理、化学	23.92%
工程科学	分析力学、制图、测量、电流电磁与声学、材料与建筑、分析机	20.60%
农业科学	畜牧生产、农作物、园艺、奶业生产、土壤物理学、土壤肥料、兽医学、饲料与饲养	22.59%
农业工程	工厂实习、农业工程、农业机械与农用马达、农场铁器与手锄加工、奶业工厂、乡村建筑、研究、seminar、论文	15.40%
文化主题	英语、经济学、美国历史、英语作文	8.64%

美国赠地学院以实用主义为理论基础，以促进社会经济、工农业生产为目的，为工农业提供社会服务、解决工农业发展中的问题，其发展始终与工业实践紧密联系。讲究实际应用，与工农企业有紧密关系的农工学院在早期课程设置中表现出强烈的针对性，课程"轻基础、重专业、重实践"理念较为突出，专业课程设置以州工农业生产面临的问题为其教学内容，如农场工具（铁器与锄头）的加工与改进，还经常组织学生到工厂进行现场观摩教学与实习，农业机械等实验室的建立也多从农工业生产出发，配合实践教学和车间实习，很少要求教师进行独立研究。按照州经济发展水平和产业结构而设置的课程内容，确立了与工农业发展密切相关的农业工程学科在高等教育中的地位，扩大了农民与工人阶层接受高等教育的机会，对振兴美国高等教育发展起到了积极的推动作用，为美国高速发展的农业培养了大批工程技术型人才。

高等农工教育的创建在发展美国农业与工程技术方面发挥了重要作用，改变了只重视文化与经典教育而忽视农业及工程教育的传统，开辟了教育与生产相结合的新路径，确立了美国高等教育为社会经济发展提高直接服务的职能。

农业工程课程体系将科学技术自觉、有效地与区域经济结合，促进了传统农业产业的技术改造，为农业机械化、现代化奠定了技术基础，为繁荣州立经济发挥了重要作用，尤其是为农工业的快速发展提供了技术和人才储备。

1.2 综合性大学发展阶段社会对农业工程教育的牵引：通识教育思潮等在课程 / 学时上落实

美国高等工程教育课程变革中，ECPD（美国工程师职业委员会，1932年成立，1980年更名为 ABET）、SPEE（美国工程教育学会，1893年成立，1934年更名为 ASEE）、ASAE（美国农业工程师学会，1907年成立，2005年更名为 ASABE）等专业认证机构与专业学（协）会是不可或缺的推动力，尤其在工程课程建设、促进工程教育标准化方面发挥了重要的作用。

早在1929年，SPEE 在其发布的 Wickenden 报告中就提出，应尽量降低工程教育的实践专门化，加强数学与基础科学方面的学习。1940年 SPEE 在 Hammond 报告中进一步提出，工程教育应加强通识教育和强化工程科学训练。关于工程教育应加强基础科学及通识教育的讨论一直延续至第二次世界大战结束。1945年，哈佛大学发表了题名《自由世界的通识教育》中指出，大学教育的目标，应该是培养"完整的、有教养的人"，毕业生应该具备4项最基本的能力：有效思考的能力、清晰沟通的能力、正确判断的能力、认知普世价值的能力。要培养学生的这些能力，必须给予学生完整的人文科学、社会科学和自然科学三大知识领域（即通识教育）的学习[10]。1955年，ASEE 响应哈佛通识教育理念，在 Grinter 报告中再次强调，职业工程师除了自身的工程专业背景之外，人文社会科学、基础科学与工程科学① 同样重要，通识教育与工程科学作为工程教育的核心应受到普遍的重视[11]。

---

① 工程科学主要涵盖两大领域，即固体、液体与气体中的力学现象与电现象。报告建议的工程科学课程包括固体力学（静力学、动力学、材料力学），流体力学、热力学，传输机制（热、质及势能），电路现象，材料特性。

　　结合 ECPD 认证要求，第二次世界大战后 ASAE 课程委员会对农业工程课程变革进行了积极的探索。根据对农业工程专业毕业生及其雇主需求的调查，1944—1945 年，ASAE 课程委员会与 ASAE 工业需求工作小组相继提出了农业工程课程结构与课程设置标准，明确提出基础科学与工程科学具有同等重要地位，化学、物理、力学与设计课程需要加强，农学类课程不宜超过 15 学分，课程应以理论学习为主而不是技能培养，动力机械、水土保持、农用建筑、乡村电气化 4 个专门化（即专业方向）课程群首次出现，农业工程教育的专业性与个性化特征开始显现。建议还指出，农业工程系应改变以往由农学院单一管理的模式，采用农学院与工学院共同管理。相应的，农业工程专业人才培养应有别于农学类专业，工程教育应得到加强。

　　1949—1950 年间，以 ASAE 标准为模版建设的加州大学戴维斯分校、伊利诺伊大学及普渡大学等 12 所院校的农业工程专业课程计划获得 ECPD 认证，农业工程作为工程学科的一个分支地位被正式确立，部分认证院校课程结构见表 2。整体来看，战后工学院与农学院共同建设与管理使工程教育得到明显重视，"工程科学化"理念得到贯彻，通识教育、基础科学、工程科学在不同院校均得到加强，工程理论分析与研究受到了空前重视，农业科学及其田间实践与实习课时比重明显减少。爱荷华州立大学、明尼苏达大学与密歇根州立大学开设 8 学分的专门化课程，为学生选择感兴趣的研究提供了明确的方向与自由。

　　美国工程教育与农业、工业水乳交融、合作发展的模式有力地推动了美国工业化进程，美国在 20 世纪 50 年代中期即完成工业化，开始由工业社会向信息社会、知识社会转变，产业结构的调整带动了人才需求的变化，引发高等教育新的变革。历经百年变迁，绝大多数赠地学院逐步演变为综合性的大学，科学技术的迅猛发展推动不同学科之间的相互渗透日益频繁与加强，生物工程、计算机工程等新的工程领域不断涌现，社会对人才知识和能力的需求更趋综合，从重视工程技术，到重视工程科学，再到工程科学、工程技术与综合性工程管理能力缺一不可。

表 2 1950—1951 年 6 所赠地学院开设的四年制农业工程课程体系 [9]

%

课程类别		ASAE标准	爱荷华州立大学	堪萨斯州立学院	加州大学（戴维斯分校）	明尼苏达大学	密歇根州立学院	普渡大学
1. 人文或通识教育		11.43	9.72	14.08	8.51	15.73	19.44	20.26
2. 基础课程	数学，基础科学	25.71	23.61	26.76	22.70	25.28	18.06	23.53
	工程科学	23.57	25.00	25.35	37.59	33.15	22.22	21.57
	农业科学	10.71	11.11	7.04	7.09	5.62	8.33	10.46
3. 专业课程	农业工程	15.71	19.44	19.01	15.60	15.73	13.89	15.03
	农业工程专门化	6.43	5.56	0.00	0.00	4.49	5.56	0.00
4. ROTC, NROTC①，体育		2.86	5.56	2.82	5.67	0.00	11.11	7.19
5. 选修课（任意）		3.57	0.00	4.93	2.84	0.00	1.39	1.96
合计		100.00	100.00	100.00	100.00	100.00	100.00	100.00

①ROTC/NROTC指预备役军官/非预备役军官要求的课程。

　　为应对 20 世纪 70 年代大学生普遍出现的吸毒、暴力等伦理、道德和公民价值观危机，通识教育再次被强化，以帮助学生学会如何学习、如何思考、学会人际沟通以及运用知识寻找解决问题方法等。除物理、化学、生物及数学等自然科学外，通识教育在社交语言文化与人文社科两大领域进行了重要改革（表3）。本次变革以人文社会科学改革力度最大，课程设置得到了显著加强，多数院校课程比重高达 11% 以上，广泛涉及政治、经济、管理、社会、历史、文学、艺术与伦理学等领域。以爱荷华州立大学工学院为例，其通识教育课程广泛涵盖经济系、工商管理系、政治系等开设的课程。如经济系开设经济学原理、农村组织与管理、农业法等课程，工商管理系开设市场原理、会计原理、销售预测、销售管理、商业法等课程，政治系开设了美国政府与历史等课程，对学生进行道德、法制和公民意识等相关教育，通过批判性思维和持续学习能力的训练，培养学生做人、做事、做学问的基本素质。其次，社交语言文化教育的重要性得以稳固与加强。多数院校保持 5% 以上课程占比，且课程内容也较为相近，主要包括英语系开设的作文与诵读、商业尺牍（商业函件撰写）、专业文件与报告写作（专业技术文件与研究报告撰写），演讲系开设的演讲基础，新闻与公共交流系开设的宣传与公共关系，以及图书馆系开设的图书资料利用课程等，重在培养学生读写能力与公共沟通能力。通过强化通识教育课程及其训练来提高学生的思辨能力、推理和分析能力，培养学生在独立思考基础上，就某个研究主题科学理性地提出个人观点，为学生的专业基础学习和未来工作能力奠定扎实的基本功。

　　相比较而言，第二次世界大战前农业工程教育以实践应用为主，高校、工程教师与企业保持着密切联系。战后农业工程教育改革总体倾向于加强通识教育，强调数学等基础课程与工程科学的理论学习，以工程应用与解决实际问题为主的工厂实习、田间实习等实践教育逐渐被弱化，导致工程教育后来在很长一段时间内与工业生产相互脱节，工程教师与毕业生缺乏解决实际问题能力的弊端逐渐显现。工程实践重归课堂呼声日渐强烈，以加强工程实践教育为特色的合作教育开始兴起。

表3　6所赠地大学20世纪80年代四年制本科农业工程课程体系比较[12]　　%

课程类别		院校					
		爱荷华州立大学	堪萨斯州立大学	加州大学（戴维斯分校）	明尼苏达大学	密歇根州立大学	普渡大学
1. 通识教育	社交语言文化	7.51	5.84	4.44	11.64	5.00	5.51
	人文社科	12.65	13.14	12.78	11.64	13.33	14.18
2. 基础课程	数学，基础科学	24.51	29.93	33.89	27.41	31.66	28.35
	工程科学	18.17	21.90	25.56	15.75	21.67	19.68
	农业科学	2.37	2.19	1.67	17.12	5.56	4.72
3. 专业课程	农业工程	8.70	16.78	8.33	16.44	15.56	18.11
	农业工程专门化	26.09	9.49	9.44	0.00	0.00	9.45
4. ROTC/NROTC，体育		0.00	0.73	0.00	0.00	0.00	0.00
5. 选修课（任意）		0.00	0.00	3.89	0.00	7.22	0.00
合计		100.00	100.00	100.00	100.00	100.00	100.00

　　合作教育（Cooperative Education）是高校与企业合作，充分利用校企资源联合培养企业所需人才的一种在工作中学习的方式[13]。合作教育课程通常不设置学分。以加州大学戴维斯分校为例，大学2~4年级开设有合作教育课程。经系批准，学生完成课程注册后，与企业签订正式协议，在企业完成至少一整学年的全职实践。企业需要制订与课堂教学紧密相关的合作项目规划（包括项目训练计划、专业需求、资格要求及薪资水平）、项目监督计划及执行情况。企业为学生配备一名指导教师，明确学生工作职责与工作内容，负责指导和管理学生在企业期间的工作与学习，帮助学生融入工作团队，实现从学生到雇员身份的转变，按照协议及时反馈学生工作期间的表现与评价学生工作能力。要求学生承担并完成企业分配的任务，学制相应延长为五年。

　　如表4所示，合作教育中有一个很重要的角色是课程协调人，协调人作为教育团队中重要的职业指导教师，与普通课程教师传授学术理论与知识不同，协调人负责合作教育全程的联络、交流、指导与监督，承担的是非学术性的职业指导与教育工作。合作教育在保证学生工程理论学习的同时，工程实践教育得到了加强。其中，现实工作环境不仅有助于提高学生学习动机和应用理论知识解决问题的能力，而且有助于了解其兴趣所在，为学生今后职业规划提供指导以及把握就业机会，还有助于培养团队合作能力，使学生走向成熟，加快适应学校到职场环境的转变[13,14]。此外，合作教育加强了教师与企业间的联系，有助于促进教师教学内容的更新和教学方法的改进，提高教师综合素质。合作教育在打破高校与企业间藩篱的同时，还有助于丰富学校教育资源，优化教育环境。参加合作教育的学生在企业中获得更多、更新的知识与技术，返校后有利于倒逼教师提升自己的专业知识与工程技能。

表 4　合作教育课程中课程协调人与各方的关系及承担的职责

关系	职责
课程协调人 - 学生	1. 为学生就业的可能性以及实现就业所需资源提供指导，鼓励学生准确表达自己的职业目标； 2. 为学生提供具有建设性的就业建议，引导学生进行合理的合作就业； 3. 鼓励与激发学生寻求与其兴趣一致的就业机会，兼顾学生的资质与能力； 4. 定期到访每个学生的雇主，及时了解学生工作进展、实时调整合作任务
课程协调人 - 雇主	1. 争取企业对合作项目的支持； 2. 考虑到企业对人力资源持续的需求，将合作项目作为企业一项长久的计划； 3. 为获得学生与雇主之间最佳的协调效果，课程协调人全面负责学生的合作就业指导、监督与评价
课程协调人 - 教师	1. 作为大学教育团队中的重要成员，与学校管理者、院系教师就合作教育的理念与相关问题保持广泛的联系； 2. 为参加合作教育的各方提供服务

1.3　面向未来的农业工程教育：被开放的课堂及课程

为进一步缩小工程教育中理论与实践能力之间的差距，20 世纪 90 年代，美国工程教育界重新审视工程实践的本质，针对工程教育中过分倚重工程理论分析、工程设计训练依旧偏弱的情况提出了新的思考，从而开启了理论与实践教育并重、课程与项目并举的课程改革，以项目设计为中心的"顶石项目"课程开始兴起。

"顶石课程"（Capstone Course/Capstone Design）理念形成于 20 世纪 90 年代初，是美国高等工程教育的又一特色。作为本科阶段最后开设的课程，为学生提供了参加与解决实际工程项目的机会，被认为是学习活动环节中最重要的一环[15]。顶石课程通常安排在大三和大四，课堂讲授与项目设计并行，项目主要依赖课程完成。

与合作教育课程中理论学习与实践教育的平行模式不同，顶石课程实现了工程理论学习与实践教育的相互嵌入，使理论与实践、课程与项目真正实现融合，并在一门课程中真正得到系统化的体现。如果说分散在不同课程中的实验、实习是碎片式的，各自封闭、缺乏联系的，那么顶石课程所提供的基于项目的实践教育就是一种全开放、体系化的形式，结合项目设计，顶石课程把学生大学阶段在课堂、实验室与课本中学到的知识融合在一起，集知识、技能与经验为一体，在提升学生写作与交流能力、强化工程伦理与工程经济学理论、增强学生的批判性思维、解决富有挑战性的问题以及促进学生对所学专业知识与技能的综合应用等方面全方位发挥作用。学生多数以团队形式承担项目设计任务，利用一个或多个学期完成项目设计、开发与测试，通过将所学理论知识综合应用于实践过程，从而获得产品方案设计、原型制造和测试等经验。近年来，项目跨学科发展趋势愈发显著，团队构成已经由单一的学科开始向计算机工程、土木工程、机械工程、电气工程与农业工程等多学科联合方向发展。

多数院校安排在两学期内完成，如爱荷华州立大学、亚利桑那大学、佛罗里达农工大学、佐治亚大学等，第七学期要求学生首先参与课堂讲授，组合团队；然后，提出问题并与指导教师确定专题，定期参与实验设计课程；最后，形成实验设计方案，包括前提假设、材料需求、设备仪器需求、分析方法、预计失误、安全问题、成本预算以及时间安排等细节和任务，重点对学生进行项目构思与设计环节的训练。第八学期主要完成项目的开发、测试与评估。也有安排在三个学期中完成的，如犹他州立大学，第五学期学生需要完成项目计划，包括项目采用的技术及管理计划；第六学期完成项目设计，并要求定期进行成果汇报；第七学期项目结题评审，汇报内容要求符合专业报告形式，由所在系师生共同参加评审与评价。

除指导教师承担的科研项目外，顶石项目多数来源于地区企业资助，能够解决企业实际问题是企业提供项目资助的基础。项目成果的知识产权归属问题通常由企业、高校与学生三方进行约定，多数情况下知识产权归企业，也有归属高校与学生的。如表5所示，教师、学生与企业在课程中有着不同的分工，承担着不同的职责，获得不同的收益。项目课程之所以能够顺利实施的关键取决于项目资金与指导教师这两个重要的环节。除教师已有项目之外，积极申请企业资助非常重要，通过为企业切实解决实际问题的基础上，逐渐与企业建立良好合作关系。在指导教师培养方面，一方面需加强从教学为主的传统教师到以指导为主的教练身份的转变；另一方面教师专业背景是实现指导和满足训练需求的关键，加强教师自身的工程实践经验积累以及提高教师的团队组织与管理能力也非常必要。作为顶石课程合伙人的企业在获得与工程专业学生一道完成企业创新项目的同时，为学生在跨入职场前应用工程技术知识解决工程实际问题提供了重要的机会。

21世纪以来，随着工程科学的发展完善，工程知识体系变得愈发的庞大。工程教育的改革步伐并未停止，仍在继续探索，高等工程教育回归实践教学的重要性再次被强调。

2001年，由瑞典查尔姆斯技术学院、瑞典林克平大学、瑞典皇家技术学院和美国麻省理工学院（简称MIT）组成的跨国研究团队提出CDIO工程教育模式，该模式于2010年荣获被誉为是工程界诺贝尔奖的美国工程院"戈登奖"。CDIO工程教育模式（Conceive构思、Design设计、Implement实现和

Operate 运行）是以现代工业产品从构思研发到运行乃至生命终结的全生命周期为载体，把职场环境引入到学校课程教育环境，让学生以主动的、实践的、课程之间有机联系的方式来学习的一种工程教育新模式[16]。CDIO 核心文件包括一个愿景、一个能力培养大纲和一个标准。

表 5　顶石项目课程中不同角色的定位

角色	职责	角色定位
教师	1. 教师负责选择与落实项目； 2. 教师负责组建团队，定期与企方技术指导委员会联系； 3. 教师负责项目管理和解决项目执行中遇到的问题，监控项目进展； 4. 评价团队绩效，成绩评定按照学生个人承担的角色与工作业绩加以分配	1. 帮助企业解决实际问题的基础上与企业建立良好的互动和合作关系； 2. 负责组织、指导与管理学生团队，指导与监督完成课程项目； 3. 充当教练角色
学生	1. 学生负责项目的执行与完成	基于教师与企业技术指导委员的帮助与指导，以团队形式合作完成项目课程，获得一个好的学习与实践经历
企业	1. 提供项目基金资助； 2. 组建技术指导委员会，定期审查项目进展，提供项目开发所需技术信息与技术指导	提供项目技术指导，解决企业实际问题，有利于寻求合适的雇员

CDIO 愿景提出，工程教育应为学生提供以现代工程实际为背景环境，采用相互联系、相互支撑的一体化课程体系，使学生在现代学习和实践环境中取得丰富的设计、制作和主动学习的经验，促进学生知识、能力和素质的一体化成长，培养有专业技能、社会意识和有企业家敏锐性的工程师。

CDIO 能力培养大纲按照工程基础知识、工程师个体职业能力及道德、人际交往与团队协作能力和在企业、社会与环境下的工程综合能力四个层面，对工程师应该具备的工程基础知识和能力以逐级细化的方式表达出来，可操作强、对学生和教师具有双重指导意义。

CDIO 标准对整个模式的实施和检验进行了系统的、全面的指引，该标准的提出参考了 ABET、国际工程联盟、美国国家工程院、全美高校与雇主协会以及波音公司等工程认证机构和行（企）业对工程人才质量需求的调研结果，满足了产业对工程人才质量的要求。CDIO 标准的提出主要基于航空航天工程领域，但其提出的必备技能要求具有通用性，适用于所有工程领域[17]。2005 年，瑞典国家高教署采用 CDIO 标准对本国 100 个工程学位计划进行评估，结果表明，新标准比原标准适应面更宽，更利于提高工程人才培养质量。

迄今为止，已有百余所世界著名大学加入 CDIO 国际组织，这些学校的机械工程、航空航天工程与电子工程全面采用 CDIO 工程教育模式，还有部分院校的化学工程与计算机工程也开始采用，CDIO 工程教育理念已成为欧美工程教育课程改革的主流方向。众多院校中，MIT 航空与航天工程系最早采用 CDIO 工程教育模式，是目前最为著名且被公认为是 CDIO 成功应用的典范，其模式简称 MIT-CDIO，其课程体系如表 6 所示。与以往工程教育改革不同，MIT-CDIO 模式强调以工程实践作为工程教育背景环境，一体化课程计划要求工程教育环节中处处渗透着工程实践，而不是依靠简单的课程实习、课程实践、工厂实习或简单的在"做中学"等课程内容。CDIO 通过导论性课程、一体化课程与顶石课程等特色课程的有机结合，实现了构建一体化课程体系的初衷，要求在工程实际环境中，通过学生主动学习和经验学习，将 CDIO 能力培养融入工程教育全过程中。

导论性课程作为大学早期开设的课程，其目的是引导学生尽早入门工程实践，通过亲手设计和制造一些简单的东西来领略工程技术的精髓。如《航空航天工程与设计导论》主要讲述航空航天工程的基本概念和方法，积极地引导学生利用信息技术自主学习航空航天知识，课程重点在于让低年级学生运用已知的物理、数学与化学的等知识进入航空航天工程设计领域。课程内

表6　麻省理工学院航空航天专业本科课程计划

	课程类别		学分	备注
学校统一必修课程（CIRs）	通识教育	自然科学	72	包括化学、物理学、生物学和微积分学等6门课程
		人文、艺术、社会科学	72	从18类百余门课程中选择8门课程，旨在发展学生广博的知识面
		科技类限选课	24	44门课程中必须选择2门课程，用于拓展学生的知识面与激发学生潜在的兴趣
		交流课程	不计学分	2门用于加强人文、艺术和社会科学方面交流，2门用于加强专业领域主修课程的交流，贯穿于本科生4年学习中
		实验课	12	在40门实验课程中选择1门12学分或者2门6学分的实验课程
系开设课程	核心课程108学分	一体化工程Ⅰ、Ⅱ、Ⅲ、Ⅳ	48	系内所有学生必选课，课程由多名教师教授
		计算机与工程问题求解导论	12	
		统计与概率	12	
		微分方程	12	
		动力学	12	
		自动控制原理	12	
	专业领域课程≥48学分	流体力学：空气动力学	12	流体力学、材料与结构、推进等8个专业领域共计10门课程。其中，航空与航天信息科学工程专业要求从空气动力学、结构力学、推进系统导论和航天工程计算方法中必须选择3门
		材料与结构：结构力学	12	
		推进：推进系统导论	12	
		计算工具：航天工程计算方法	12	
		评估与控制：反馈与控制	12	
		计算机系统：数字系统实验室介绍	12	
		计算机系统：实时系统与软件	12	
		通信系统：交互系统工程	12	
		人与自动化：人类系统工程	12	
		人与自动化：自主决策原理	12	

续表6

	课程类别	学分	备注
系开设课程	实验与顶石课程 飞行器工程/航天系统工程	12	二选一
	主题1：实验项目Ⅰ、实验项目Ⅱ	18	三选一
	主题2：飞行器进展	18	
	主题3：航天系统进展	18	
		（36）	专业课程与学院统一必修课重复36学分
	非限制选修课	48	

容包括实验、项目设计和有关航天器或火箭设计相关资料的搜集与整理，要求学生以团队小组形式，亲自动手设计和制造一架无线电控制LTA飞行器，让学生在设计与实践项目的过程中加强理论与实践的联系，此类课程主要通过激发学习兴趣来加强学习主动性。

航空航天工程作为一门综合性的工程技术，广泛涵盖材料与结构，流体力学与空气动力学，热力学，物理与动力学，电子信号与系统，电路、推进、控制系统与计算机程序设计六大基础学科，是一个复杂的庞大工程技术系统。《一体化课程》Ⅰ、Ⅱ、Ⅲ、Ⅳ是大学二年级（连续两个学期）开设的核心课程，被认为是一体化课程的典范，最具特色。课程所包括内容总量远超过MIT四个典型学期的课程量，课程十分注重学科之间的联系，共涵盖材料与结构、计算机与程序设计、流体力学、热力学、推进、信号和系统，以及一个统合部分。七个方面的内容。课程由不同教授分别讲授不同的学科内容。每个学科都是学期课程的一部分，各自包含一系列讲座，当一个学科讲授结束时，学生通过测验进入下一个学科的学习。一体化工程课程设计通过对7个不同领域的专业基础内容的一并讲授与大量的实验、实证分析与项目设计，使原本相互孤立的学科内容互相联系与嵌套在一起，相互支撑，不仅有利于消除跨学科教育的壁垒，培养学生综合运用多学科知识进行思考和解决综合问题的能力，而且有利于培养学生在工程设计中的总体思维与全局把握能力，这恰恰是工程师所应具备的基本素质。此外，除课堂讲授之外，教师每周都会布置与课程内容相关的问题，要求学生独立加以解决，问题由易到难，难度逐渐加大，这种基于问题的探索式学习方式有效促进了学生学习的主动性和加强了学生的自信心。

顶石课程作为本科教育的顶点，MIT 安排在大三和大四的设计和实现课程中，要求学生以团队形式承担更为复杂的实践任务，即完成高级设计项目的构思、设计、实现及运行，期望学生能够将所学不同学科理论知识综合应用于工程实践，从而获得方案设计、产品制造和演示等顶石经验。例如，《实验项目Ⅰ》与《实验项目Ⅱ》是两门连续的实验课程，各占一个学期。《实验项目Ⅰ》侧重于对学生进行构思与设计环节的训练，要求学生首先参与课堂讲授，组合团队；然后，与指导教师确定选题及其重点，并定期参与实验设计课程，最后形成实验设计方案。由于《实验项目Ⅰ》涵盖了相关主题的课程讲授，后续的《实验项目Ⅱ》主要以学生实践为主。在项目Ⅰ的基础上，项目Ⅱ要求学生完成项目的实施与运行环节的训练，包括构建与测试设备、进行系统的实验测量、分析数据、将实测结果与理论预期值加以比较分析。学期结束时，需要提交一份最终报告（包括他人能够重复进行的实验方法细节以及实验结论）和进行正式的口头汇报，并举行海报展示，公开展示小组的工作成果。

2 启示与思考

（1）应用导向和实践性，是农业工程教育的基本特色。中美农业工程都起步于"实践专门化"，但不同国情决定，美国在跨入工业化社会不久即超越这一阶段，历经重实用到重科学乃至到现在回归工程的转型，经由"行"主导到"知"主导到"知行结合"的发展路径；而我国农业工程教育和学科依旧在苏联"重理论轻应用"理念中延续，较长时期保留"重知识轻能力"基点，这也是我国相关课程设计或人才培养中必须注重的内容。

（2）我国农业工程学科 / 教育发展的生态、需求比美国更加复杂多元。参照美国经验，在大学谋求综合性方向发展阶段，不同高校发挥自身优势向农业工程学科拓展的可能更多。以服务州立经济与产业发展为目的，美国农业工程学科 / 教育在院校发展转型中的选择有更多的柔性自由。换言之，我们始终面临着不同学校在农业工程一个或多个领域实现突破的挑战。

（3）我校的发展目标，决定了既要顺应变化，也要适当超前的定位，并体现在教育教学理念和实践中。和美国相比，我们发展还要考虑新发展态势，特别是通过互联网刷新或引起的教育变革。最近自美国发端的 MOOC 在线教育模式兴起，成功实现了让课堂从以教师为中心真正转变为以学生为中心。MOOC 的变革势必会影响大学的教育生态系统，如何应对 MOOC 所带来的对传统教学与方法的挑战，做好教育管理制度的调整，将是我们所必须提前思考的问题。

（4）美国农业工程教育中，仍有直接有益的经验可供我们借鉴和参考。尽管科技在变、时代在变、教育理念和教育手段都在变，但是高等工程教育强调理论与实践相结合、科学精神与人文精神相结合的追求不变，实践教学的重要性不变，工程技术服务社会、与经济社会的交互关系不会变。学科发展应在以下 3 个方面做好文章：一是构建面向工程过程的项目驱动式课程体系，在人才培养体系中落实行知并重；二是创建高校 – 企业工程合作研究平台，加强校企间的联系与交互作用，密切了解与跟踪产业发展需求；三是强化课程实施主体青年教师的工程实践能力与教学综合方法，顺应高等工程教育教学方法的潮流。

参考文献

[1]　田逸 . 美国大学生工程实践能力培养及其对我国的启示 [D]. 湖南师范大学硕士学位论

文, 2007.

[2] 余锋, 曾晓萱. 美国早期的高等工程教育与经济起飞 [J]. 高等工程教育研究, 1991(4): 79-87.

[3] 卢瑜. 美国高等工程教育课程政策嬗变研究 [D]. 中南大学, 2012.

[4] 贺国庆, 华筑信. 国外高等学校课程改革的动向和趋势 [M]. 保定: 河北大学出版社, 2000.

[5] 李素敏, 吴国来. 赠地学院对美国高等教育的贡献及其启示 [J]. 河北师范大学学报 (教育科学版), 2000(1): 55-58.

[6] Stewart RE.7 decades that changed America (a history of the American Society of Agricultural Engineers, 1907-1977)[M]. The American Society of Agricultural Engineers, 1979.

[7] Department of The Interior Bureau of Education(US). Land-Grant College Education 1910 To 1920(Part Ⅲ) Agriculture[M]. Washington Government Printing Office, 1925: 70.

[8] Garrett R E. What's in a name?[J]. Agricultural Engineering, 1991, 72(2): 20-23.

[9] Michael O'Brien. Evaluation by graduates of the program of agricultural engineering at the Iowa State College [D]. Iowa State University, 1951: 22.

[10] Conant J B. General education in a free society: Report of the Harvard Committee[M]. Cambridge: Harvard University Press, 1945.

[11] American Society For Engineering Education.The Grinter Report[J].Journal of Engineering Education, 1994(1):74-94.

[12] 农业部教育宣传司. 世界高校农科教学计划汇编 [M]. 北京: 北京农业大学出版社, 1990.

[13] Brown R L. Cooperative Education[R], 1971: 6.

[14] University of California. General Catalogs 1974—1975[M]. Davis, California: 122.

[15] Todd RH, Magleby SP, Sorensen CD, et al. A Survey of Capstone Engineering Courses in North America[J]. Journal of Engineering Education, 1995, 84(4): 165-174.

[16] Berggren KF, Brodeur D, Crawley EF, et al. CDIO: An international initiative for reforming engineering education [J]. World Transactions on Engineering and Technology Education, 2003, 2(1): 49-52.

[17] Goff RM, Terpenny J P. Engineering Design Education-Core Competencies [EB/OL]. [2016-01-16]. http://arc.aiaa.org/doi/abs/10.2514/6.2012-1222.

农业工程学科研究热点演变探析

师丽娟

（中国农业大学图书馆情报研究中心）

摘要： 运用元数据分析软件 Bibstats 与可视化工具 VOSviewer，对 1957 年至今农业工程学科 20 377 篇文献进行信息挖掘，可视化展示了学科不同阶段研究热点知识图谱。结合内容分析方法，对可视化图谱进行了详细解读。结果表明：农业工程学科研究热点在研究主题方面经历了从较单一研究主题向多元化研究主题的丰富化过程，在学科支撑方面经历了从以农业机械化分支学科为主向跨学科与多学科融合研究的扩展过程，在研究手段上经历了从简单的实验记录分析向定量分析和模型化分析的拓展过程。当前农业工程学科研究正以信息化、自动化和智能化为核心的智能精准农业技术研究方向发展，总体研究领域逐步向整个农业生态系统拓展与延伸。

关键词： 农业工程；研究热点；知识图谱；可视化

1 引言

科学研究成果多以专著、期刊论文、会议论文、学位论文、专利和研究报告等文献形式传世。其中，期刊文献由于更新及时，文献数量大，在一定程度上能够较好地反映科学研究的变迁及发展，已成为情报研究人员探究科学研究发展脉络的重要数据来源。

文献计量学是借助文献的各种内外特征的数量，如，载文量、作者（个人或团体）、作者单位（单一机构或机构合作）、词频（词汇的数量统计，以作者提供关键词居多）、参考文献等，综合应用数学与统计学方法来描述、评价和预测科学技术的现状与发展趋势的一门图书情报学分支学科。该方法与可视化技术相结合为探索某一学科领域的知识结构与演变提供了有效的分析手段。

因此，本文采用文献计量学方法中较为热门的共词聚类分析方法与可视化技术，对 1957 年至今农业工程学科的 20 377 篇期刊文献进行信息挖掘，辅以《农业工程学科发展报告》为内容分析参考，定量分析与定性分析相结合，对农业工程学科研究热点的变迁轨迹加以分析与讨论，其结果供相关人员参考。

2　数据来源与研究方法

2.1　数据来源

本文选择期刊影响因子高、刊物栏目设置全面，能够充分反映学科内容特色的《农业机械学报》与《农业工程学报》为文献数据源，两刊涵盖学科内容与发展时间基本上能反映国内农业工程学科的研究热点历程。从 CNKI 数据库下载获取两种期刊自创刊以来的所有刊载文献。检索时间 2014-06-15，获取数据 22 406 条记录，剔除其中所载有关实验室、院系、中心介绍，会议信息、科技成果介绍、期刊目次介绍、投稿须知及人物介绍等与学科研究无关的信息，保留学术论文和综述性论文，获取有效样本共计 20 377 篇。

2.2　研究方法

共词聚类分析所需词汇取自文献中作者所提供的关键词列表，由于作者提供的关键词多数缺乏规范表达，在构建共词分析矩阵之前需要对关键词进行规范化处理。应用中国农业大学图书馆科学数据挖掘研究小组自主开发的

学术论文元数据分析软件 Bibstats，参照《中国分类主题词表》对文献所提供的关键词进行清洗（规范化）处理，词清洗环节主要包括：

一是剔除概念空泛词汇，即剔除意义较为空泛的词汇，如"研究""方法""综述""分析""发展""试验""设计"与"趋势"等无实际语义概念的词汇；

二是合并同义词，对于同义词主要选用当前较为公认的一个主题词，如收获机、收割机、联合收获机与联合收割机，统一归并为收获机械；卫星遥感影像、卫星遥感数据、卫星影像遥感，遥感数据、遥感影像统一为遥感技术；精准农业、精细农业与精确农业统一为精准农业。

三是上下位词归并，对于具有一定语义关系的上下位词，包括近义词和相关词，将词义相关的词根据语义的上下位关系加以归并整理，如支持向量机算法、K-means 聚类算法、贝叶斯算法以及相关的语义词汇，统一归并为数据挖掘算法。

通过对文献所提供的关键词清洗，实现将自然语言转换成为规范化的主题词数据集合，有利于后面进行高频词的识别与共词聚类分析。

高频词是指文献中出现次数多，使用频率较高的词汇，这些词反映了同期研究人员最关心的热点、焦点问题，一定程度上也折射着学科研究的主流走向。高频词界定选用 g 指数法[①]，共词聚类可视化视图由 VOSviewer 软件完成。结合我国农业工程学科发展历史中的重要时间节点，将国内文献数据分成五个时间段。数据统计量见表 1。

表 1　不同阶段有效文献及高频关键词统计

时间	有效文献 / 篇	规范化关键词 / 个	高频关键词 / 个
1957—1966 年	272	1 429	25
1979—1989 年	799	4 122	36

① g 指数法为目前常用的高频词界定方法，将关键词按照词频降序排列，当且仅当前 g 个关键词累计频次总和大于等于 g^2，而前（g+1）个关键词累计频次总和小于（g+1）^{2} 时，g 即为高频词阈值。

续表1

时间	有效文献/篇	规范化关键词/个	高频关键词/个
1990—1999 年	2 877	5 862	49
2000—2009 年	8 840	12 685	104
2010—	7 589	12 926	110
全部	20 377	37 024	324

注：因为"文革"期间学科研究基本处于停滞状态，所以缺乏 1967—1978 年这一时间段的文献。

3　结果与分析

运用 VOSviewer 可视化软件分别对 5 个时间段内的高频关键词进行共词聚类可视化分析，绘制出不同时间段的研究热点知识图谱，结果如图 1 至图 5 所示 [①]：

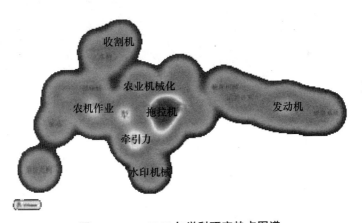

图 1　1957—1966 年学科研究热点图谱

---

① VOSviewer 密度视图聚类由红色向绿色过渡。视图中节点颜色由该点的密度所决定，红色寓意该节点密度较大，同时也表明该关键词与其他关键词共现频次较高，可认定该领域受研究人员的关注程度最高，是该领域的热点研究主题。相反，如果节点密度小，则其颜色越接近于绿色。字体大小也反映其受关注的程度。

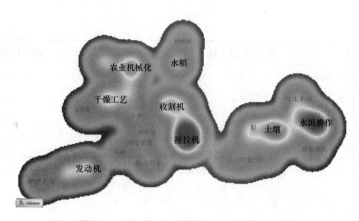

图 2　1979—1989 年学科研究热点图谱

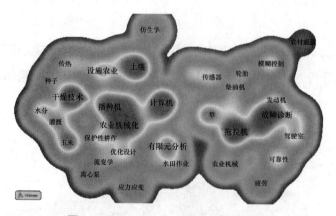

图 3　1990—1999 年学科研究热点图谱

图 4　2000—2009 年学科研究热点图谱

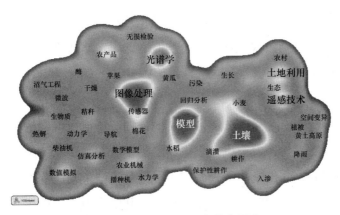

图 5   2010 至今学科研究热点图谱

农业工程学科研究热点的变迁轨迹总体上呈现以下特征（图 6）：

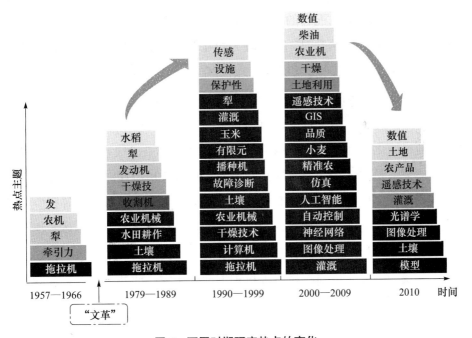

图 6   不同时期研究热点的变化

（1）农业工程学科的早期研究以拖拉机为中心，研究内容主题单一。20
世纪五六十年代，为迅速恢复被多年战争所破坏的农业生产，国家把实现农业的农业机械化、电气化、水利化和化学化放在突出的位置，农业机械化类院校与研究机构得到较快发展。结合当时农业生产实践需要，新中国重点建设了农业工程学科中的农业生产机械化（1953 年）、拖拉机（1954 年）、农业机械（1956 年）、农田水利（1953 年）及农业电气化（1960 年）等分支学科专业。在学科按照专业管理、部门所有的计划经济体制下，相比农田水利与农业电气化分支学科，农业机械化得到了更多的重视。以提高劳动生产率为目标，该时期的农业机械化学科研究主要集中于作为农业生产主要机械动力的拖拉机以及与之联系密切的作业机械上，其中作为拖拉机核心部分的"发动机"和配套作业机具"犁"，以及农机作业实践的"农机作业"与机具"牵引力"问题成为重要研究内容。

（2）20 世纪 80 年代，农业工程学科的研究热点开始拓展。在继续围绕拖拉机、发动机以及与之配套的耕作机具展开的同时，土壤、水田耕作及农业机械化方面的研究开始升温，其中较为明显的是土壤参数与农业机械行走机构相互关系研究、水田拖拉机基本理论研究和部件结构的改进、农业机械化发展规律与战略决策的研究进入了研究热点。

改革开放之前，由于过度注重拖拉机与耕作机具等农业机械产品设计而忽视农业机械化，"1980 年实现农业机械化"的目标并未成为现实。改革开放之后，研究人员更多地把目光聚焦在对农业机械化历史回顾与改革发展战略决策的研究上。同时，随着计算机、有限元分析方法和数学模型等研究理论与工具开始为研究人员所用，作为实现农业机械化的重要技术载体，拖拉机理论研究在 20 世纪 80 年代有了较大的进展，尤其是适宜南方水稻种植区域的水田土壤力学及水田拖拉机行驶机理方面的研究。此外，实行家庭联产承包责任制后，20 世纪 80 年代初期连续多年的粮食丰产令机械收获与产后干燥技术成为学科研究新的关注点。

（3）20 世纪 90 年代，农业工程学科的研究热点呈现多极化发展态势。在继承与发展原有热点的同时，计算机数值模拟仿真与机械产品优化与设计、农机与农艺相结合、产后加工工艺及节水灌溉方面的研究显著加强，以往拖拉机研究独大的现象转变为拖拉机、计算机、干燥技术、农业机械化、土壤五个核心关键词为中心的研究热点局面，尤其是计算机研究热点的出现为农业工程领域提供了后续的热点方向。

进入 90 年代后，农用运输车的快速发展推动拖拉机开始从以运输为主逐步转向农田作业，适于田间作业的拖拉机需求量大增，拖拉机故障诊断、减振装置与传动系统设计、驾驶室噪声控制等拖拉机性能及其可靠性问题以及与之配套机具"犁"的研究成为新的研究重点。在注重农业机械技术研究的同时，农业机械化的发展战略、科学预测与技术经济分析成为新的关注重点。与此同时，中国农业逐步摆脱传统农业发展模式开始向现代农业转化，玉米、小麦和水稻三大粮食作物在耕、种、收各环节初步具备了一定的机械化水平，并开始进一步向产后加工领域延伸。尤其是干燥工艺方面，在玉米等粮食干燥理论与技术研究取得显著进展的基础上，果品、蔬菜类等特殊物料干燥开始备受研究人员关注。90 年代初，以抗旱增收、减少水土流失和实现可持续发展为目标，促进农艺、农机相结合的保护性耕作系统试验研究开始起步，免耕播种机等保护性耕作机具的研究与试验取得重要进展；在农田灌溉领域，土壤—植物—大气连续系统（简称 SPAC 系统）水分传输理论等节水灌溉应用技术基础理论研究受到重视，节水灌溉技术研究热点从偏重单项技术向技术的组装配套、综合集成发展。

20 世纪 80 年代初期，计算机作为科学计算的工具首先应用于农业系统工程（农业工程的分支学科）。进入 90 年代后，Visual Basic、Fortran、C 语言等软件相继出现，计算机仿真与数学模型开始广泛应用于农业机械化管理、田间灌溉管理控制、农产品干燥理论与技术研究等多个领域。90 年代中期，计算机辅助设计与绘图技术（简称 CAD）的出现使传统图纸产品以实体形式表现在计算机屏幕上，实现产品的自动化或半自动化设计，大大加快了产品优化和设计开发过程，提高了产品可靠性。不仅如此，有限元分析方法与 AutoCAD 等交互性强、可视化程度高的软件平台实现了无缝集成，极大地提高了农业机械与农田水利工程设计水平和效率，改变了计算机以往仅仅作为学科计算工具的境况，"计算机"理论与技术成为继拖拉机之后新的学科焦点。以传感器技术为基础的自动化信息综合处理技术、由神经网络与模糊控制等理论算法相互融合形成的计算机人工智能控制方法开始引起学科界关注，并开始在设施农业与节水灌溉研究领域中加以应用。

（4）21世纪头10年，农业工程学科的研究热点表现出多元化发展态势。20世纪90年代以计算机为核心的信息化技术与自动化技术的发展令人工智能研究取得重大突破，也为农业工程学科带来革命性的变化。拖拉机、农业机械化、发动机（柴油机）、干燥技术等内容20世纪一直受到持续关注的学科研究热点。2000年以后，其关注热度出现下降趋势。图像处理、神经网络、自动控制、人工智能、仿真、数值模拟、"3S"技术、遥感监测和精准农业等基于计算机人工智能的自动控制方法与计算机图像处理技术的研究取而代之，迅速成为学科新热点。同时，与灌溉和小麦有关的学科研究依然在研究热点中。

神经网络模型是基于现代神经科学研究成果而被提出，试图通过研究人的智能行为，模拟大脑神经网络处理、记忆信息的方式进行信息处理。神经网络与模糊逻辑、遗传算法和灰色系统等理论算法相互融合，成为人工智能领域的一个重要方向。进入21世纪后，跨学科研究成为学科发展主流趋势。计算机科学领域中人工智能、图像处理、模式识别、图像处理、计算机视觉与计算机仿真等在农业工程学科研究中开始兴起并很快成为热点。计算机图像处理技术的发展促进了光谱分析技术的迅速发展，光谱分析技术与计算机视觉的融合进一步推动了计算机图像处理技术在农业工程领域的热点关注，内容涉及农产品品质检测、病虫害监测、作物生长状态监测、机器导航（农业机器人）及精准农业等多个领域。其中，精准农业是在计算机信息技术基础上形成的一个新的热点方向，是以地理信息系统（GIS）、全球卫星定位系统（GPS）、遥感技术（RS）和计算机自动控制系统为核心技术兴起的一场新农业技术革命。其智能化作业可对农资、农作实施精确定时、定位、按需变量控制，涵盖精准平整地、播种、施肥、施药、灌溉等多个作业环节，以期在保护环境的前提下，最大限度地以最少的投入获得最大的效益。随着"物联网"概念的热议，物联网技术在精准农业领域中的应用也开始引发关注。

21世纪以来，计算机人工智能、图像处理、遥感监测与计算机仿真等理论与技术的发展促进了学科研究由工程技术主导向农业生物系统拓展，以小麦为研究对象的作物生长环境监测、作物生长模型模拟及作物管理决策支持系统设计等受到研究人员的热点关注。就灌溉领域而言，继单项灌溉技术向多项技术综合集成以后，不同灌溉方式的水盐运移数值模拟、不同灌溉条件下作物需水量、作物生长机理等田间灌溉微环境的模拟仿真研究也成为21世纪初的热点领域。此外，由于自然灾害频繁，粮食生产、经济发展和生态建设三者用地之间的矛盾开始凸显。如何统筹耕地保护、挖掘耕地潜力，保障粮食生产安全成为土地利用工程研究面临的主要问题，土地利用成为学科研究新的趋向。

（5）2010年以来，农业工程学科研究热点出现了集中化趋势。随着计算机信息技术、传感技术、遥感技术、自动化技术及其相关科学技术的发展，农业工程学科研究在经历了以信息化技术、自动化技术、计算机仿真、精准农业、节水灌溉等多元化研究高潮的基础上，研究焦点开始出现一定的集中，模型、土壤、图像处理、光谱这几个关键词的研究变得非常热门。

近年来，不同学科之间的交叉、渗透和融合现象已经成为常态。伴随着计算机科学及其相关软件的发展，回归分析、神经网络及数据挖掘算法等众多数学算法与数学模型开始应用于作物生长养分需求与生长环境控制、谷物干燥、农业机械设计、土地利用、水土保持与土壤侵蚀、农田水养分利用及生物质热解等研究领域的数学模拟与仿真，几乎涵盖农业工程学科的各个方面，极大地丰富了学科研究内容。同时，农业工程学科作为服务于农业生产的综合性工程技术，与土壤、肥料、农业气象、育种、栽培等学科的关系密切。在跨学科与跨领域研究成为现代科学发展的主流趋势背景下，农业工程学科与土壤学、肥料学、作物学、生物学与经济学等学科结合愈发紧密，除土壤与农业机械行走装置的互作机理研究之外，以水肥—土壤—作物—光合作用—干物质产量—经济产量的转化关系和高效调控为研究主线，从水分调控、土壤肥力、水肥耦合、光合产出等环节出发探索提高各个环节中转化效率与生产效率的机理研究成为新时期学科关注的热点领域。

进入 21 世纪以后，计算机图像处理技术的迅速发展使光谱学和图像处理技术有机融合为一体，形成的光谱成像技术已在物质识别、遥感监测和导航定位等领域得到广泛的应用。最近几年，以高效快速检测分析而著称的高光谱成像检测出现在农产品无损检测领域，并持续受到高度关注，已广泛用于农产品表面损伤与污染物检测、农产品内外品质检测、肉品质及微生物污染检测、水产品重金属检测、农药残留与重金属污染检测等多个研究领域。不仅如此，近红外光谱和高光谱技术开始涉及土地分类评估、病虫害诊断、农田土壤成分与养分的测定等多个领域，光谱技术作为一项高效、简便、无损的分析技术在农业工程领域引起了高度关注。

总体来看，随着人们对环境与生态意识的增强，农业工程学科研究重点正在从工程技术在农业中的应用向整个农业生物系统拓展，农业工程学科与计算机科学、遥感科学与技术、生物学、经济学等学科的结合越来越紧密，学科交叉融合与跨学科研究特性愈发显著，以水肥—土壤—作物—光合作用—干物质产量—经济效益为主线，农业工程研究领域涵盖了整个农业生态系统。

4 结论

本研究利用共词聚类分析方法结合 VOSviewer 可视化技术对农业工程学科 1957 年至今不同阶段研究热点进行了可视化揭示，结合《农业工程学科发展报告》等学科发展重要文献得出的结论是：农业工程学科研究热点经历了以较单一研究主题向多元化研究主题的丰富化扩展过程，从农业机械化分支学科为主向跨学科的学科融合研究；农业工程学科研究热点在研究主题方面经历了从较单一研究主题向多元化研究主题的丰富化过程，在学科支撑方面经历了从以农业机械化分支学科为主向跨学科的学科融合研究的扩展过程，在研究手段上经历了从简单的实验分析向定量分析和模型化分析的拓展过程。当前农业工程学科研究正以信息化、自动化和智能化为核心的智能精准农业技术研究方向发展，总体研究领域逐步向整个农业生态系统拓展与延伸。

　　本研究存在的不足之处在于，《农业机械学报》与《农业工程学报》作为综合型期刊，其收录内容、数据源涵盖度还是有限的，这些局限性对分析结果无疑会有一定的影响。如果能将更多的相关期刊纳入文献源的话，分析结论将更可靠和全面。这一文献方面的缺憾将在以后的学科分析加以弥补。

基于 Web of Science 的农业工程学科研究影响力分析

王宝济　闫　宁　贺　玢　黄　庆

（中国农业大学图书馆）

摘要： 本文以 Web of Science（WOS）、InCites 和 ESI 中的数据为基础，对农业工程学科进行文献计量分析，以被引频次为主线，结合发文量和篇均被引等指标，对包括国家/地区、学术机构、学术期刊、科学家、高被引论文等进行学科研究影响力分析。结果表明，美国和中国是 WOS 中农业工程学科研究最有影响力的国家；美国农业部、印度科学与工业研究理事会和中国科学院是最有影响力的研究机构；Bioresource Technology 是最有影响力的学术期刊；美国拥有最多的高被引科学家。Biotechnology Applied Microbiology 和 Energy Fuels 是农业工程学科研究的主要方向。

关键词： Web of Science；农业工程；被引频次；影响力分析

0　引言

ESI 已成为当今世界范围内普遍用以评价高校、学术机构、国家/地区学术水平及影响力的重要评价指标工具之一。但 ESI 只针对 22 大学科领域提供学科研究影响力的数据查询服务，我国高等院校和科研机构所关注的国家一级学科，除化学、数学和物理学外，其他的学科或从属于这 22 大学科领域之中，或与这 22 大学科领域交叉，用户无法从 ESI 中直接获取学科影响力的数据。

从 WOS 中获取这些学科的论文信息和被引频次等数据，借鉴 ESI 的引文排名法，根据论文数、论文被引频次、论文篇均被引频次、高被引论文、热点论文等指标，从多个角度对国家 / 地区科研水平、机构学术声誉、科学家学术影响力以及期刊学术水平进行全面衡量，对高等院校和科研机构全面认识和定位相关学科的研究状况有一定的参考价值。

农业工程学科是我国的国家一级学科，本文从 WOS 提取一定时间范围内的农业工程学科发文量和被引频次等数据，以被引频次为主线，结合发文量和篇均被引等数据进行统计分析，得出了农业工程学科研究影响力的多维度信息。

1　数据来源和研究方法

以 WOS 学科类别"Agricultural Engineering（农业工程）"为检索词，以 2005—2015 年为时间跨度[①]，对包括 SCI-EXPANDED、SSCI、CPCI-S、CPCI-SSH 等数据库进行检索，获取发文量、被引频次和 ESI 高被引论文和热点论文等数据。

以被引频次为主线，结合发文量和篇均被引等文献计量评价指标，分别对国家 / 地区、学术机构、学术期刊、高被引科学家、高被引论文以及热点论文等进行文献计量学统计分析，得出近 11 年来 WOS 中农业工程学科研究影响力的相关数据。

2　WOS 中的农业工程学科

2015 年 JCR 主题类别中对农业工程的描述为：农业工程是指工程技术在

---

① 参照 ESI 的时间跨度。

农业上的应用，包括机械设计，机械装备，建筑设计；水土工程；灌溉和排水工程；作物收获、加工和储存；动物生产技术，畜禽舍建设和设施工程；精准农业；收获后加工和技术；农村发展；农业机械化；园艺工程；温室结构与工程，生物能源和水产养殖工程等[1]。

我国学术界对农业工程的研究领域一般概括为：农业机械化工程、农业水土工程、农业生物环境工程、农村能源工程、农业电气化与自动化工程、农产品加工与贮藏工程和土地利用工程等[2]。

每年的 JCR 中都会公布农业工程学科的总引用次数（Total Cites）、期刊数量（Journals）以及论文数量（Articles）等数据，并会列出每种期刊当年的总引用频次、影响因子（Impact Factor）、发文量等数据（表 1）。

表 1 JCR 中的农业工程学科

出版年	总引用频次	期刊数量	论文数量 / 篇
2014	106 836	12	3 459
2013	94 309	12	4 286
2012	75 670	12	3 272
2011	63 520	12	3 344
2010	49 980	12	2 768
2009	40 201	11	2 103

近年来，JCR 中的农业工程学科所包含的期刊一般稳定在 12 种左右，每年会略有调整，但整体变化不大，表 2 列出了近 5 年农业工程学科所包含的期刊信息[1]。

近 11 年（2005—2015 年）WOS 中收录有农业工程学科各类学术论文 35 951 篇，这些论文的总被引频次为 390 169 篇 / 次，篇均被引 10.85 次 / 篇①。

---

① 数据来源为 2016-02-29, InCites。

表 2　2009—2014 年 JCR 中农业工程学科期刊

刊名	国家/地区	出版年				
		2010 年	2011 年	2012 年	2013 年	2014 年
Agricultural Mechanization in Asia Africa and Latin America	日本	√	√	√	√	√
Applied Engineering in Agriculture	美国	√	√	√	√	√
Aquacultural Engineering	荷兰	√	√	√	√	√
Biomass Bioenergy	英国	√	√	√	√	√
Bioresource Technology	荷兰	√	√	√	√	√
Biosystems Engineering	英国	√	√	√	√	√
Engenharia Agricola	巴西	√	√	√		
Industrial Crops and Products	荷兰	√	√	√	√	√
Journal of Irrigation and Drainage Engineering ASCE	美国	√	√	√	√	√
Paddy and Water Environment	德国		√	√	√	√
Revista Brasileira De Engenharia Agricola E Ambiental	巴西			√	√	√
Transactions of the ASABE	美国	√	√	√	√	√
Irrigation Science	美国	√				
Journal of the Korean Society for Applied Biological Chemistry	韩国	√	√			

　　论文涵盖了 WOS 的 24 个研究方向，其中发文量超过 500 篇的研究方向有 5 个；同时与 WOS 中的 37 个学科主题交叉，其中发文量超过 500 篇的有 8 个（表 3）。

表3　发文量超过 500 篇的研究方向和学科主题类别

研究方向			主题类别		
名　称	发文量	占比/%	名　称	发文量	占比/%
Biotechnology Applied Microbiology/ 生物技术应用微生物学	16 168	45.32	Biotechnology Applied Microbiology/ 生物技术应用微生物学	16 168	45.32
Energy Fuels/ 能源燃料	16 090	45.10	Energy Fuels/ 能源燃料	16 090	45.10
Engineering/ 工程	2 268	6.36	Agronomy/ 农学	4 633	12.99
Water Resources/ 水资源	1 971	5.52	Water Resources/ 水资源	1 971	5.52
Fisheries/ 渔业	516	1.45	Horticulture/ 园艺	1 928	5.40
			Agriculture Multidisciplinary/ 农业多学科	1 836	5.15
			Engineering Civil/ 土木工程	1 652	4.63
			Fisheries/ 渔业	516	1.45

3　国家 / 地区（Countries/Territories）影响力分析

近 11 年来 WOS 中所收录的农业工程学科论文作者来自全球 155 个国家 / 地区。按被引频次排序，10% 的基线为 8 262 次，50% 的基线为 140 次，进入 Top 10% 的国家 / 地区有 16 个，Top 50% 的国家 / 地区共 79 个，其中进入 Top 10% 的 16 个国家 / 地区在全球农业工程学科研究中具有较大的影响力（表 4）。

论文数量和总被引频次最高的国家是美国，其论文数量为 7 001 篇，总被引频次为 87 649 篇·次，篇均被引最高的为荷兰，达 19.45 次 / 篇。

表 4　全球农业工程学科研究较有影响力的国家 / 地区（以总被引频次为序）

排名	国家 / 地区	论文数量	被引频次	篇均被引
1	美国	7 001	87 649	12.52
2	中国	6 816	67 932	9.97
3	印度	2 604	39 511	15.17
4	西班牙	1 810	24 144	13.34
5	加拿大	1 242	17 176	13.83
6	韩国	1 095	16 107	14.71
7	巴西	2 799	15 622	5.58
8	日本	1 179	13 745	11.66
9	法国	947	13 120	13.85
10	土耳其	736	12 172	16.54
11	中国台湾	725	12 086	16.67
12	荷兰	554	10 774	19.45
13	意大利	1 180	10 619	9.00
14	英国	606	10 134	16.72
15	瑞典	490	9 284	18.95
16	马来西亚	556	8 341	15.00

　　分别以这 16 个国家 / 地区的发文量和总被引频次为横、纵坐标，以各自的均值为原点绘制"论文数量 - 被引频次"二维平面图[①]，在平面图中标出这些国家 / 地区的位置，可以反映各国家 / 地区的综合影响力。

　　从 Top 10% 国家 / 地区"论文数量 - 被引频次"的二维平面图（图 1）中可以看出，美国和中国在全球农业工程学科领域占有绝对的优势，其影响力远大于其他国家 / 地区。

---

　　①　16 个国家 / 地区发表论文数和被引频次均值分别为 1 986 篇，24 005 篇 / 次。

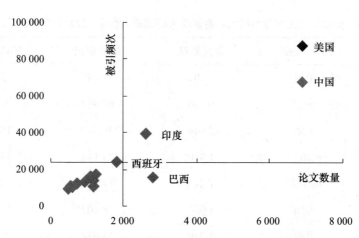

图1　国家／地区论文数量和被引频次相对位置分布图

中国虽然在"论文数量-被引频次"二维平面图中位于第一象限的较高位置，但篇均被引却低于全球平均值（图2）。

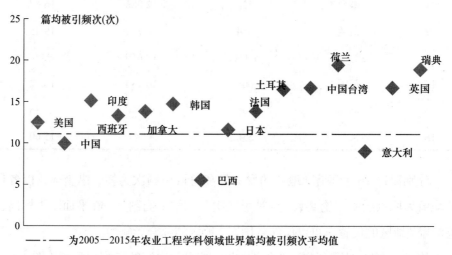

— – — 为2005－2015年农业工程学科领域世界篇均被引频次平均值

图2　2005—2015年16个国家／地区论文篇均被引频次相对世界平均水平的位置

通过对美国和中国这2个农业工程学科最有影响力的国家的相关数据的分析，可以发现，从2005年到2015年，中国论文的增长速度远大于美国（图3）。

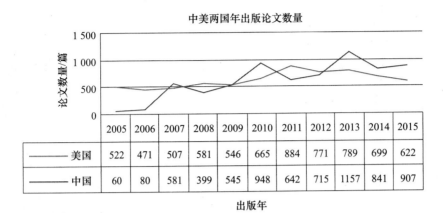

图 3 2005—2015 年中国和美国收录论文情况

近 11 年来，中美两国在 WOS 中的发文量虽然相差不大，但论文质量仍有差距，中国零被引论文数量 2 220 篇，占总量（6 875 篇）的 32.29%；而美国零被引论文数量为 1 320 篇，占总量（7 057 篇）的 18.70%，中国零被引论文的占比远高于美国。同时两国论文在文献类型、研究方向上也存在较大的区别（表 5）。

在文献类型方面，中国的 Proceedings Paper 占比为 23.90%，要远高于美国的 9.58%。

在国际合作研究方面，中国是与美国作者合作最多的国家，占比为 8.96%，远高于其他国家。同样，美国是与中国作者合作最多的国家，占比为 9.20%，也远高于其他国家。

在学科研究方向方面，中美两国的研究方向都主要集中在 Biotechnology Applied Microbiology 和 Energy Fuels 两个方向，不过中国在这两个方向的集中度要远高于美国。

在学术论文发表刊物方面，美国作者发表论文的刊物相对比较分散，集中度最高的刊物有 Bioresource Technology（26.55%）和 Transactions of the ASABE（21.33%），而中国作者的论文则主要发表在 Bioresource Technology 上，占比高达 57.47%。

表5 中美两国收录论文的属性

	美国		中国	
	项目	权重	项目	权重
文献类型	期刊论文	92.59%	期刊论文	75.87%
	会议论文	9.58%	会议论文	23.90%
合作国家	中国	8.96%	美国	9.20%
	加拿大	2.73%	日本	2.29%
	韩国	2.49%	澳大利亚	1.66%
	巴西	1.51%	加拿大	1.59%
	印度	1.34%	中国台湾	1.47%
研究方向	Biotechnology Applied Microbio-logy	36.64%	Biotechnology Applied Microbio-logy	61.22%
	Energy Fuels	36.32%	Energy Fuels	61.21%
	Water Resources	7.57%	Engineering	11.37%
	Engineering	7.17%	Water Resources	7.98%
	Fisheries	2.59%	Automation Control Systems	4.01%
发表刊物	*Bioresource Technology*	26.55%	*Bioresource Technology*	57.47%
	Transactions of the ASABE	21.33%	*Industrial Crops and Products*	5.49%
	Applied Engineering in Agriculture	12.37%	*Biomass Bioenergy*	3.74%
	Biomass Bioenergy	9.77%	*Civil Engineering in China Current Practice and Research Report*	3.29%
	Industrial Crops and Products	7.50%	*Proceedings of SPIE*	3.11%
	Journal of Irrigation and Drainage Engineering ASCE	5.31%	*Transactions of the ASABE*	3.11%

4 研究机构（Institutions）影响力分析

来自 InCites 的数据显示，近 11 年 WOS 所收录的农业工程学科学术论文作者来源机构有来自全球 157 个国家／地区的 2 449 个。按被引频次排序，其百分位基线如表 6 所示。

表 6　农业工程学科研究机构总被引频次分布

百分位	被引频次基线值	入围机构数量／个
0.1%	9 781	3
1%	3 334	25
5%	1 015	126
10%	625	255

进入 Top 0.1% 的 3 个机构分别是美国农业部（United States Department of Agriculture）、印度科学与工业研究理事会（Council of Scientific & Industrial Research）和中国科学院（Chinese Academy of Sciences），这 3 个机构是国际农业工程领域研究最有影响力的研究机构。

进入 Top 1% 的研究机构有 26 个，其相关数据如下（表 7）。

表 7　中国位列农业工程前 1% 研究机构（以总被引频次为序）

序号	名称	论文数量	被引频次	篇均被引	国家
1	United States Department of Agriculture(USDA)	1 757	20 917	11.90	美国
2	Council of Scientific & Industrial Research(CSIR)	539	10 048	18.64	印度
3	Chinese Academy of Sciences	765	9 781	12.79	中国
4	United States Department of Energy(DOE)	263	8 967	34.10	美国
5	Indian Institute of Technology(IIT)	471	8 272	17.56	美国
6	Michigan State University	187	6 492	34.72	美国
7	Texas A&M University College Station	293	6 269	21.40	美国
8	Purdue University	187	4 981	26.64	美国
9	University of California System	387	4 909	12.68	美国
10	Wageningen University&Research Center	284	4 645	16.36	荷兰

续表 7

序号	名称	论文数量	被引频次	篇均被引	国家
11	North Carolina State University	267	4 514	16.91	美国
12	Zhejiang University	410	4 508	11.00	中国
13	National Renewable Energy Laboratory-USA	50	4 508	90.16	美国
14	Dartmouth College	19	4 278	225.16	美国
15	Iowa State University	344	4 145	12.05	美国
16	Consejo Superior de Investigaciones Cientificas(CSIC)	244	3 874	15.88	西班牙
17	Tsinghua University	202	3 795	18.79	中国
18	Harbin Institute of Technology	299	3 754	12.56	中国
19	University of Nebraska System	269	3 660	13.61	美国
20	University of Nebraska Lincoln	259	3 608	13.93	美国
21	South China University of Technology	219	3 557	16.24	中国
22	Universiti Sains Malaysia	154	3 494	22.69	马来西亚
23	Technical University of Denmark	157	3 440	21.91	丹麦
24	Centre National de la Recherche Scientifique (CNRS)	280	3 435	12.27	法国
25	Institut National de la Recherche Agronomique (INRA)	292	3 334	11.42	法国

　　25 个进入 Top 1% 的研究机构来自 8 个国家，分别美国 13 个，中国 5 个，荷兰、西班牙、法国、丹麦、印度和马来西亚各 1 个。

　　从这 25 个机构的"论文数量 - 被引频次"二维平面图[①]（图 4）中可以看出，位于二维平面图的第一象限的研究机构有 4 个，分别是 USDA、CSIR、CAS 和 IIT，这 4 个研究机构属于双高 (高被引频次、高论文数量) 的机构，是国际农业工程学科研究领域最有影响力的研究机构。位于第二象限的有 3

---

①　原点为 25 个机构的论文数量和被引频次平均值（344，5 727）

个，DOE、MSU 和 Texas A&M University，这 3 个机构虽然发文量低于平均值，但被引频次却高于平均值。

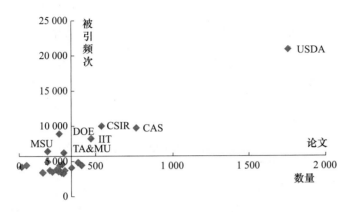

图 4　进入 1% 研究机构论文数量和被引频次相对位置分布图

中国位列 Top 1% 的研究机构有 5 个，分别是中国科学院、浙江大学、清华大学、哈尔滨工业大学和华南理工大学。

5　学术期刊（Journals）影响力分析

InCites 的统计数据显示，近 11 年 125 种出版物刊发有农业工程学科的论文，这些出版物包括学术期刊、会议论文和丛书等。按被引频次排序，其百分位基线和数量分布如表 8 所示。

表 8　农业工程学科学出版物总被引频次分布

百分位	被引频次基线值	入围机构数量 / 个
1%	47 632	2
10%	140	18
25%	55	41
50%	13	82

从文献类型看，收录 Article 的出版物主要集中在历年 JCR 所公布的 16 种农业工程主题类别期刊中，其他出版物则主要收录农业工程学科会议论文等其他论文。收录农业工程学科会议论文最多的出版物为园艺学报（ACTA Horticulturae），其所收录的农业工程学科会议论文约占期间会议论文总量的 30%。

被引频次 Top 10 的种期刊均来自 2014 年 JCR 中农业工程学科期刊，其相关数据如表 9 所示。

表 9　被引频次居前 10 的出版物（以总被引频次为序）

序号	出版物名称	刊号	国别	论文数量	被引频次	篇均被引
1	*Bioresource Technology*	09608524	英国	13 081	263 104	20.11
2	*Biomass Bioenergy*	09619534	英国	3 009	48 378	16.08
3	*Industrial Crops and Products*	09266690	荷兰	3 360	28 026	8.34
4	*Transactions of the ASABE*	21510032	美国	2 235	15 806	7.07
5	*Biosystems Engineering*	15375110	英国	1 706	14 617	8.57
6	*Journal of Irrigation and Drainage Engineering ASCE*	07339437	美国	953	6 576	6.90
7	*Aquacultural Engineering*	01448609	美国	501	4 619	9.22
8	*Applied Engineering in Agriculture*	08838542	美国	1 151	4 328	3.76
9	*Revista Brasileira De Engenharia Agricola E Ambiental*	18071929	巴西	1 034	1 690	1.63
10	*Paddy and Water Environment*	16112490	德国	472	1 612	3.42

这些出版物中，来自美国有 4 种，英国 3 种，巴西、德国、荷兰各 1 种。中国、印度作为全球农业工程研究领域具有较大影响力的国家却没有 1 种刊物成为 JCR 中农业工程领域的出版物。

从 Top 10 的学术期刊"论文数量 - 被引频次"二维平面图中可以看

出，Bioresource Technology 在农业工程学科领域具有绝对的"霸主"地位（图 5）。

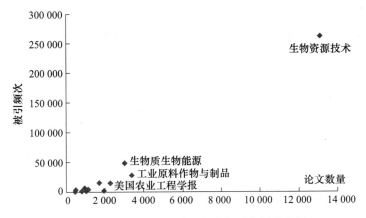

图 5 期刊论文数量和被引频次相对位置分布图

近年来，Bioresource Technology 的发文量增长迅猛，从 2005 年的 267 篇到 2013 年的 1 987 篇，增长了 7 倍多，近两年维持在 1 500 篇左右（图 6）。

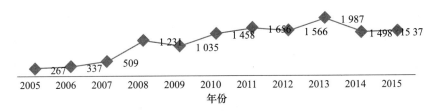

图 6 *Bioresource Technology* 的发文量（篇）

在 Bioresource Technology 所发表的论文中，第一来源国是中国，共收录论文 3 917 篇，占其收录论文总量的 29.94%。其次是美国和印度，分别为 1 859 篇（14.21%）和 1 328 篇（10.15%），均超过该收录量的 10%，此刊是收录中国农业工程学科研究论文的第一大刊。

在 Bioresource Technology 发表论文最多的研究机构有中国科学院（563 篇，4.304%）、印度科学工业研究理事会（365 篇，2.790%）、哈尔滨工业大学（284 篇，2.171%）、印度理工学院（262 篇，2.003%）和浙江大学（230

篇，1.758%），这 5 家机构近 11 年来在该所发表的论文均超过 200 篇。

6 科学家（Authors）影响力分析

科学家所发表论文的被引频次，在一定程度上反映了某一科研群体对于该科学家的依赖程度。InCites 数据显示，近 11 年农业工程学科共有 102 830 名科学家的论文被 WOS 数据库所收入，被引频次位列前 1% 的科学家有 1 028 名，位列前 1‰ 科学家有 103 名[①]。表 10 和表 11 列出了全球和中国大陆被引频次排名居前 10 的科学家。

表 10 全球排名前 10 的科学家

姓名	排名	工作单位	国家/地区	论文数量	被引频次
Lee Y. Y.	1	美国奥本大学化学工程系	美国	5	3 151
Holtzapple M.	2	美国德州农工大学化学工程系	美国	3	2 900
Mosier N.	3	美国普度大学农业与生物工程系	美国	2	2 256
Arnold J. G.	4	美国农业部农业研究组织草地土壤与水资源实验室	美国	8	2 054
Dale B.	5	美国密歇根州立大学国家能源部大湖生物能源研究中心	美国	1	2 037
Wyman C.	6	美国达特茅斯学院塞耶工程学院	美国	1	2 037
Ladisch M.	7	美国德州农工大学化学工程系	美国	1	2 037
Elander R.	8	美国国家可再生能源实验室	美国	1	2 037
Chang Jo-Shu	9	台湾成功大学	中国台湾	83	1 790
Wyman C. E.	10	美国达特茅斯学院	美国	5	1 518

---

① 由于科学家的数据去重和整理工作量非常大，此处采用原始数据的简单百分数法近似取值。

表 11　中国大陆排名前 10 的科学家

姓名	排名	工作单位	论文数量	被引频次
Sun Run-Cang	1	北京林业大学生物化学与技术研究所	81	1 013
Zeng Guangming	2	湖南大学环境科学与工程学院	41	1 099
Yang Fenglin	3	大连理工大学环境与生物科技学院 / 教育部工业生态与环境工程重点实验室	26	580
Ren Nan-Qi	4	哈尔滨工业大学城市水资源环境国家重点实验室	35	535
Peng Yongzhen	5	北京工业大学市政环境工程学院	44	504
Wu QY	6	宁德师范学院生命科学系	1	497
Miao XL	7	清华大学生命科学与生物技术系	1	497
Yu Han-Qing	8	中国科学技术大学化学系	31	488
Liu Zhi-Yuan	9	中国科学院	1	256
Wang Guang-Ce	10	中国科学院	1	256

位列前 1% 的科学家共发表论文 7 041 篇，约占近 11 年论文总量（35 951 篇）的 20%，总被引频次 314 575 篇·次，约占被引频次总量（390 169 篇·次）的 80%。其中论文总被引频次最多的为来自美国奥本大学化学工程系的 Y. Y. Lee 教授，共发表论文 5 篇，其论文总被引频次 3 151 篇·次，篇均被引 630.2 次 / 篇，其所发表的论文中被引频次最高的是 2005 年 4 月发表在 Bioresource Technology 杂志上的 Features of promising technologies for pretreatment of lignocellulosic biomass，总被引频次 2 095 次[①]，值得注意的是，其所发表的 5 篇论文中作为第一作者或通讯作者只有 2 篇，总被引频次 251 次，仅占个人总被引频次的 8% 左右。收录论文最多的是自中国台湾地区成功大学的 Chang Jo-Shu（张嘉修）教授，共收录论文 83 篇，论文总被引频次 1 790 篇·次，列第 9 名。

103 名位列农业工程学科前 1‰ 的全球科学家共发表论文 1 399 篇，约

---

① 检索时间为 2016 年 2 月 29 日。

占论文总量的 4%，其论文总被引频次 86 734 篇·次，约占被引频次总量的 22%。这些科学家来自全球 17 个国家和地区，其中来自美国的科学家共有 50 人，远高于其他国家和地区，来自中国大陆和中国台湾地区的科学家分别有 10 人和 9 人，列科学家数量第 2 和第 3 位（表 12）。

表 12 位列前 1‰科学家来源分布情况（以科学家数量为序）

国家 / 地区	科学家数量	被引频次	论文数量	人均被引	篇均被引
美国	50	51 456	528	1 029	97
中国	10	5 213	260	521	20
中国台湾	9	6 833	269	759	25
印度	7	4 085	140	584	29
荷兰	6	4 738	25	790	190
西班牙	4	3 427	20	857	171
哥伦比亚	3	1 928	17	643	113
比利时	3	1 683	14	561	120
日本	2	1 050	8	525	131
英国	2	1 030	7	515	147
丹麦	1	1 310	41	1 310	32
法国	1	1 307	1	1 307	1 307
瑞典	1	629	15	629	42
希腊	1	539	8	539	67
韩国	1	510	23	510	22
爱尔兰	1	498	12	498	42
伊朗	1	498	11	498	45

7 ESI 高被引论文（Highly Cited Papers）分析

从 ESI 数据库可以获知，2015 年 7—8 月，ESI 收录有农业工程学科主题的高被引论文 213 篇，约占同期农业工程学科论文总数（35 951 篇）的 0.6%。总被引频次 39 038 篇·次，篇均被引 183.28 次 / 篇，h 指数 111。其文献类型以 Article 为主，有 159 篇，占总量的 74.65%，其他的还有 Review（54 篇，25.35%）和 Proceedings Paper（4 篇，1.88%）。

进入 ESI 高被引论文最多的出版年为 2013 年，共有 41 篇论文入选，篇均被引频次最高的是 2005 年，篇均被引 521.45 次 / 篇（表 13）。

表 13　高被引论文出版年分布

出版年	论文数量	总被引频次	篇均被引频次	最高被引频次	最低被引频次
2005	11	5 736	521.45	2 115	181
2006	9	3 317	368.56	1 379	122
2007	14	5 477	391.21	1 256	156
2008	22	6 458	293.55	883	94
2009	12	3 624	302.00	1 036	100
2010	29	6 251	215.55	851	74
2011	27	4 299	159.22	373	49
2012	19	1 897	99.84	553	34
2013	41	1 472	35.90	85	21
2014	14	398	28.43	81	15
2015	15	113	7.53	12	3

被引频次最高的论文为来自美国普度大学的 Mosier N.，论文题目为 Features of promising technologies for pretreatment of lignocellulosic biomass，于 2005 年 4 月发表在 Bioresource Technology 杂志上。

7.1　高被引论文的作者来源

高被引论文来自 46 个国家 / 地区，论文数量超过 5 篇的国家 / 地区有 16 个（表 14）。

表 14　高被引论文数量超过 10 篇的国家 / 地区（以高被引论文数量为序）

排名	国家 / 地区	高被引论文数量	占高被引论文的比例 %	论文总量	高被引论文占论文总量的比例 %
1	美国	61	28.64	7 001	0.87
2	印度	29	13.62	2 604	1.11
3	中国	23	10.80	6 816	0.34
4	法国	16	7.51	947	1.69
5	加拿大	15	7.04	1 242	1.21
6	荷兰	13	6.10	554	2.35
7	英国	11	5.16	606	1.82
8	西班牙	11	5.16	1 810	0.61
9	日本	7	3.29	1 179	0.59
10	中国台湾	7	3.29	725	0.97
11	巴西	6	2.82	2 799	0.21
12	澳大利亚	5	2.35	773	0.65
13	比利时	5	2.35	447	1.12
14	德国	5	2.35	1 034	0.48
15	韩国	5	2.35	1 095	0.46
16	瑞典	5	2.35	490	1.02

　　美国无论在所收录论文还是高被引论文总量上都排名第一，是全球农业工程学科研究高被引论文最有影响力的国家。高被引论文占论文总量最高的是荷兰，占比高达 2.35%。值得关注的是虽然中国的论文总量和总被引频次均排名第 2，高被引论文数排名第 3，但高被引论文占论文总量的比例只有 0.34%，处于这 16 个国家 / 地区中的倒数第 2 位。

　　高被引论文的作者来自全球 322 个研究机构，进入高被引论文数量最多的研究机构是美国农业部农业研究局（USDA ARS），有 13 篇，占比 6.10%。中国高被引论文最多的研究机构为中国科学院（4 篇，1.88%）。高被引论文超过 5 篇的研究机构有 10 个，除中国台湾地区的成功大学外，其余均来自美国（表 15）。

表 15　高被引论文超过 5 篇的研究机构

排名	研究机构	高被引论文数量	占高被引论文的比例 /%	论文总量	高被引论文占论文总量的比例 /%
1	美国农业部	13	6.10	1 711	0.76
2	美国能源部	9	4.23	261	3.45
3	印度科学工业研究理事会	7	3.29	529	1.32
4	美国德州农工大学	6	2.82	636	0.94
5	美国北卡罗来纳大学	6	2.82	297	2.02
6	台湾省成功大学	5	2.35	145	3.45
7	美国加州大学	5	2.35	362	1.38
8	法国洛林大学	5	2.35	94	5.32
9	瓦格宁根大学	5	2.35	280	1.79
10	美国内布拉斯加大学	5	2.35	267	1.87

7.2　高被引论文的文献来源

高被引论文来源于 9 种出版物，主要来源于 Bioresource Technology，占所有来源的 52.11%（表 16）。

表 16　高被引论文的来源出版物（以高被引论文数量为序）

排名	期刊名称	高被引论文数量	占高被引论文的比例 /%	论文总量	高被引论文占论文总量的比例 /%
1	*Bioresource Technology*	111	52.11	13 081	0.85
2	*Industrial Crops and Products*	62	29.11	3 360	1.85
3	*Biomass Bioenergy*	23	10.80	3 009	0.76
4	*Transactions of the ASABE*	7	3.29	2 235	0.31
5	*Journal of Irrigation and Drainage Engineering ASCE*	5	2.35	953	0.52
6	*Biosystems Engineering*	2	0.94	1 706	0.12

续表 16

排名	期刊名称	高被引论文数量	占高被引论文的比例 /%	论文总量	高被引论文占论文总量的比例 /%
7	*Applied Engineering in Agriculture*	1	0.47	1 151	0.09
8	*Aquacultural Engineering*	1	0.47	501	0.20
9	*International Journal of Agricultural and Biological Engineering*	1	0.47	228	0.44

7.3　高被引论文的学科分布及研究方向

从 ESI 学科分类来看，高被引论文分属 ESI 22 个学科分类中的 5 个学科，其中占比最多的为生物学与生物化学，占其总量的 52.58%（表 15）。

从 WOS 类别来看，高被引论文与 2014 年 JCR 的 232 个学科类别中的 8 个学科类别交叉，除农业工程学科本身外，占比最大的为 Biotechnology Applied Microbiology 和 Energy Fuels，分别占其总量的 62.91%（表 15）。

从 WOS 的研究方向上看，这些论文来自 6 个研究方向，分别为 Agriculture、Biotechnology Applied Microbiology、Energy Fuels、Engineering、Water Resources 和 Fisheries（表 17）。

表 17　高被引论文的学科及研究方向分布

项目	内容	论文 / 篇	占比 /%
ESI 学科	Biology & Biochemistry/ 生物学与生物化学	112	52.58
	Agricultural Sciences/ 农业科学	73	34.27
	Environment/Ecology/ 环境生态学	22	10.33
	Engineering/ 工程学	5	2.35
	Plant & Animal Science/ 植物与动物科学	1	0.47
WOS 类别	Agricultural Engineering/ 农业工程	213	100.00
	Biotechnology Applied Microbiology/ 生物技术应用微生物学	134	62.91

续表 17

项目	内容	论文 / 篇	占比 /%
WOS 类别	Energy Fuels/ 能源燃料	134	62.91
	Agronomy/ 农学	62	29.11
	Engineering Civil/ 土木工程	5	2.35
	Water Resources/ 水资源	5	2.35
	Agriculture Multidisciplinary/ 农业多学科	2	0.94
	Fisheries/ 渔业	1	0.47
研究 方向	Agriculture/ 农业	213	100.00
	Biotechnology Applied Microbiology/ 生物技术应用微生物学	134	62.91
	Energy Fuels/ 能源燃料	134	62.91
	Engineering/ 工程	5	2.35
	Water Resources/ 水资源	5	2.35
	Fisheries/ 渔业	1	0.47

8 热点论文（Hot Papers）分析

热点论文是指与同领域和同时期发表的论文相比，在发表后很快就得到较高引用的论文，即近 2 年（2014—2015 年）发表的论文在当前两个月内（2015 年 11—12 月）被引频次居于 Top 1‰ 的论文。这些论文在一定程度上反映了当前国际农业工程学科研究的热点方向。

2015 年 7—8 月的公布的数据显示，ESI 数据库收录有农业工程学科主题的热点论文 3 篇，它们分属 ESI 的 3 个学科类别，分别为 Biology & Biochemistry，Engineering 和 Environment/Ecology。包括 2 篇 Article 和 1 篇 Review（表 18）。

表 18　ESI 农业工程学科热点论文

文编号	被引频次	论文类型	研究领域	作者国别	期刊来源	ESI 类别
1	40	综述	Biotechnology Applied Microbiology; Energy Fuels	南非	*Biomass Bioenergy*, 2014.2	环境生态学
2	10	期刊论文	Biotechnology Applied Microbiology; Energy Fuels	印度	*Bioresource Technology*, 2015.4	生物学与生物化学
3	4	期刊论文	Engineering; Water Resources	伊朗	*Journal of Irrigation and Drainage Engineering ASCE*, 2015.4	工程学

论文编号：

1. A review of current technology for biodiesel production: State of the art；Aransiola, EF；南非开普半岛科技大学（Cape Peninsula University Technology）；

2. Acidogenic fermentation of food waste for volatile fatty acid production with co-generation of biohydrogen；Mohan, SV；科学与工业研究理事会（CSIR）；

3. Determination of Irrigation Allocation Policy under Climate Change by Genetic Programming；Bozorg-Haddad, O；伊朗德黑兰大学（University Tehran）。

9　结语

根据 WOS 的学科分类，从数据库中提取相关数据，利用文献计量分析法，分别对国家／地区、学术机构、学术期刊、ESI 高被引论文以及热点论文等进行文献计量学统计分析，可以得出近 11 年来农业工程学科研究的全球影响力数据，这些数据对国内高等院校和科研院所全面了解 WOS 中的农业工程学科有一定的帮助。

通过对 WOS 中农业工程学科的文献计量分析发现，WOS 中农业工程学科具有以下特点：

（1）美国是当今全球农业工程学科研究的领军国家，无论论文收录的数量、总被引频次、高被引研究机构数量、高被引学术期刊数量，还是 ESI 高被引论文数量都处于首位。

（2）中国虽然在收录论文数量和总被引频次上处于第 2 的位置，在高被引论文的数量上处于第 3 的位置，但高被引论文占论文总量的比例只有 0.34%，处于较低的位置。零被引论文数量占有论文总量的 32.29%，相对较高。尤其是作为农业工程学科研究具有较大影响力的国家，没有一种农业工程类学术期刊被 JCR 所收录。

（3）农业工程学科是一个交叉性较强的学科，WOS 中所收录的论文包含了 WOS 的 24 个研究方向，其中发文量最多的 5 个方向为：Biotechnology Applied Microbiology、Energy Fuels、Engineering、Water Resources 和 Fisheries，与 2014 年 JCR 232 个学科类别中的 38 个学科主题类别交叉，主要有 Biotechnology Applied Microbiology、Energy Fuels、Agronomy、Water Resources、Horticulture、Agriculture Multidisciplinary、Engineering Civil 和 Fisheries 等。

（4）Bioresource Technology 和 Biomass Bioenergy 是农业工程领域最有影响力的学术期刊。

（5）Biotechnology Applied Microbiology 和 Energy Fuels 是生物工程研究中的重点，在高被引论文和热点论文中，其研究方向几乎都集中在 Biotechnology Applied Microbiology 和 Energy Fuels 方面。究其原因，主要是自 20 世纪 80 年代以来，发达国家由于农业现代化已基本完成，为了拓展学科发展空间，北美和欧洲各国农业工程学科纷纷向生物系统工程学科发展。

参考文献

[1] AGRICULTURAL ENGINEERING. [EB/OL]. [2016-09-20]. https://jcr.incites.thomsonreuters.com/JCRCategoryProfileAction.action?year=2014&categoryName=AGRICULTURAL%20ENGINEERING&edition=SCIE&category=AE.

[2] 中国科学技术协会主编, 农业工程学科发展报告 2010-2011[M]. 北京：中国科学技术

出版社,2011.

高校图书馆数字资源采购联盟（DRAA）的支持项目。

作者简介：王宝济（1968—），男，副研究馆员，研究方向为图书情报与农业工程学科发展。北京 中国农业大学图书馆，100083。Email:wbj@cau.edu.cn。

2016 年农业工程学科学术论文统计分析

贾文吉　王宝济　师丽娟　黄　庆

（中国农业大学图书馆）

摘要：本论文以 2016 年国内外相关学术论文数据库所收录的农业工程学科学术论文为基础，对农业工程学科进行文献计量分析。以被引频次为主线，结合发文量和篇均被引等指标，对农业工程学科进行多维统计分析。结果表明：《农业工程学报》是国内发文量和被引频次最高的期刊，中国农业大学和西北农林科技大学则是发文量和被引频次最多的机构，国内出版的学术论文研究重点集中在农业机械化、农村能源等领域。在国际农业工程领域，中国和美国是发文量和被引频次最多的国家，中国科学院和美国农业部则是位居前列的研究机构，Bioresource Technology 在诸多期刊中独占鳌头，环境科学、能源燃料和生物技术是 2016 年国际农业工程领域研究重点。

关键词：农业工程；万方数据库；CNKI；Web of Science；Ei Compendex；文献计量学分析

1　引言

农业工程是建设现代农业和社会主义新农村、实现农业现代化的重要保障和关键科学技术领域之一。农业工程发展成一门学科，是在 20 世纪 70 年代，而作为一种工程技术则有久远的历史[1]。目前，农业工程学科作为工学门类下的一级学科，下设农业机械化工程、农业水土工程、农业生物环境与能源工程、农业电气化与自动化 4 个二级学科[2]。2016 年 12 月中共中央国务院印发《关于深入推进农业供给侧结构性改革加快培育农业农村发展新动能的若干意见》，指出强化科技创新驱动，引领现代农业加快发展，加强农业科技基础前沿研究，提升原始创新能力。农业工程科技作为农业科技的重要部分，对深入推进农业供给侧结构性改革，加快培育农业农村发展新动能，开创农业现代化建设新局面会起到重要作用。

科技论文的主要功能是记录、总结科研成果，是科学研究的重要手段。作为科技研究成果的科技论文通常在专业刊物上发表。

科技论文数量与质量，可以在一定程度上反映学科发展和学术研究状况。

万方数据库、中国知网（简称 CNKI）、Web of Science 和 Ei Compendex 是国内外知名的学术论文收录数据库。利用数据库所收录的 2016 年农业工程学科学术论文进行多维统计分析，可以从一个侧面反映过去一年农业工程学科国内外的发展状况。

2　国内研究状况

万方数据库和 CNKI 是国内两大主要学术论文收录数据库。

万方数据库是由万方数据公司开发的，涵盖期刊、会议纪要、论文、学术成果、学术会议论文的大型网络数据库。其中万方期刊收录了理、工、农、医、人文五大类 70 多个类目共 7 600 种，数据覆盖范围广[3]。

CNKI 是集期刊、博士论文、硕士论文、会议论文、报纸、工具书、年鉴、专利、标准、国学、海外文献资源为一体、具有国际领先水平的网络出版平台。

万方数据库和 CNKI 均将农业工程学科放在农业科技类目下，2016 年万方数据库收录 50 种农业工程学科期刊，CNKI 收录 37 种期刊。其中有 29 种期刊被万方数据库和 CNKI 同时收录。在万方和 CNKI 两个数据库中，农业工程学科均包括农业机械及农具、农田水利、农业动力、农村能源、农业机械化、农业电气化与自动化、农田基本建设、农垦、农业航空、农业建筑、农业工程勘测、土地测量等。2016 年万方数据库收录农业工程学科文献 6 375 条，CNKI 收录农业工程学科文献 10 133 条。

通过对 2016 年农业工程学科核心期刊收录的学术论文进行统计分析，可以大致了解我国（不含港澳台地区）农业工程学科过去一年发展状况。

2.1 数据来源

在《中文核心期刊要目总览（第七版）》中，农业工程学科（S2）下收录 8 种核心期刊。对这 8 种核心期刊于 2016 年收录的学术论文进行检索，并对学术论文元数据内容进行规范化处理，累计得到 3 880 篇文献[①]。

2.2 数据分析

通过对 3 880 篇学术论文进行刊名、作者、研究机构、研究方向、基金支持方面的多维分析，可以大致了解 2016 年我国农业工程学科发展状况。

2.2.1 期刊分析

统计显示，《农业工程学报》论文数量和被引频次均居首位，其论文数量为 1 135 篇，被引频次为 518 次；篇均被引频次最高的期刊是《农机化研究》和《农业机械学报》，其篇均被引频次为 0.53 次。这 8 种期刊虽同属核心期刊，但在论文数量和被引频次上存在较大差距（表 1）。

---

① 数据检索时间：2017 年 2 月 15 日。

表1 国内核心期刊载文情况（以被引频次为序）

序号	刊名	载文量	被引频次	篇均被引频次
1	农业工程学报	1 135	518	0.46
2	农业机械学报	706	371	0.53
3	农机化研究	642	342	0.53
4	中国农村水利水电	539	41	0.08
5	排灌机械工程学报	173	39	0.23
6	节水灌溉	342	33	0.10
7	灌溉排水学报	221	26	0.12
8	中国沼气	122	12	0.10

2.2.2 研究机构

2016年发表论文数量超过50篇的研究机构有14个，其中高等院校12个，科研院所2个，发表论文数量最多的研究机构为中国农业大学，发表论文270篇。发表论文数量超过100篇的研究机构还有西北农林科技大学（225篇）、江苏大学（181篇）和东北农业大学（140篇）。

2.2.3 作者

根据文献计量学中用于确于核心作者的普赖斯公式[5]：

$$N_{\min} = 0.749\sqrt{N_{\max}} = 3.178 \tag{1}$$

依据计算结果，将发表3篇论文及以上的作者确定为核心作者。2016年发表3篇论文及以上的核心作者数为1 304人，占作者总数（11 163人）的11.7%。发表2篇论文的作者数为1 854人，发表1篇论文的作者数为8 005人。总体显示农业工程学科研究核心人员数量偏少。

发表论文数量最多的作者是西北农林科技大学的胡笑涛，发表论文18篇。

2.2.4 研究方向

关键词代表着作者对所发表论文内容的提炼和总结，直接反映和概括一篇论文的研究主题，通过统计论文关键词的频次高低可以来展现学科领域的研究热点和研究趋势。

通过对论文关键词进行提取，并使用 Ucinet 生成农业工程关键词共现聚类图谱。通过关键词共现聚类图谱可以看出，2016 年国内农业工程领域的主要研究方向有 5 个，分别为膜下滴灌、生物质、光谱分析、土地利用和农业机械化（图 1）。

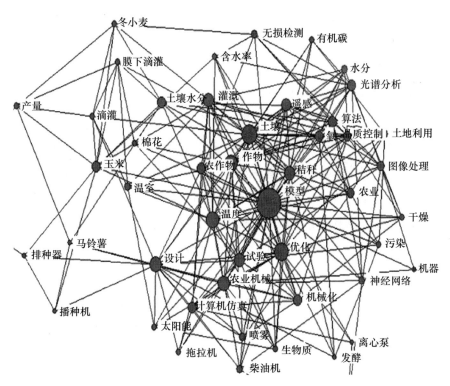

图 1　基于 Ucinet 的农业工程关键词共现聚类图谱

2.2.5　基金支持

基金论文通常受到严格审批才予以资金支持。在 3 880 篇学术论文中，1 696 篇获得国家自然科学基金支持，533 篇获得国家科技支撑计划基金支持，249 篇获得国家高技术研究发展计划（863 计划）基金支持。三大基金论文数占论文总数的 63.9%，说明来源期刊所收录的学术论文质量比较高。

3 全球研究状况

SCI 是由美国科学信息研究所（ISI）1961 年创办出版的引文数据库，其覆盖生命科学、临床医学、物理化学、农业、生物、兽医学、工程技术等方面的综合性检索刊物，尤其能反映自然科学研究的学术水平，是目前国际上三大检索系统中最著名的一种，收录范围是当年国际上的重要期刊，尤其是它的引文索引表现出独特的科学参考价值。许多国家和地区均以被 SCI 收录及引证的论文情况来作为评价学术水平的一个重要指标[6]。

EI 创刊于 1884 年，是美国工程信息公司（Engineering Information Inc.）出版的著名工程技术类综合性检索工具。EI 选用世界上工程技术类几十个国家和地区 15 个语种的 3 500 余种期刊和 1 000 余种会议录、科技报告、标准、图书等出版物。年报道文献量 16 万余条。收录文献几乎涉及工程技术各个领域。具有综合性强、资料来源广、地理覆盖面广、报道量大、报道质量高、权威性强等特点[7]。

SCI 和 EI 主要根据学术论文的来源刊类别进行学科分类，通过对其所收录来源刊的载文分析，2016 年 EI 所收录的农业工程学科来源刊有 14 种，SCI 所收录的有 14 种（表 2）。

表 2 EI/SCI 收录农业工程学科期刊

序号	刊名	ISSN	国家/地区	收录
1	*Bioresource Technology*	0960-8524	英国	SCI/EI
2	*Industrial Crops and Products*	0926-6690	荷兰	SCI
3	*Biomass & Bioenergy*	0961-9534	英国	SCI
4	*Biosystems Engineering*	1537-5110	英国	SCI

续表 2

序号	刊名	ISSN	国家/地区	收录
5	*Aquacultural Engineering*	0144-8609	美国	SCI/EI
6	*Journal of Irrigation and Drainage Engineering*	0733-9437	美国	SCI/EI
7	*International Journal of Agricultural and Biological Engineering*	1934-6344	中国	SCI
8	*Transactions of the ASABE*	2151-0032	美国	SCI/EI
9	*Paddy and Water Environment*	1611-2490	德国	SCI/EI
10	*Journal of the Korean Society for Applied Biological Chemistry*	1738-2203	韩国	SCI
11	*Revista Brasileira de Engenharia Agricola E Ambiental*	1807-1929	巴西	SCI
12	*Applied Engineering in Agriculture*	0883-8542	美国	SCI/EI
13	*Engenharia Agricola*	0100-6916	巴西	SCI
14	*AMA-Agricultural Mechanization in Asia Africa and Latin America*	0084-5841	日本	SCI/EI
15	*Nongye Gongcheng Xuebao*	10026819	中国	EI
16	*Nongye Jixie Xuebao*	10001298	中国	EI
17	*Water Science and Technology*	02731223	英国	EI
18	*Soil Science Society of America Journal*	03615995	美国	EI
19	*Engineering in Agriculture, Environment and Food*	18818366	荷兰	EI
20	*Bioprocess and Biosystems Engineering*	16157591	德国	EI
21	*Canadian Biosystems Engineering*	14929058	加拿大	EI

2016 年 SCI 收录农业工程学科论文 4 107 篇，EI 收录农业工程学科论文 5 539 篇。

通过对 2016 年 SCI 所收录的农业工程学科论文进行统计分析，可以大致了解全球农业工程学科过去一年的发展状况。

3.1　数据来源

SCI 主要根据学术论文的来源刊类别进行学科分类，2016 年 Journal Citation Reports[8]（JCR）学科分类 Agricultural Engineering 下有 14 种期刊，按照 IS=ISSN/ISBN，时间为 2016 年进行检索，累计检索到 4 107 篇论文[①]。

3.2　数据分析

通过对 2016 年 SCI 所收录农业工程学科论文进行刊名、国家 / 地区、研究机构、研究方向方面的多维分析，可以一定程度上反映国际农业工程学科领域的发展状况。

3.2.1　期刊分析

2016 年 JCR 所收录农业工程学科期刊来自 8 个国家，美国、英国各有 3 种，荷兰、巴西各有 2 种，德国、日本、韩国、中国（不含港澳台地区）各有 1 种；载文量超过 100 篇的学术期刊有 10 种；总被引频次和篇均被引均最高的期刊是 Bioresource Technology（表 3）。

表 3　JCR 中农业工程期刊载文情况

期刊名称	国家 / 地区	载文量	被引频次	篇均被引频次
Bioresource Technology	英国	1 659	1 758	1.06
Industrial Crops and Products	荷兰	753	327	0.43
Biomass & Bioenergy	英国	336	128	0.38
Biosystems Engineering	英国	211	62	0.29
Aquacultural Engineering	荷兰	47	6	0.13
Journal of Irrigation and Drainage Engineering	美国	182	26	0.14

---

① 数据检索时间：2017 年 2 月 17 日。

续表3

期刊名称	国家 / 地区	载文量	被引频次	篇均被引频次
International Journal of Agricultural and Biological Engineering	中国	144	8	0.06
Transactions of the ASABE	美国	165	29	0.18
Paddy and Water Environment	德国	47	13	0.28
Journal of the Korean Society for Applied Biological Chemistry	韩国	61	10	0.16
Revista Brasileira de Engenharia Agricola e Ambiental	巴西	188	3	0.02
Applied Engineering in Agriculture	美国	105	4	0.04
Engenharia Agricola	巴西	140	1	0.01
AMA-Agricultural Mechanization in Asia Africa and Latin America	日本	69	0	0.00

3.2.2　国家 / 地区

2016 年 SCI 所收录农业工程学科论文来自 104 个国家 / 地区，论文数量超过 100 篇的国家 / 地区有 11 个（表4）。中国大陆论文数量和被引频次均居首位，其论文数量为 845 篇，被引频次为 813 次。进一步分析发现，中国的 690 篇论文被 Bioresource Technology 收录，占发表论文总数（845 篇）的 81.7%。

表 4　发表论文超过 100 篇的国家 / 地区

国家	发文量	被引频次	篇均被引频次
中国	845	813	0.96
美国	636	374	0.59
巴西	476	144	0.30
印度	299	203	0.68
韩国	209	190	0.91
西班牙	176	158	0.90

续表 4

国家	发文量	被引频次	篇均被引频次
意大利	171	100	0.58
加拿大	144	109	0.76
法国	126	107	0.85
德国	120	100	0.83
伊朗	107	48	0.45

3.2.3 研究机构

2016 年 SCI 收录来自 500 余个研究机构的农业工程学科论文，其中论文数量超过 50 篇的研究机构有 8 个（表 5）。

统计显示，论文数量超过 50 篇的 8 个研究机构来自 4 个国家，分别是：中国大陆 5 个，美国、巴西、印度各 1 个。中国科学院和美国农业部是论文数量最多的研究机构。进一步分析发现，中国科学院的 104 篇论文被 Bioresource Technology 期刊收录，占发表论文总数（138 篇）的 75.4%。美国农业部的 35 篇被 Transactions of the ASABE 期刊收录，占发表论文总数（98 篇）的 35.7%。

表 5 发表论文超过 50 篇的研究机构

研究机构	所属国家	发文量	被引频次	篇均被引频次
中国科学院	中国	138	151	1.09
美国农业部（USDA）	美国	98	22	0.22
科学工业研究理事会（CSIR）	印度	78	87	1.12
哈尔滨工业大学	中国	63	67	1.06
中国科学院大学	中国	59	81	1.37
中国农业大学	中国	58	30	0.52
浙江大学	中国	54	32	0.59
圣保罗州立大学	巴西	53	13	0.25

3.2.4　研究方向

通过对 2016 年 SCI 所收录农业工程学科论文关键词进行提取，并使用 Ucinet 生成农业工程关键词共现聚类图谱（图 2）。通过关键词共现聚类图谱可以看出，SCI 所收录论文的研究重点主要集中在环境科学、能源燃料、生物技术。

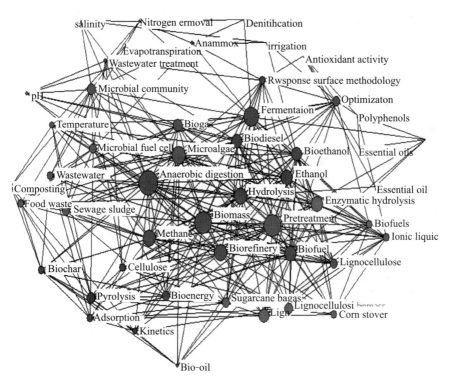

图 2　基于 Ucinet 的农业工程关键词共现聚类图谱

4　结论

通过对万方数据库、CNKI、Web of Science 和 Ei Compendex 相关数据库农业工程学科论文进行统计分析发现：

（1）2016 年《农业工程学报》是国内最有影响力期刊，无论在载文量还

是被引频次上均居首位。在国际农业工程领域，最有影响力的期刊为同时被
SCI 和 EI 所收录的 Bioresource Technology。中国（不含港澳台地区）有 2 种
期刊被 EI 收录，有 1 种期刊被 SCI 收录。中国和美国是全球最有影响力的 2
个国家。在论文数量和被引频次方面，中国均居首位。

（2）2016 年国内农业工程学科研究重点方向为农业机械化和农村能源等
领域。国际农业工程学科的研究重点则为环境科学、能源燃料和生物技术。

（3）高等院校是中国农业工程研究领域的主力机构，其中中国农业大学
是国内最有影响力的研究机构。而在国际农业工程领域，中国科学院和美国
农业部是最有影响力的研究机构。

（4）由于农业工程是一门交叉性较强的学科，其研究领域较广。同时国
内外各数据库在分类体系上存在一定的差别，可能会造成分析结果与实际情
况有一定的出入。但是利用 2016 年相关数据库中的学术论文进行文献计量学
分析，仍可以从侧面反映 2016 年农业工程学科的发展情况。

参考文献

[1]   陶鼎来 . 加强农业工程研究和实践实现中国农业现代化 [J]. 农业工程 , 2011(03): 1-5, 21.

[2]   赵文波 , 应义斌 . 综合性大学农业工程学科发展的机遇与挑战 [J]. 农业工程学报 ,
       2003(01): 11-15.

[3]   嵇山鹰 . 农业科技查新网络信息资源简述 [J]. 科技情报开发与经济 , 2011(36): 79-82.

[4]   谈国鹏 . 基于电子商务的学术期刊辅助发行 [J]. 大众文艺 , 2014(03): 266-267.

[5]   邱均平 . 信息计量学 [M], 武昌 : 武汉大学出版社 , 2007.

[6]   吴军 . SCI、EI、ISTP、CSCD 和影响因子 . [EB/OL]. [2017-02-17]. http://blog.sciencenet.
       cn/blog-215974-226465.html.

[7]   期刊的专业术语集锦 . [EB/OL]. [2017-02-17]. http://blog.sina.com.cn/s/blog6871e12a
       01019oap.html.

[8]   Journal Citation Reports. [EB/OL]. [2017-02-17]. http://www.thomsonscientific.com.cn/
       productsservices/jcr/

基于科技文献的农业工程学科
发展报告（2017）

王宝济 黄 庆

（中国农业大学图书馆）

摘要： 本文依据 2017 年 CNKI 和 WOS（SCI）所收录农业工程学科相关学术文献数据，利用 Citespace 等文献计量分析工具，通过对所收录论文的数量与质量等的分析，从一个侧面反映过去一年国内外农业工程领域研究及发展状况。通过对 CNKI 的数据分析，2017 年 CNKI 所收录的农业工程学科学术论文超过 10 000 篇，其中发文量最多的核心期刊为《农业工程学报》；中国农业大学是在农业工程核心期刊发文最多的研究机构；国家自然科学基金对农业工程学科研究支持的力度最大；国内农业工程学科研究的核心词是设计。在 WOS 核心合集所收录的文献中，2017 年中国无论在论文的数量上还是所发表论文的总被引频次上都居领先地位，成为农业工程研究领域最有影响力的国家。中国科学院是最有影响力的研究机构；Bioresource Technology 是国际农业工程研究最有影响力的出版物；生物 /bioma 国际农业工程高水平研究的核心。

关键词： CNKI；WOS；Citespace；农业工程；设计；生物；文献计量学分析

0 引言

党的十九大报告高度重视"三农"工作，强调农业、农村、农民问题是关系国计民生的根本性问题，必须始终把解决好"三农"问题作为全党工作重中之重；提出坚持农业农村优先发展，实施乡村振兴战略[1]。

农业科技是确保国家粮食长期安全、突破资源环境约束、实现农业持续稳定发展的基础支撑。作为农业科技的重要组成部分，农业工程技术是促进农业发展的重要支撑之一[2]。

2003年5月7日，国家科学技术部等单位以国科发基字〔2003〕142号文联合发布了《关于改进科学技术评价工作的决定》[3]，《决定》指出：科学论文是科学技术产出的一种忠实记录，科技论文是展示学术成果、传播科技知识的重要体现。学术论文的数量与质量，在一定程度上可以反映学科发展的状况。

CNKI（中国知网）和SCI（科学引文索引）是中国及世界重要的科技文献收录与检索系统之一。利用2017年CNKI和SCI所收录农业工程学科相关学术文献数据，通过对所收录论文的数量与质量、文献来源及研究主题等的分析，可以从一个侧面反映过去一年国内外农业工程领域研究及发展状况。

1　国内农业工程研究

农业工程学是综合物理、生物等基础科学和机械、电子等工程技术而形成的一门多学科交叉的综合性科学与技术。农业工程学科以复杂的农业系统为对象，研究农业生物、工程措施、环境变化等的互作规律，并以先进的工程和工业手段促进农业生物的繁育、生长、转化和利用。农业工程学科的发展对于促进农业生产和增长方式以及农民生活方式的根本性变革、保护生态环境、节约使用自然资源和生产要素、实现经济社会可持续发展等方面均发挥着不可替代的重要作用[4]。

根据2012年教育部四次修订的《普通高等学校本科专业目录》，农业工程类（0823）列于工程学科门类（08）下的一级学科，下设农业工程（082301）、农业机械化及其自动化（082302）、农业电气化（082303）、农业建筑环境与能源工程（082304）、农业水利工程（082305）。拥有一级学科国家重点学科1个，二级学科国家重点学科5个，二级学科国家重点学科培育点2个。

目前，我国农业工程学科已形成了中专、大专、本科、硕士、博士、博士后等多层次的人才培养体系。全国已有70余所高校设有农业工程类本科专业，8所高校具有农业工程一级学科博士学位授予权，10个农业工程一级学科博士、硕士学位授予权点[3-5]。

在2017年底教育部公布的第四轮全国学科评估结果中，农业工程学科全国具有"博士授权"的高校共24所。在包含部分具有"硕士授权"高校在内的37所高校评估中。中国农业大学和浙江大学获评A+，江苏大学获评A。获得B+和B的各有4所，B-的有3所。中国农业大学和浙江大学的农业工程学科同时也获得了国家"双一流"建设中的重点建设学科。

在2017"软科"发布的中国最好学科排名中[6]，国内拥有农业工程（0828）学科点的高校共有49所，排名居前50%的高校有24所。

该排名根据高端人才、科研项目、成果获奖、学术论文、人才培养5个指标类别，对应10余个指标维度，包括30余项测量指标的测算，中国农业大学、浙江大学和吉林大学位列2017年中国农业工程学科研究前3位（表1）。

表1　2017年中国最强农业工程研究机构

排名	院校名称	博士点	重点学科	软科评分	第四轮评估结果
1	中国农业大学	一级	一级	944	A+
2	浙江大学	一级	二级	874	A+
3	吉林大学	一级	二级	521	B+
4	西北农林科技大学	一级	二级	471	B+

续表 1

排名	院校名称	博士点	重点学科	软科评分	第四轮评估结果
5	华南农业大学	一级	培育	457	B+
6	南京农业大学	一级		246	B
7	石河子大学	一级		211	B-
8	江苏大学	一级	二级	145	A-
9	华中农业大学	一级		128	B
10	南京林业大学			87	

1.1 数据来源

CNKI 是由清华大学和清华同方发起并构建的知识传播与数字化学习平台，已经发展成为集期刊、博士论文、硕士论文、会议论文、报纸、工具书、年鉴、专利、标准、国学、海外文献资源为一体的、具体国际领先水平的网络出版平台。至 2017 年底，"中国知网"共收录 10 969 种期刊，1 726 914 期，共计文章 55 228 919 篇。国内公开发行的 631 种重要报纸，累积报纸全文文献 15 893 232 篇[①]。

根据 CNKI 的分类原则，农业工程学科放在农业科技类目下，包括农业工程总论；农业动力、农村能源；农业机械及农具；农业机械化；农业电气化与自动化、农业航空；农业建筑；农田水利及水污染防治；农田基本建设、农垦；农业工程勘测、土地测量、土地管理、规划及利用等。

2017 年 CNKI 收录农业工程类文献 10 300 条[②]，主要包括期刊论文 9 493 条、硕士论文 532 条、报纸 454 条、国内会议 93 条、博士论文 80 条、国际会议 25 条。其中期刊论文来自知网收录的 44 种期刊，发文量居前 20 的期刊共发文 4 348 篇（图 1）。

---

① http://navi.cnki.net/knavi, 2018-1-10。
② 数据检索时间：2017 年 12 月 31 日，发表时间：2017.1.1—2017.12.31。

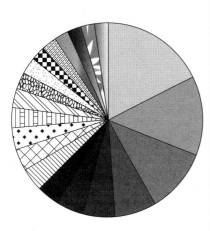

图例：
- 农机化研究770(17.71%)
- 农机使用与维修577(13.27%)
- 农民致富之友472(10.86%)
- 南方农机301(6.92%)
- 农业工程学报236(5.43%)
- 农业科技与信息184(4.23%)
- 农业与技术178(4.09%)
- 农业开发与装备169(3.89%)
- 中国农机化160(3.68%)
- 节水灌溉157(3.61%)
- 农业工程技术.温室园艺……147(3.38%)
- 农业机械学报140(3.22%)
- 当代农机126(2.90%)
- 现代农机117(2.69%)
- 湖南农机112(2.58%)
- 农机科技推广107(2.46%)
- 河北农机105(2.41%)
- 黑龙江科技信息98(2.25%)
- 现代农业科技98(2.25%)
- 中国沼气94(2.16%)

图 1　农业工程学科期刊发文量（前 20）

根据中国知网的学科分类，2017 年国内主要刊发农业工程学科学术论文的学术期刊有 40 种。包括北大版核心期刊有 8 种，分别是农业工程学报、灌溉排水学报、农业机械学报、节水灌溉、农机化研究、中国农村水利水电、排灌机械工程学报和中国农机化（北大版中农业工程核心期刊"中国沼气"在知网中被收录在"环境科学与资源利用"类目下）[4-7]。

通常研究性较强的学术论文一般发表在"核心期刊"上，为了更好地揭示 2017 年中国农业工程学科的研究状态，本文以知网收录的北大版农业工程核心期刊为数据源进行统计分析。

通过以农业工程核心期刊为检索来源，2017 年 9 种农业工程核心期刊共刊发学术论文 4 095 篇，其中农业工程学报发文最多，达 1 054 篇，占比27.86%（图 2）。

1.2　学科分布

根据知网的学科分类，发表在农业工程核心期刊上的论文涉及多个学科，占比超过 10% 的学科有农业工程学科（30.16%）和农业基础科学（10.60%）（图 3）。

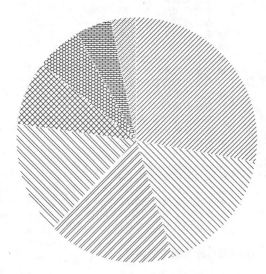

农业工程学报1054(27.86%)
农机化研究652(17.23%)
农业机械学报646(17.08%)
中国农村水利水电570(15.07%)
节水灌溉319(8.43%)
灌溉排水学报233(6.16%)
排灌机械工程学报180(4.76%)
中国沼气129(3.41%)

图2　2017年农业工程核心期刊载文量

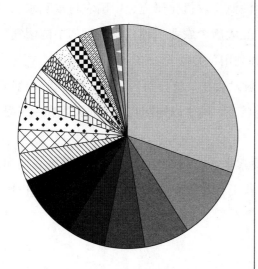

农业工程1980(30.16%)
农业基础科学696(10.06%)
农作物443(6.75%)
农艺学393(5.99%)
水利水电工程371(5.65%)
自动化技术324(4.93%)
园艺281(4.28%)
农业经济273(4.16%)
环境科学与资源利用240(3.66%)
计算机软件及计算机应…240(3.66%)
植物保护195(2.97%)
轻工业手工业169(2.57%)
新能源168(2.56%)
机械工业160(2.44%)
畜牧与动物医学148(2.25%)
地球物理学122(1.86%)
汽车工业101(1.54%)
建筑科学与工程97(1.48%)
电力工业84(1.28%)
气象学81(1.23%)

图3　2017年农业工程核心期刊论文学科分布（前20）

1.3　研究机构

统计发现，在农业工程核心期刊上发文量超过 50 篇的研究机构有 19 个，其中发文量最多的为中国农业大学，共发文 307 篇。发文量居前 10 的机构共发表论文 1 437 篇，占比 35.09%（图 4）。

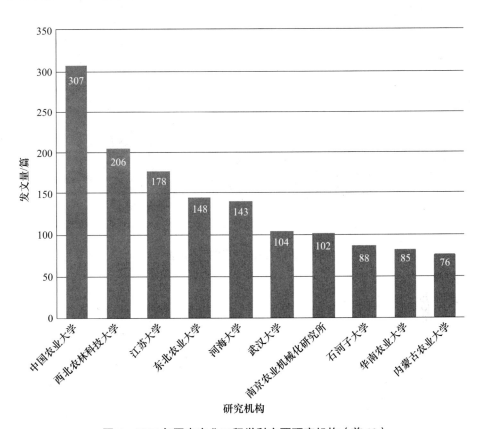

图 4　2017 年国内农业工程学科主要研究机构（前 10）

1.4　基金分布

大部分核心期刊的论文研究都得到了各种基金的支持，其中支持论文最多的为国家自然科学基金，共支持论文发表 1 696 篇，远超其他基金。支持论文数量居前 10 的基金共有 12 个（图 5）。

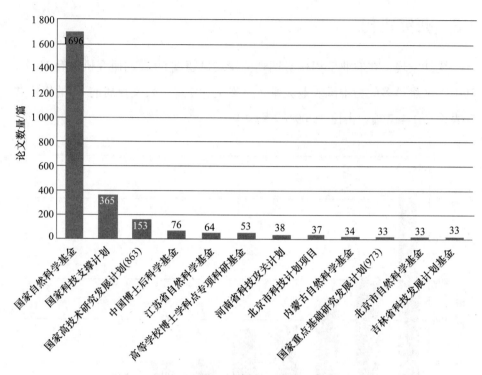

图 5　资助论文数量居前 10 的基金

1.5　研究领域

　　对学术论文研究领域的分析，情报学研究中应用较普遍的分析方法是共词分析法。最常见的是利用论文关键词及其共现关系来揭示某一领域的研究热点、知识结构和关联。关键词已成为共词分析最常用的词源。分析发现，在 2017 年农业工程核心期刊中，词频最高的前 20 个关键词分别是模型、数值模拟、设计、土壤、试验、产量、优化、农业机械、机械化、遥感、温度、土地利用、玉米、灌溉、水稻、土壤水分、冬小麦、图像处理、秸秆和作物，其中出现频次最高的是模型，共出现在 164 篇论文中（图 6 ）。

　　通过对关键词的共现矩阵分析，发现（试验、设计）共现频次最高，达

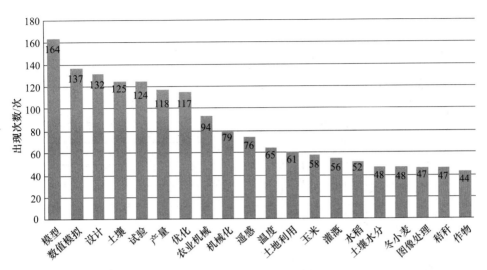

图6　2017年农业工程核心期刊高频关键词分布（前20）

44次。其次是（农业机械、设计）和（农业机械、试验）等（图7）。

　　通过对关键词的共现网络分析，可以发现"设计"是2017年中国农业工程核心期刊的研究中心，通过不断的实验来改进机械设计；通过优化设计来提高农业机械的性能是农业工程研究者从事频率最高的工作。建立模型进行数值模拟是提高试验设计的有效途径。先进的信息技术在农业生产中的应用研究也是农业工程科研人员的重要工作之一，如图像处理技术在农业生产全过程的应用、利用遥感技术提高土地的利用效率、通过传感技术促进精准农业的发展等。当然如何提高农产品的产量始终是农业工程研究的重要目的（图8）。

　　值得关注的是，通过对包括普通期刊在内的农业工程学科所有文献的分析，发现在2017年CNKI收录的10 300条农业工程类文献中，出现频次最高的前21个关键词分别是农业机械、机械化、拖拉机、设计、节水灌溉、问题、对策、水稻、应用、试验、玉米、现状、农田水利、管理、农田水利工程、措施、马铃薯、灌区、水利工程、灌溉和沼气。与核心期刊相比，只有7个词相同，分别是农业机械、机械化、设计、水稻、试验、

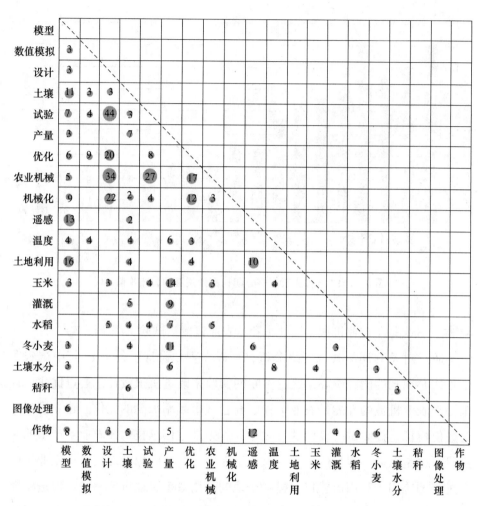

图 7　2017 年农业工程核心期刊关键词共现矩阵（前 20）

玉米和灌溉。出现词频最高的是农业机械，其次分别是机械化和拖拉机（图 9）。

通过对关键词的共现矩阵分析，发现（问题、对策）共现频次最高，达 68 次。其次是（试验、设计）、（农业机械、设计）和（现状、对策）等（图 10）。

在关键词共现网络中，问题和设计是中心词（图 11）。

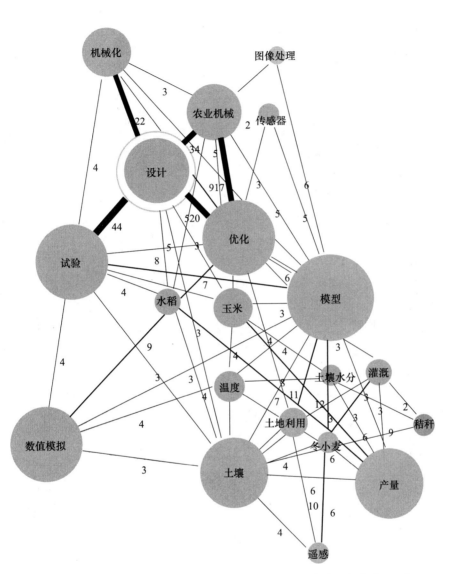

图8　2017年农业工程核心期刊关键词共现网络（节点出现频次大于3）

由此可见，与在"核心期刊"发表论文的"高端研究者"不同，更多将论文发表在普通期刊上的基层农业工程科技工作者，更关注的是解决农业生产中的具体问题（问题、对策），更多的是对实际工作的经验总结与分享（现状、对策）等。

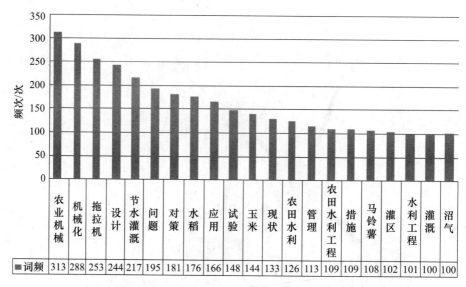

■词频	313	288	253	244	217	195	181	176	166	148	144	133	126	113	109	109	108	102	101	100	100
	农业机械	机械化	拖拉机	设计	节水灌溉	问题	对策	水稻	应用	试验	玉米	现状	农田水利	管理	农田水利工程	措施	马铃薯	灌区	水利工程	灌溉	沼气

图 9　2017 年 CNKI 农业工程文献高频关键词

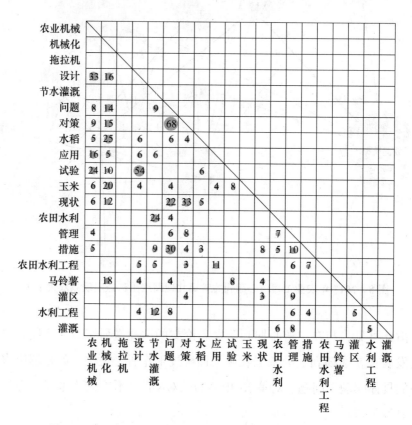

图 10　2017 年 CNKI 农业工程文献关键词共现矩阵（前 20）

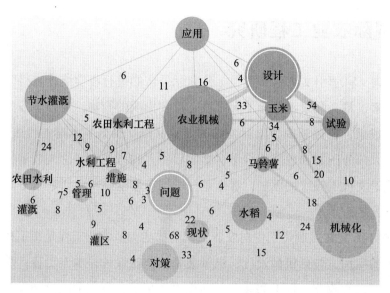

图 11　2017 年 CNKI 农业工程文献关键词共现网络（节点出现频次大于 3）

如果把下载量位于论文总量前 1% 的论文称作为高下载论文，高下载论文反映了读者对这些论文具有较高的关注程度，在一定程度上也反映了学科的研究热点，尤其是本文所选取的论文样本是近一年的。

2017 年农业工程核心期刊共刊发论文 4 095 篇，通过对 Top 1%，即下载量居前 41 位的论文关键词的网络共现分析，发现其研究热点主要集中在采摘机器人和土地利用等方面（图 12）。

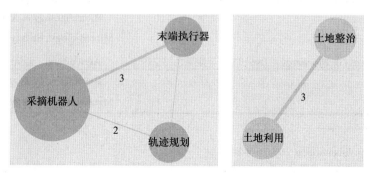

图 12　2017 年农业工程核心期刊高下载论文关键词共现网络（节点出现频次大于 3）

2 国际农业工程研究

美国《科学引文索引》（SCI）是国际公认的进行科学统计与科学评价的主要检索工具，收录了国际上大多数有重要影响的刊物，集合了各学科的重要研究成果，已逐渐成为国际公认的反映基础学科研究水准的代表性工具，世界上大部分国家和地区的科学、学术界将其收录的科技论文数量的多寡与所发表论文被引频次的数量，看作是一个国家的基础科学研究水平及其科技实力指标之一[①]。

2017 年 JCR 主题类别中对农业工程的描述为：农业工程是指工程技术在农业上的应用，包括机械设计，机械装备，建筑设计；水土工程；灌溉和排水工程；作物收获、加工和储存；动物生产技术，畜禽舍建设和设施工程；精准农业；收获后加工和技术；农村发展；农业机械化；园艺工程；温室结构与工程，生物能源和水产养殖工程等。

2017 年 JCR 的农业工程（Agricultural Engineering）类别（Category）共收录 14 种期刊[②]（表 2）。

表 2　JCR 中的农业工程学科期刊（以期刊影响因子为序）

序号	刊名	刊号	国家/地区	期刊影响因子	WOS 学科分类
1	*Bioresource Technology*	09608524	荷兰	5.651	Agricultural Engineering; Biotechnology & Applied Microbiology; Energy & Fuels
2	*Biomass & Bioenergy*	09619534	英国	3.219	Agricultural Engineering; Biotechnology & Applied Microbiology; Energy & Fuels

---

① http://isiknowledge.com, 2018-2-12.

② 2017年5月,JCR公布的Agricultural Engineering共有14种,但笔者认为,根据期刊的载文分析,Drying Technology、Computers and Electronics in Agriculture、Agricultural Water Management、Soil and Tillage Research 和 Irrigation Science 等也应属于农业工程学科领域。

续表2

序号	刊名	刊号	国家/地区	期刊影响因子	WOS 学科分类
3	*Industrial Crops and Products*	09266690	荷兰	3.181	Agricultural Engineering; Agronomy
4	*Biosystems Engineering*	15375110	英国	2.044	Agricultural Engineering; Agriculture, Multidisciplinary
5	*Journal of Irrigation and Drainage Engineering*	07339437	美国	1.983	Agricultural Engineering; Engineering, Civil; Water Resources
6	*Aquacultural Engineering*	01448609	荷兰	1.559	Agricultural Engineering; Fisheries
7	*Transactions of the ASABE*	21510032	美国	0.975	Agricultural Engineering
8	*Paddy and Water Environment*	16112490	德国	0.916	Agricultural Engineering; Agronomy
9	*Revista Brasileira De Engenharia Agricola E Ambiental*[1]	14154366	巴西	0.586	Agricultural Engineering
10	*Applied Engineering In Agriculture*	08838542	美国	0.505	Agricultural Engineering
11	*Engenharia Agricola*[2]	01006916	巴西	0.353	Agricultural Engineering
12	*AMA-Agricultural Mechanization in Asia Africa and Latin America*	00845841	日本	0.118	Agricultural Engineering
13	*International Journal of Agricultural and Biological Engineering*	19346344	中国	0.835	Agricultural Engineering
14	*Journal of the Korean Society for Applied Biological Chemistry*	17382203	韩国	0.75	Agricultural Engineering; Food Science & Technology

① 巴西农业与环境工程杂志；② 农业工程。

根据 JCR 的学科分类规则，上述 14 种期刊中只有 6 种期刊仅属 "农业工程"学科，其他 8 种期刊均是跨学科。

2.1　数据来源

通过 WOS 的学科分类检索（WC=Agricultural Engineering）发现，2017 年 Web of Science 核心合集共收录农业工程学科论文 3 842 篇 [①]，本文选择其中的 Article（3 616 篇）、Proceedings Paper（136 篇）和 Review（106 篇）共 3 804 篇作为数据源进行统计分析。这些论文的被引频次总计 3 514 次，篇均被引 0.92 次，H 指数为 12。其中跨学科的 8 种期刊共被收录 3 082 篇，占比超过论文总数的 80%，另外 6 种仅属农业工程学科的期刊共被收录 Article 和 Review 760 篇（表 3）。由于超过 80% 的论文来自跨学科期刊，因此分析结果可能不能完全反映农业工程学科的发展状况。

表 3　仅属农业工程学科期刊载文情况（以载文数量为序）

序号	刊名	论文数量	被引频次总计	H 指数
1	*Transactions of the ASABE*	188	53	2
2	*International Journal of Agricultural and Biological Engineering*	163	49	2
3	*Revista Brasileira De Engenharia Agricola E Ambiental*	148	8	1
4	*Engenharia Agricola*	126	11	1
5	*Applied Engineering In Agriculture*	92	11	1
6	*AMA-Agricultural Mechanization in Asia Africa and Latin America*	43	0	0

2.2　数据分析

一般而言，学术论文的数量（发文量或载文量）和质量（被引频次总数

---

① 检索时间：2018-2-7。

或篇均被引）是测度研究规模和影响力的主要计量指标。通过对 2017 年农业工程学科学术论文的数量、质量和研究热点的分析，从一个方面反映国际农业工程学科领域的出版物、国家 / 地区、研究机构以及研究热点的情况。

2.2.1 学术出版物

2017 年农业工程学科论文来自 17 种出版物，其中载文量居前 10 的出版物中，有 9 种发文量超过 100 篇（表 4）。载文数量、h 指数、总被引频次和篇均被引最高的都是 Bioresource Technology，且远高于其他出版物。

表 4　2017 年农业工程学科 Top 10 期刊（以载文量为序）

序号	刊名	载文数量	h 指数	总被引数	篇均被引
1	*Bioresource Technology*	1 597	120	2 316	1.45
2	*Industrial Crops and Products*	701	8	652	0.93
3	*Biomass & Bioenergy*	244	4	159	0.65
4	*Transactions of the ASABE*	188	2	53	0.28
5	*Biosystems Engineering*	167	3	99	0.59
6	*International Journal of Agricultural and Biological Engineering*	162	2	51	0.31
7	*Revista Brasileira De Engenharia Agricola E Ambiental*	148	2	10	0.07
8	*Engenharia Agricola*	125	1	11	0.09
9	*Journal of Irrigation and Drainage Engineering*	114	2	19	0.17
10	*Applied Engineering in Agriculture*	92	1	12	0.13

显然，Bioresource Technology、Industrial Crops and Products 和 Biomass & Bioenergy 是 2017 年国际农业工程领域最有影响力的 3 种刊物。中国大陆出版的 International Journal of Agricultural and Biological Engineering 是 中 国 唯

——种被 WOS 核心合集所收录的期刊，虽然加入时间不长，但已具有较强的竞争力。

2.2.2 国家 / 地区

2017 年共有来自 106 个国家 / 地区的学术论文被收录在 WOS 的农业工程学科中，收录论文居前 10 的国家中有 9 个国家的论文超过 100 篇（表 5）。

表 5　2017 年农业工程学科研究 Top 10 国家（以发文量为序）

序号	国家	论文数量	h 指数	被引频次	篇均被引
1	中国	1 169	9	1 412	1.21
2	美国	628	7	470	0.75
3	巴西	443	5	181	0.41
4	印度	293	6	321	1.10
5	韩国	167	6	195	1.17
6	西班牙	161	5	149	0.93
7	意大利	148	6	193	1.30
8	加拿大	143	5	136	0.95
9	日本	116	4	91	0.78
10	澳大利亚	98	5	129	1.32

通过对 WOS 的数据分析，无论是论文的数量还是质量，2017 年中国在全球农业工程学科领域都占有绝对的"霸主"地位。从 Citespace 所获得的可视化图中可以看出，中国成了全球农业工程学科研究的核心（图 13）。

进一步分析发现，中国发表论文居前 3 的出版物分别是 Bioresource Technology（774 篇）、International Journal of Agricultural and Biological Engineering（143 篇）和 Industrial Crops and Products（124 篇），占全部论文总量的 89.09%，尤其是在 Bioresource Technology 上所发表的论文占比太大。远超在该刊发文居前五的印度（183 篇）、美国（172 篇）、韩国（123 篇）、日

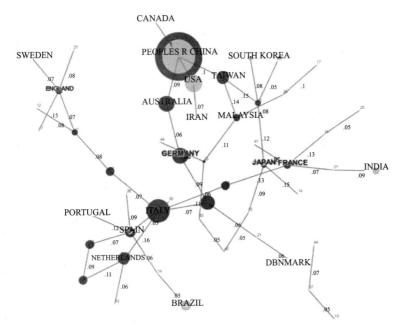

图 13　2017 年全球农业工程学科国家 / 地区合作网络

本（69 篇）和西班牙（65 篇）。美国发文居前 3 的出版物分别是 Bioresource Technology（172 篇）、Transactions of the ASABE（138 篇）和 Industrial Crops and Products（96 篇），占该国全部论文总量的 64.65%。

在国际合作方面，与中国合作发文居前 3 的国家 / 地区分别是美国（131 篇）、加拿大（39 篇）和澳大利亚（31 篇）。与美国合作发言居前 3 的国家 / 地区分别是中国大陆（131 篇）、韩国（22 篇）和巴西（17 篇）。可见，在 2017 年的全球农业工程学科研究中，中美两国既是影响力最大的两个国家，也是合作最为密切的两个国家。

2.2.3　研究机构

2017 年 WOS 核心合集收录 2 967 个研究机构所发表的农业工程学科论文，发文量最多的是中国科学院（128 篇）和美国农业部 USDA（125 篇），在论文质量方面，中国科学院远超 USDA（表 6）。

表 6 2017 年农业工程学科研究 Top 10 机构（以发文量为序）

序号	机构	国家	收录论文 / 篇	h 指数	被引频次	篇均被引 / 次
1	中国科学院	中国	128	6	172	1.34
2	美国农业部（USDA）	美国	125	3	61	0.49
3	中国农业大学	中国	77	3	46	0.60
4	科学工业研究理事会（CSIR）	印度	67	4	74	1.10
5	印度理工学院（IIT）	印度	61	4	74	1.21
6	圣保罗大学①	巴西	57	3	34	0.60
7	圣保罗州立大学②	巴西	56	2	9	0.16
8	哈尔滨工业大学	中国	54	4	52	0.96
9	华南理工大学	中国	47	4	52	1.11
10	西北农林科技大学	中国	46	4	54	1.17

注：① Universidade De Sao Paulo；② Universidade Estadual Paulista。

显然，中国科学院与美国农业部是 2017 年全球农业工程学科研究最有影响力的机构，虽然这两个机构的发文数量不相上下，但中国科学院的 h 指数和篇均被引均远超美国农业部。

进一步分析发现，中国科学院的论文主要发表在 Bioresource Technology（96 篇）上，占其论文总量的 75%，远高于紧随其后的 Industrial Crops and Products（11 篇）和 International Journal of Agricultural and Biological Engineering（6 篇），也就是说中国科学院在农业工程领域的研究方向主要是生物资源技术方面。

美国农业部的论文发表相对比较分散，居前 3 的出版物分别是 Transactions of The ASABE（53 篇）、Industrial Crops and Products（27 篇）和 Applied Engineering in Agriculture（15 篇）。从出版物的结构看，美国农业部在农业工程领域的研究方向更全面。

在机构合作方向，中国科学院的主要合作机构为中国科学院大学（43 篇）、中国科学院生态环境研究中心 /RCEES（16 篇）和中国科学院广州能源研究所（14 篇），均为中国科学院内部机构。美国农业部的合作机构则主要为美国林务局 /United States Forest Service（17 篇）、堪萨斯州立大学（8 篇）、佐治亚高教系统 /University System Of Georgia（7 篇）和华盛顿州立大学（7 篇）等。

2.2.4 研究方向和高被引论文

由于 JCR 中农业工程学科的 14 种出版物中有 8 种是属于交叉学科的期刊，根据 WOS 的学科分类规则，2017 年 WOS 所收录的农业工程学科的学术论文同时与 Biotechnology Applied Microbiology 等 8 个学科领域（表 7）。

表 7　2017 年农业工程学科学术论文的主要交叉学科分布

序号	研究方向	论文数量	占比 /%
1	Biotechnology Applied Microbiology	1 841	49.15
2	Energy Fuels	1 841	49.15
3	Agronomy	782	20.88
4	Agriculture Multidisciplinary	167	4.46
5	Engineering Civil	114	3.04
6	Water Resources	114	3.04
7	Fisheries	47	1.26
8	Food Science Technology	42	1.12

Biotechnology Applied Microbiology、Energy Fuels 和 Agronomy 是交叉数量最多的 3 个学科，在一定程度上左右了全球农业工程学科的研究方向。

利用 Citespace 文献分析工具，通过对 2017 年所有学术论文的 Title、Abstract、Author Keywords（DE）和 Keywords Plus（ID）的统计分析，"bioma/ 生物"出现的词频最高，同时 performance/ 性能、pretreatment/ 预处理和 system/ 系统等也是高频词（表 8）。

表 8　2017 年农业工程学科学术论文的高频主题词分布

主题词	词频	中心度
Bioma/ 生物	388	0.87
performance/ 性能	252	0.07
pretreatment/ 预处理	230	0.62
system/ 系统	229	0
anaerobic digestion/ 厌氧消化	201	0.31
lignocellulosic bioma/ 木质纤维素生物	187	0.07
microalgae/ 微藻	184	0.35
temperature/ 温度	184	0
growth/ 生长	184	0.19
fermentation/ 发酵	180	0
waste water/ 废水	178	0.07
enzymatic hydrolysis/ 酶法水解	176	0.47
optimization/ 优化	175	0
yield/ 产量	148	0.07
water/ 水	143	0

通过对高频主题的可视化处理，可以发现 bioma 是 2017 年 WOS 中农业工程学科研究的核心（图 14）。

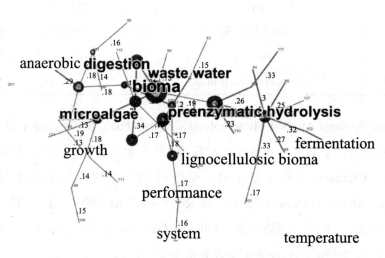

图 14　2017 年 WOS 收录农业工程学科文献的核心主题

从高频主题词的分布和可视化中可以看出，生物技术在农业上的应用已经成为农业工程学科的研究热点。

通过对仅属"农业工程"学科的 6 种期刊的 760 篇论文的分析，发现 yield/ 产量、system/ 系统和 growth/ 生长是其核心研究领域（图 15）。其高频主题词也主要集中在 yield/ 产量、system/ 系统、

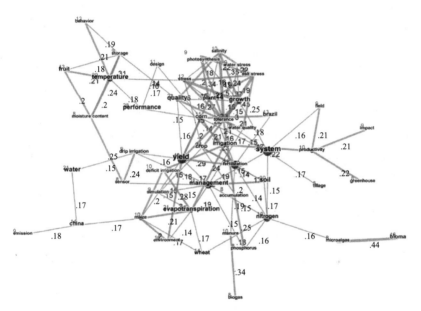

图 15　2017 年 WOS 收录农业工程文献高频主题词共现网络

soil/ 土壤、temperature/ 温度、model/ 模型、performance/ 性能、growth/ 生长、quality/ 质量、evapotranspiration/ 蒸散量、water/ 水、management/ 管理、irrigation/ 灌溉、nitrogen/ 氮、bioma/ 生物和 corn/ 玉米等方面。

3　结论

通过对学术论文进行的文献计量分析，发现以评价学者、研究机构以及

学科研究等的发展状况与发展趋势目前在中国具有较大的影响。然而由于农业工程学科是一门新兴的、交叉性很强的学科，在国内外著名的学术文献检索评价数据库中，其分类体系存在较大的差异。如 ESI[①] 中只有 22 个学科的分类，并没有农业工程学科，而在 JCR 的分类中，就有农业科学门类下的农业工程、食品工程和处理；环境/生态水资源研究与工程以及工程门类下的土木工程等。

尽管如此，通过对 2017 年基于 CNKI 和 SCI 中农业工程学科学术论文的分析，仍然可以从一个侧面反映农业工程学科的研究状况，分析发现：

（1）我国农业工程学科经过几十年的发展，总体上居于世界领先水平，在国际上具有较大影响力。2017 年 CNKI 收录国内农业工程学科各类文献 10 000 余条，其中学术期刊论文 9 000 余篇。SCI 收录 3 800 余篇。在农业工程学科研究领域，中国和美国是全球最有影响力的 2 个国家；SCI 所收录的农业工程学术论文中，中国学者所发表的论文占比超过 30%，美国占 16.51%，无论在论文的数量还是质量上都居世界首位。

（2）CNKI 收录国内出版的农业工程类学术期刊 40 种，《农业工程报》是 2017 年国内农业工程领域最有影响力的期刊。在国际农业工程领域，2017 年 SCI 所收录的农业工程学科来源刊有 14 种。其中最有影响力的期刊为 Bioresource Technology，该刊不仅全年收录论文数量最多，而且所收录论文的被引频次和篇均被引均首位，其影响因子（2016 年）为 5.651，居各刊之首。中国大陆仅有 1 种期刊被 SCI 收录。

（3）高等院校是中国农业工程学科研究的主力机构，中国农业大学是国内最有影响力的研究机构。但在国际农业工程研究领域，中国科学院和美国农业部是 2017 年国际农业工程学科研究领域最有影响力的 2 个研究机构。但

---

① ESI 依据期刊分类把论文划分为 22 个学科领域，包括农业科学、生物学与生物化学、化学、临床医学、计算机科学、经济学与商学、工程学、环境科学与生态学、地球科学、免疫学、材料科学、数学、微生物学、分子生物学和遗传学、综合交叉学科、神经科学和行为科学、药理学和毒物学、物理学、植物学与动物学、精神病学与心理学、社会科学总论、空间科学。

中国科学院的论文主要发表在 Bioresource Technology(96 篇) 上，占其论文总量的 75%，其研究领域也主要集中在生物资源技术方面。

（4）结合 citespace 分析工具，发现发现"设计"是 2017 年中国农业工程核心期刊的研究中心，"bioma/ 生物"则是 2017 年 SCI 中农业工程学科研究的核心。

参考文献

[1] 韩长赋 . 大力实施乡村振兴战略 [J]. 中国农业文摘 - 农业工程 , 2018(01): 3-4, 35.

[2] 陈涛 . 加快用工业手段武装现代农业 [N]. 农民日报 , 2012-10-29(001).

[3] 科技部•关于改进科学技术评价工作的决定 (国科发基字 [2003]142 号). 20030507 [2018.2.10]. http://www.most.gov.cn/tjcw/tczcwj/200708/t20070813_52375.htm.

[4] 中国农业工程学会编 . 2006-2007 农业工程学科发展报告 [M]. 北京：中国科学技术出版社 , 2007.

[5] 中国科学技术协会 , 中国农业工程学会 . 农业工程学科发展报告 2014—2015[M]. 北京：中国科学技术出版社 , 2016.

[6] 上海软科教育信息咨询公司 . 软科中国最好学科排名 2017—农业工程 [2018-2-12]. http://www.zuihaodaxue.com/BCSR/nongyegongcheng2017.html.

[7] 朱强 , 何峻 , 蔡蓉华 . 中文核心期刊要目总览 2014 年版 [M]. 北京：北京大学出版社 , 2015.